中国石油提高采收率技术新进展丛书

稠油开发技术

王红庄　蒋有伟　卜忠宇　石兰香　等编著

石油工业出版社

内 容 提 要

本书系统地阐述了中国石油2006年以来在稠油开发技术领域取得的主要进展和重大科研成果，其中包括改善蒸汽吞吐和蒸汽驱开发效果技术、蒸汽辅助重力泄油（SAGD）技术、火驱技术等新一代稠油热采技术，并总结分析了稠油开发技术面临的主要问题和挑战，展望了稠油开发技术未来的发展趋势。

本书可供石油行业从事稠油（重油）技术研究的研发人员、工程技术人员及管理人员阅读，也可作为石油院校相关专业师生的参考书。

图书在版编目（CIP）数据

稠油开发技术 / 王红庄等编著 .—北京：石油工业出版社，2022.1

（中国石油提高采收率技术新进展丛书）

ISBN 978-7-5183-5143-5

Ⅰ. ①稠… Ⅱ. ①王… Ⅲ. ①稠油开采–研究 Ⅳ. ①TE345

中国版本图书馆CIP数据核字（2021）第264441号

出版发行：石油工业出版社

（北京安定门外安华里2区1号　100011）

网　址：www.petropub.com

编辑部：（010）64523710　图书营销中心：（010）64523633

经　销：全国新华书店

印　刷：北京中石油彩色印刷有限责任公司

2022年1月第1版　2022年1月第1次印刷

787×1092毫米　开本：1/16　印张：12.75

字数：330千字

定价：108.00元

《中国石油提高采收率技术新进展丛书》

编 委 会

《稠油开发技术》
编 写 组

主　编：王红庄

副主编：蒋有伟　卜忠宇　石兰香

成　员：（以姓氏笔画为序）

关文龙　孙新革　李秀峦　杨建平　沈德煌

张忠义　张霞林　周　游　高永荣　郭二鹏

席长丰　唐君实　樊玉新

序

党的十八大以来，习近平总书记创造性地提出了“四个革命、一个合作”能源安全新战略，为我国新时代能源改革发展指明了前进方向、提供了根本遵循。从我国宏观经济发展的长期趋势看，未来油气需求仍将持续增长，国际能源署（IEA）预测 2030 年中国原油和天然气消费量将分别达到 8 亿吨、5500 亿立方米左右，如果国内原油产量保持在 2 亿吨以上、天然气 2500 亿立方米左右，油气对外依存度将分别达到 75% 和 55% 左右。当前，世界石油工业又陷入了新一轮低油价周期，我国面临着新区资源品质恶劣化、老区开发矛盾加剧化的多重挑战。面对严峻的能源安全形势，我们一定要深刻领会、坚决贯彻习近平总书记关于“大力提升勘探开发力度”“能源的饭碗必须端在自己手里”等重要指示批示精神，实现中国石油原油 1 亿吨以上效益稳产上产，是中国石油义不容辞的责任与使命。

提高采收率的核心任务是将地下油气资源尽可能多地转变成经济可采储量，最大限度提升开发效益，其本身兼具保产量和保效益的双重任务。因此，我们要以提高采收率为抓手，夯实油气田效益稳产上产基础，完成国家赋予的神圣使命，保障国家能源安全。中国石油对提高采收率高度重视，明确要求把提高采收率作为上游业务提质增效、高质量发展的一项十分重要的工程来抓。中国石油自 2005 年实施重大开发试验以来，按照“应用一代，研发一代，储备一代”的部署，持续推进重大开发试验和提高采收率工作，盘活了“资源池”、扩容了“产能池”、提升了“效益池”。重大开发试验创新了提高采收率理论体系，打造了一系列低成本开发技术，工业化应用年产油量达到 2000 万吨规模，提升了老区开发效果，并为新区的有效动用提供了技术支撑。

持续围绕“精细水驱、化学驱、热介质驱、气介质驱和转变注水开发方式”等五大提高采收率技术主线，中国石油开发战线科研人员攻坚克难、扎根基层、挑战极限，创新发展了多种复合介质生物化学驱、低排放高效热采 SAGD 及火驱、绿色减碳低成本气驱和低品位油藏转变注水开发方式等多项理论和技术，在特高含水、特超稠油和特超低渗透等极其复杂、极其困难的资源领域取得良好的开发成效，化学驱、稠油产量均持续保持 1000 万吨，超低渗透油藏水驱开发达到 1000 万吨，气驱产量和超低渗透致密油转变注水开发方式产量均突破 100 万吨，并分别踏着上产1000万吨产量规划的节奏稳步推进。

《中国石油提高采收率技术新进展丛书》（以下简称《丛书》）全面系统总结了中国石油2005年以来，重大开发试验培育形成的创新理论和关键技术，阐述了创新理论、关键技术、重要产品和核心工艺，为试验成果的工业化推广应用提供了技术指导。该《丛书》具有如下特征：

一是前瞻性较强。《丛书》中的化学驱理论与技术、空气火驱技术、减氧空气驱和天然气驱油协同储气库建设等技术在当前及今后一个时期都将属于世界前沿理论和领先技术，结合中国石油天然气集团有限公司技术发展的最新进展，具有较强的前瞻性。

二是系统性较强。《丛书》编委会统一编制专业目录和篇章规划，统一组织编写与审定，涵盖地质、油藏、采油和地面等专业内容，具有较强的系统性、逻辑性、规范性和科学性。

三是实用性较强。《丛书》的成果内容均经过油田现场实践验证，并实现了较大规模的工业化产量和良好的经济效益，理论技术与现场实践紧密融合，并配有实际案例和操作规程要求，具有较高的实用价值。

四是权威性较强。中国石油勘探与生产分公司组织在相应领域具有多年工作经验的技术专家和管理人员，集中编写《丛书》，体现了该书的权威性。

五是专业性较强。《丛书》以技术领域分类编写，并根据专业目录进行介绍，内容更加注重专业特色，强调相关专业领域自身发展的特色技术和特色经验，也是对公司相关业务领域知识和经验的一次集中梳理，符合知识管理的要求和方向。

当前，中国石油油田开发整体进入高含水期和高采出程度阶段，开发面临的挑战日益增加，还需坚持以提高采收率工程为抓手，进一步加深理论机理研究，加大核心技术攻关试验，加快效益规模应用，加宽技术共享交流，加强人才队伍建设，在探索中求新路径，探索中求新办法，探索中求新提升，出版该《丛书》具有重要的现实意义。这套《丛书》是科研攻关和矿场实践紧密结合的成果，有新理论、新认识、新方法、新技术和新产品，既能成为油田开发科研、技术、生产和管理工作者的工具书和参考书，也可作为石油相关院校的学习教材和文献资料，为提高采收率事业提供有益的指导、参考和借鉴。

李鹭光

2021年11月27日

前　言

“十一五”以来，中国石油针对稠油老区大幅度提高采收率和新区提高储量动用率的迫切需要等面临的技术瓶颈，依托国家油气重大专项和集团公司重大专项等项目攻关，坚持“配套应用、攻关试验、超前储备”三代主体技术滚动接替的发展路线和技术方向，坚持自主创新，用新技术挑战开发新领域，科研与生产相结合，形成了以蒸汽驱、蒸汽辅助重力泄油（SAGD）、火驱为代表的新一代稠油热采技术，使我国的稠油开发技术跃上了一个新台阶，为稠油的高效开发和千万吨稳产提供了有力的技术支撑。

本书由中国石油勘探开发研究院（以下简称研究院）负责编写，主要技术资料取自研究院和中国石油所属油田的科技成果及公开发表的文献，重点介绍了中国石油在稠油开发技术领域取得的主要进展和重大科研成果，其中包括改善蒸汽吞吐和蒸汽驱开发效果技术、蒸汽辅助重力泄油技术、火驱技术等新一代稠油热采技术，并总结分析了稠油开发技术面临的主要问题和挑战，展望了稠油开发技术未来的发展趋势。

在本书出版之际，向所有参与本书编写、审阅工作和提供技术支持的专家们表示衷心的感谢。

由于编者水平有限，书中难免存在不妥之处，敬请读者批评指正。

目录 CONTENTS

第一章　绪　　论

稠油，也叫重油，以富含胶质和沥青质组分为主要特征。稠油不仅是汽柴油、化工产品的重要来源之一，还是优质沥青、石蜡等产品的主要来源，是关系到国计民生的重要战略石油资源。

因为稠油的黏度高，地层条件下流动性差或不具有流动能力，一般用热力采油技术来提高油层温度，可显著降低原油黏度、提高原油的流动能力来实现有效开采。从20世纪60年代起，近60年来，中国的热力开采稠油技术，实现了从零开始、从小到大的发展过程，走过了从学习借鉴国外经验，到创建有自己特色技术的发展之路[1]。这一时期，通过对注蒸汽及驱油机理的深化研究，确定了稠油流变机理；开展了全国稠油资源普查，确定了稠油资源潜力；形成了中国特色的稠油分类标准；攻关了稠油热采的关键工艺技术。依托蒸汽吞吐技术实现了中国陆相强非均质性稠油油田的有效开发，建成了辽河油田、新疆油田两个重要的稠油生产开发基地，达到了千万吨以上的年产油规模，实现了近30年的高产、稳产，为中国许多具有战略意义的机场和高等级公路等基础设施建设提供了紧缺的高品质沥青产品，有力地支持了中国在改革开放初期的重大建设需求。

21世纪以来，国际形势发生了重大变革，中国持续稳定的高速经济增长率和人民对于美好生活的强烈追求，推动着石油消费需求的不断上涨，而国内油田的开发逐步进入中后期，开发难度加大，总体产油规模难以满足快速增长的石油需求，能源安全凸显。中国的稠油开发也面临新的形势和需求，中国石油天然气集团有限公司（以下简称中国石油）必须稳步提高稠油油田开发水平，保持稠油产量的稳步持续增长，勇于承担未来稠油开发技术的可持续发展带来的艰巨历史任务[2-5]。首先，采用蒸汽吞吐方式开采的稠油老区开发难度不断加大。以蒸汽吞吐为主的稠油热采产量快速递减，经济效果变差，亟须转变开发方式。其次，新增探明储量的资源品质下降明显。新发现的大规模超稠油油藏，采用常规热采技术没有经济效益，需要通过新的技术进步才能实现经济有效开发。

“十五”期间，稠油油藏开发方式仍以蒸汽吞吐为主，通过小井距、密井网实现了年均2%～3%的采油速度的高速开发和千万吨级的稠油产量规模，采收率达到20%～30%。“十五”末期，稠油开发已进入蒸汽吞吐的中后期（平均吞吐周期达12轮次以上），地层压力低、高含水、汽窜等问题，已严重影响蒸汽吞吐开发生产，油汽比由初期的1.2m^3/m^{3}降至不足0.15m^3/m^3，大约30%～40%的蒸汽吞吐周期油汽比低于0.1m^3/m^3，大部分区块的经济效益难以覆盖开发成本。蒸汽驱技术作为蒸汽吞吐后的主要接替技术，在浅层稠油和中深层稠油的开发试验刚刚起步，井网调整、分层注汽，及配套工艺技术对国内强非均质性普通稠油油藏的适应性还处于探索阶段。蒸汽辅助重力泄油（SAGD）技术在辽河油田曙一区超稠油开发和新疆油田浅层超稠油开发中还处于前期论证阶段，开发机理、技术有效性及配套工艺技术等还需要进一步验证和攻关。国内已经开展的历次火驱试验都未能取得预期效果，火驱技术已经停滞多年，火驱作为稠油吞吐后期，除蒸汽驱外的另一项接替技术，面临着燃烧机理、井网调整、点火和控制工艺等更多的技术挑战和不确定性问题[6]。

十余年来，中国石油依托国家重点基础研究计划（“973”计划）和国家油气科技重大专项攻关项目的开展，坚持“配套应用、攻关试验、超前储备”三代主体技术滚动接替的发展路线和技术方向，瞄准国内近 200×10^8t 的稠油资源，依靠创新热力采油技术解决经济开采等技术瓶颈问题，进一步加强稠油油藏热采理论技术的研发和矿场试验，实现了不同类型稠油油藏的高效开发，推动了热采稠油提高采收率主体技术的研发换代和有序接替，形成了以蒸汽驱、蒸汽辅助重力泄油（SAGD）技术、火驱技术为代表的新一代稠油热采技术，即稠油热采提高采收率技术[7-8]。这些热采技术走过了先导性试验、攻关发展、完善配套的发展历程，已经达到世界领先水平，圆满地撑起中国石油稠油稳产上产的历史重任。通过“十一五”“十二五”“十三五”持续的攻关与应用，中国石油稠油油田已连续 25 年千万吨以上稳产，创造了巨大的经济效益和社会效益，为保障国家能源安全做出了重大贡献。新一代热采技术以改善蒸汽吞吐 / 蒸汽驱、SAGD、火驱等为核心，在辽河油田、新疆油田实现工业化应用。预计整体提高采收率 25%～40%，新增可采储量 3×10^8t 以上，为公司稠油持续千万吨稳产提供强大科技支撑，整体技术水平国际领先。

新一代稠油热采技术的进展主要体现在 3 个方面：

（1）配套完善了改善蒸汽吞吐和蒸汽驱开发效果技术，蒸汽驱工业化取得显著效果。

蒸汽吞吐技术从传统的单井蒸汽吞吐，发展到组合式蒸汽吞吐、多介质复合蒸汽吞吐。蒸汽驱技术从单纯的直井蒸汽驱发展到多井型、多介质复合蒸汽驱。改善蒸汽吞吐和蒸汽驱效果等技术有效地延长了稠油油藏经济开采时间，改善了开发效益，支持的产能贡献率一直维持在 150×10^4t 左右，并显著提高了稠油油藏的采收率[9-10]。新疆油田浅层蒸汽驱工业化成功地建设了百万吨级的生产规模，实现了吞吐后新疆油田的稠油稳产和上产，新疆油田蒸汽驱高峰期产量达到 95×10^4t，油汽比 $0.23m^3/m^3$，经济效益显著。辽河油田的蒸汽驱工业化应用也取得显著效果，截至 2021 年 10 月底，齐 40 块转规模蒸汽驱开发近 15 年，产油量为 1069t/d，油汽比为 $0.16m^3/m^3$，采油速度为 1.1%，总采出程度达 50% 以上。辽河油田中深层稠油大幅度提高采收率技术研究与应用，2008 年获中国石油天然气集团公司科技创新特等奖，中深层稠油热采大幅度提高采收率技术与应用获 2009 年国家科技进步二等奖。

（2）攻关发展了 SAGD 技术，实现超稠油的高效上产和稳产。

中国石油依托国家提高采收率重点实验室、中国石油天然气股份有限公司稠油重点实验室，以及新疆油田和辽河油田两个稠油开发示范基地建设，建成了大型的 SAGD 物理模拟平台，完善了 SAGD 油藏工程理论和设计方法，攻关了 SAGD 配套工艺，有效支持了 SAGD 现场试验和工业化推广[11-14]。辽河油田在世界上首次将直井与水平井组合（注汽直井位于水平生产井斜上方）SAGD 进行了技术攻关，对驱泄复合的机理和 SAGD 生产控制方法取得新的认识，成功培育出 10 余口日产油量达到百吨的高产井，经济效益显著，并成功进行了工业化推广应用。辽河油田 SAGD 井组 2020 年产油量 100 万吨以上，培育百吨井 16 口。新疆油田采用双水平井 SAGD 技术实现超稠油资源的有效动用，形成了浅层超稠油双水平井钻完井、循环预热、高曲率大排量举升等开发配套技术，编制 200×10^4t/a 的 SAGD 产能规划方案，工业化扩大全面展开，SAGD 年产油量 100 万吨以上，单井产量最高 100t/d。这两种井网形式的 SAGD 技术分别在 2006 年和 2013 年入选中国石油十大科技进展。以 SAGD 技术为主体的风城浅层超稠油开发关键技术研究与应用于 2013 年获中国石油天然气集团公司科技进步奖一等奖。SAGD 技术实现了产量的持续上升，建成了两个“百万吨”示范基地。

（3）稠油火驱理论和先导性试验取得重大进展，工业化扩大全面展开。

通过对国内外火驱技术的调研和总结，筛选出影响火驱开发效果的关键问题，进行系统性的攻关研究，建立了火烧油层驱油实验模拟系列方法，揭示了火烧油层前缘驱油机理和受控因素，为火驱方案设计奠定了理论基础，初步形成高效点火、火线监测与控制等火烧油层驱油配套技术。火驱技术被中国石油列为稠油老区注蒸汽后大幅提高采收率的战略性接替技术之一，在辽河油田、新疆油田火驱先导性试验取得成功，工业化扩大也全面展开。2015 年，直井火驱技术入选中国石油十大科技进展。

在新一代热采技术攻关的同时，中国石油也着眼于稠油开发未来的形势和技术需求，进一步强化对储备技术的攻关力度，重点对提高 SAGD 开发效果系列技术进行攻关研发，开展了大量以火驱技术为主体的系列技术研发及试验，推动稠油及超稠油热采技术向火驱、电加热、溶剂驱替等低排放、低成本方向发展，形成更加高效、绿色环保的稠油开发技术体系。

本书以稠油热采开发技术方向为基础，着重阐述近 10 余年来中国石油在蒸汽驱、SAGD 和火驱 3 个方面取得的重要进展和标志性成果，并展望了未来稠油热采技术的发展趋势。

参考文献

[1] 刘文章．中国稠油热采技术发展历程回顾与展望［M］．北京：石油工业出版社，2014.

[2] 袁士义，王强．中国油田开发主体技术新进展与展望［J］．石油勘探与开发，2018，45（4）：657–668.

[3] 沈平平．提高采收率技术进展［M］．北京：石油工业出版社，2006：1–10.

[4] 吴奇，等．国际稠油开采技术论文集［M］．北京：石油工业出版社，2002.

[5] 何江川，廖广志，王正茂．油田开发战略与接替技术［J］．石油学报，2012，33（3）：519–525.

[6] 王元基，何江川，廖广志．国内火驱技术发展历程与应用前景［J］．石油学报，2012，33（5）：909–914.

[7] 廖广志，马德胜，王正茂．油田开发重大试验实践与认识［M］．北京：石油工业出版社，2018：328，4–10.

[8] 张义堂．热力采油提高采收率技术［M］．北京：石油工业出版社，2006：1–6.

[9] 张忠义，周游，沈德煌，等．直井—水平井组合蒸汽氮气泡沫驱物模实验［J］．石油学报，2012，33（1）：90–95.

[10] 沈德煌，吴永彬，梁淑贤，等．注蒸汽热力采油泡沫剂的热稳定性［J］．石油勘探与开发，2015，42（5）：652–655.

［11］马德胜，郭嘉，昝成．蒸汽辅助重力泄油改善蒸汽腔发育均匀性物理模拟［J］．石油勘探与开发，2013，40（2）：188–193.

［12］李秀峦，刘昊，罗健，等．非均质油藏双水平井 SAGD 三维物理模拟［J］．石油学报，2014，35（3）：536–542.

［13］刘尚奇，王晓春，高永荣，等．超稠油油藏直井与水平井组合 SAGD 技术研究［J］．石油勘探与开发，2007，34（2）：234–238.

［14］霍进，桑林翔，杨果，等．蒸汽辅助重力泄油循环预热阶段优化控制技术［J］．新疆石油地质，2013，34（4）：455–457.

第二章　改善蒸汽吞吐和蒸汽驱开发效果技术

蒸汽吞吐和蒸汽驱是稠油开发从初期到中后期的系列技术，也是稠油开发的主体技术，应用范围广泛，适用于不同油品、不同埋深及不同储层条件的稠油油藏。

蒸汽吞吐是稠油油藏热采开发初期的重要开采技术。蒸汽吞吐是指向一口生产井短期内连续注入一定量的蒸汽（注汽），然后关井（焖井），待蒸汽的热能向油层扩散后，再开井生产（采油）的一种开采稠油的方法。其主要机理有加热降黏作用、蒸汽膨胀的驱动作用、改善油相渗透率的作用、预热作用、增大生产压差的作用、加热后油层弹性能量的释放、重力驱作用、回采过程中吸收余热、地层的压实作用、蒸汽吞吐过程中的油层解堵作用及溶剂抽提作用。总体上讲，蒸汽吞吐开发方式依靠天然能量开采，主要是原油加热降黏的作用。随着多周期蒸汽吞吐进程，产量递减快，采出程度低，一般吞吐到一定阶段要转成其他开发方式以提高采收率。

蒸汽驱一般用于普通稠油油藏热采开发中后期，即蒸汽吞吐后的继续提高采收率技术。普通稠油油藏进行蒸汽吞吐后，为了继续经济有效地开发，大幅提高稠油油藏的采收率，按照优选的开发系统、开发层系、井网、井距、射孔层段等，重新划分注入井、采油井，形成驱替井网，由注入井连续向油层注入高温湿蒸汽，加热并驱替原油由生产井采出的开采方式。蒸汽驱技术是世界范围内的开采普通稠油的主要技术之一，蒸汽驱技术在全球稠油提高采收率（EOR）采油技术中占有举足轻重的地位。

蒸汽吞吐和蒸汽驱技术是中国稠油开发技术发展的主线。早在1958年，随着新疆克拉玛依油田的发现，在准噶尔盆地西北缘断阶带发现了浅层稠油带。1965年，开始在新疆克拉玛依油田黑油山的浅层稠油带进行注蒸汽吞吐探索性试验，由于当时技术条件的限制未能成功。1978年，石油工业部勘探开发科学研究院的刘文章等专家赴委内瑞拉等国家考察学习国外稠油热采技术，并创建稠油热采实验研究室，攻关稠油热采开发技术。同年，从美国引进高压注汽锅炉设备，在辽河的高升油田开展注蒸汽吞吐实验，并取得成功。1982年开始，中国的稠油热采技术进入全面发展阶段。通过进一步对注蒸汽及驱油机理的深化研究，确定了稠油流变机理、开展全国资源普查，确定稠油分类标准，攻关热采关键工艺技术，自行研制了稠油热采锅炉及热采配套的工艺设备设施，编制辽河高升油田注蒸汽开发方案、新疆克拉玛依油田九区齐古组注蒸汽开发方案，至此，热力采油技术中的蒸汽吞吐技术得到工业化推广应用[1]，中国石油天然气股份有限公司（以下简称股份公司）的稠油产量迅速达到千万吨级以上规模，并在不断完善的蒸汽吞吐技术支持下实现了近30年的高产、稳产。

20世纪90年代，稠油热采技术进入新发展阶段，蒸汽吞吐后继续提高采收率技术走上前台，以蒸汽驱为代表的新一代稠油热采开发技术在油田开发中得到了应用和创新，并取得重大进展。1994年，新疆油田率先在克拉玛依油田九区开展了蒸汽驱开发，建成年产百万吨级的规模；1998年，辽河油田在齐40块开展蒸汽驱试验，并于2004年全面转入蒸汽驱开发，最高年产量达到 70×10^4t 以上。2008—2015 年，国家油气重大科技专项设立“稠油和超稠油开发技术”项目和“渤海湾盆地辽河凹陷中深层稠油开发技术”示范工程，建立了辽河油田和新疆油田两个稠油开发技术示范基地，以稠油、超稠油的有效开发和大幅度提高采收率为研究重点，开展蒸汽驱等应用基础研究和关键技术研发，目的是形成稠油油田开发中后期主体接替技术，并通过现场先导性试验和工业化试验及应用，发展、配套和完善新一代稠油高效开发技术，为中国稠油产量持续稳定提供技术支撑[2]。

与此同时，蒸汽吞吐和蒸汽驱技术也得到了进一步的发展，改善蒸汽吞吐和蒸汽驱开发效果的技术不断涌现，并在开发实践中得到完善推广。蒸汽吞吐技术从传统的单井蒸汽吞吐，发展到组合式蒸汽吞吐、多介质复合蒸汽吞吐。蒸汽驱技术从单纯的直井蒸汽驱发展到多井型、多介质复合蒸汽驱。2007 年以来，改善蒸汽吞吐和蒸汽驱效果等技术有效地延长了稠油油藏的经济开采时间，改善了开发效益，支持的产能贡献率一直维持在 150×10^4t 左右，并显著提高了稠油油藏的采收率。

本章分四节，分别概述了中国石油 2006 年以来取得的有代表性的重大进展和成果，主要包括改善蒸汽吞吐开发效果技术、改善蒸汽驱开发效果技术、精细注汽工艺技术、改善蒸汽吞吐和蒸汽驱开发效果技术应用的矿场实例。

第一节　改善蒸汽吞吐开发效果技术

2006 年至今，是改善稠油油藏蒸汽吞吐开发效果技术全面发展、逐步成熟的阶段。这一时期，国内大多数稠油油藏的蒸汽吞吐都已经进入中后期，油藏的地下压力明显降低，含水率显著升高，尤其是汽窜问题比较严重，常规的纯注蒸汽吞吐方式由于油汽比低等因素，产生的效益已经不足以弥补投入的成本，无法继续显著改善蒸汽吞吐的开发效果。

针对蒸汽吞吐开发中存在的问题，这一期间集团公司依托国家重大专项和稠油开发示范工程，以稠油的经济有效开发和大幅提高采收率为目标，确定了多个改善稠油注蒸汽吞吐后期开发效果技术的攻关课题，从重建开发层系、重构开发井网、改变注入方式等方面大幅提高纵向动用程度及蒸汽波及体积，从改善注入介质方面提高油藏压力和驱油效率，进而改善蒸汽吞吐的开发效果，发展出组合式吞吐技术、多介质复合蒸汽吞吐技术等改善吞吐开发效果技术，为集团公司稠油产量的稳定和降本增效起到了重要作用[3]。

本节将分两个部分简要阐述组合式吞吐技术、多介质复合吞吐技术的技术原理和应用效果。

一、组合式吞吐技术

组合式蒸汽吞吐技术也称多井整体蒸汽吞吐技术和集团式蒸汽吞吐技术，是指在蒸汽吞吐开发单元中，多口井按优选设计的排列组合进行有序蒸汽吞吐来达到改善单井吞吐开发效果的方式。组合式蒸汽吞吐技术按照组合形式主要包括面积式组合注汽吞吐技术、一注多采技术等。

1. 面积式组合蒸汽吞吐技术

面积式组合蒸汽吞吐是指将若干个邻近的同层位生产井组合在一起，同时注汽、焖井、采油的一种蒸汽吞吐方式。其开采机理为经过多轮蒸汽吞吐开采的油藏压力水平较低时，利用反复的同注、同焖、同采过程，油层压力呈现规律性波动，促使含油饱和度重新分布。另外，还可利用注汽压力相互作用封堵汽窜通道，抑制汽窜的发生，改善油层动用程度，从而达到改善吞吐效果的目的。

例如：辽河油田杜 84 块的 36–7046 井组常规吞吐 8.7 个周期，期间汽窜频繁。实施面积式组合注汽后，由之前的注汽 67 井次，汽窜 25 井次，降为注汽 22 井次，汽窜 3 井次，汽窜发生率明显降低。

2. 一注多采蒸汽吞吐技术

一注多采蒸汽吞吐技术是把射孔层位相互对应、热连通程度或汽窜程度较高、采出程度相对较高的一个或几个注采井组作为一个开发单元，中心井在某一阶段内大量集中注汽，以井组蒸汽吞吐代替单井吞吐，达到改善油层动用状况、提高吞吐效果的目的。主要机理是提高注入蒸汽热利用率，补充地层能量，驱替井间剩余油。超稠油的一注多采和普通稠油在机理上又略有不同，它除了汽驱作用，把加热的原油驱向汽窜井，加快井间剩余油的动用以外，还有多井整体吞吐作用，利用油井间已形成的汽窜通道，通过一口井注汽来代替井组注汽，实现多井整体吞吐。

例如：辽河油田的洼 38–38–533 井组于 1990 年投产，于 2004 年 7 月开展了一注多采组合式蒸汽吞吐，见到了较好的开发效果。具体表现为：（1）产液量大幅度上升，井组最高日产油量为 43.4t、日产液量为 297t，含水率由初期的 99% 下降到 90.3%，最低含水率为 76.2%；（2）油汽比、采注比大幅度上升，井组最高油汽比达 0.203m^3/m^3，采注比为 1.38。

二、多介质复合蒸汽吞吐技术

多介质复合蒸汽吞吐技术是指在传统注蒸汽介质的基础上，添加一部分气体或化学剂，替代部分蒸汽，通过气体或化学剂的膨胀增能或改变表面张力提高驱油效率机理，达到提高单井产量、提高油汽比，降低蒸汽用量，提高经济效益和最终采收率的技术。

当前，现场应用比较成功、得到大面积推广的多介质复合蒸汽吞吐技术，主要包括 CO_2 复合蒸汽吞吐、空气辅助蒸汽吞吐等。

1. CO_2 辅助蒸汽吞吐技术

利用注 CO_2 提高原油采收率技术是提高采收率（EOR）技术中发展较快的一项工艺技术。中国 CO_2 采油技术研究主要用于混相驱、非混相驱和单井吞吐。稠油油藏中的强水敏性油藏、蒸汽吞吐回采水率低及高轮次吞吐油藏，高渗透、高含水油藏与低渗透、低效油藏等，在吞吐过程中注入一定体积 CO_2，可以显著改善开发效果。

CO_2 吞吐技术的开采机理主要表现在以下方面：

（1）CO_2 在原油中的溶解—膨胀作用。

（2）CO_2 在油中溶解后的降黏作用。

（3）CO_2 对含气油体系的差异分离作用。

（4）CO_2 的抽提作用。

例如：2004 年在冷家油田的冷 43 块、冷 42 块等区块开展了 CO_2 吞吐现场，实施 24 口井次，平均单井次 CO_2 用量为 50t，平均单井次增油量为 4780t。2005 年在以往实施的基础上，为提高开发效果，加大了 CO_2 的注入量，由以前的单井次 50t 增至单井次 150t；同时根据不同区块油品性质配合不同的化学添加剂，如高温降黏剂、高温防破乳剂和高温调剖剂。实施有效期内共实施了 46 井次，平均单井同期对比日增液量 5.8t，日增油量 1.5t，累计平均单井次增油量 4089t。从实施情况看，采用单井次 150t 的 CO_2 注入量，同时添加高温降黏剂，生产效果更好。

2. 空气辅助蒸汽吞吐技术

注空气辅助蒸汽吞吐即是在注入蒸汽中加入空气，可有效补充地层能量，大幅提高油藏压力，增加驱油动力。空气中的氧气与原油发生低温氧化反应，产生热量，起到升温降黏作用。反应产生的中间产物在地层条件下可形成表面活性剂类物质，发生乳化反应，增加原油流动性。同时注入空气还可携带蒸汽向油藏深处扩展，扩大了蒸汽的波及体积。

空气辅助吞吐采油主要依靠空气中大量的氮气补充地层能量，氧气与原油的氧化反应，消耗掉空气中的大部分氧气，剩余大量的氮气和少量二氧化碳，产生热量的降黏作用及反应产物的降黏驱油作用，改善原油开采效果。

其采油机理为：注入空气中的大量氮气，提高了油层压力，强化助排及增强了原油的流动性；稠油蒸汽吞吐（驱），氧化自生热加热油层，稠油氧化裂解轻质化，自生表面活性剂驱油，自生烟道气驱油。

1）降黏作用

空气与原油发生低温氧化反应，总体反应放热大于吸热（图 2-1），升高温度，导致井筒附近温度升高 20～25℃（图 2-2），增加原油的流动性。

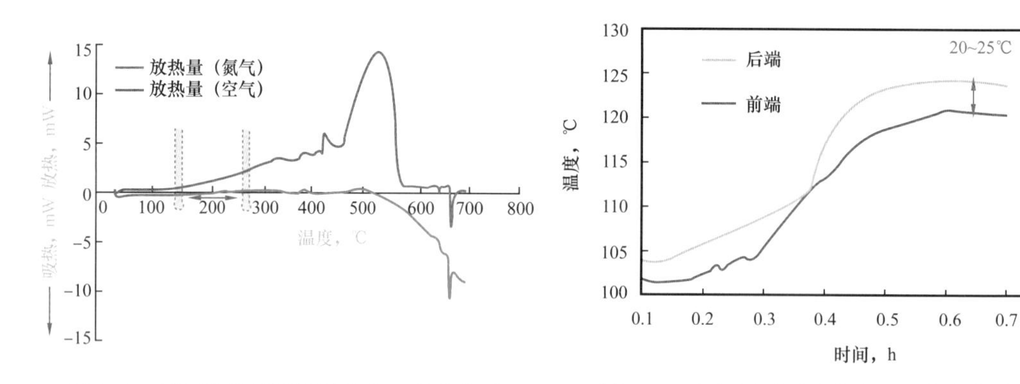

图 2-1　氮气和空气氛围下放热、吸热曲线　　图 2-2　空气氛围下反应前后温度变化曲线

2）保持地层压力

注入空气可增加地层能量，提高油藏压力，在焖井阶段保压效果好；物理模拟实验测得反应后，油藏整体压力可上升 2～3MPa（图 2-3）。

3）扩大蒸汽波及体积

扩大蒸汽波及体积主要表现在两个方面：第一，空气的渗透性能好，注入的蒸汽可进入空气通道，从而扩大了蒸汽的加热半径，增加蒸汽的波及体积；第二，注入空气位于油层上部，促使蒸汽进入动用差层段，原来不吸汽层段改为吸汽层段，有效提高储层的纵向上的动用程度（图 2-4）。

例如：辽河油田的杜 80 块兴隆台油层于 2009 年 8 月开始进行注空气辅助蒸汽吞吐试验，6 年内共实施了 29 口井，累计吞吐 44 井次，平均单井周期注蒸汽 2260t，平均单井周期注空气量 $10.6\times10^4m^3$，累计注汽量 9.95×10^4t，累计产油量 4.26×10^4t，累计注空气量 $469.1\times10^4m^3$，累计油汽比为 $0.43m^3/m^3$，平均气汽比 $47m^3/m^3$。共有 23 井次取得了明显的增油效果，平均周期增油 394t，油汽比提高 $0.18m^3/m^3$。

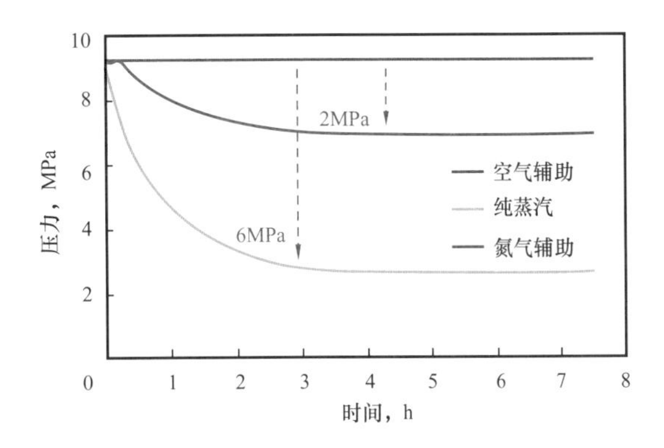

图 2-3　注入不同介质后压力随时间变化曲线图

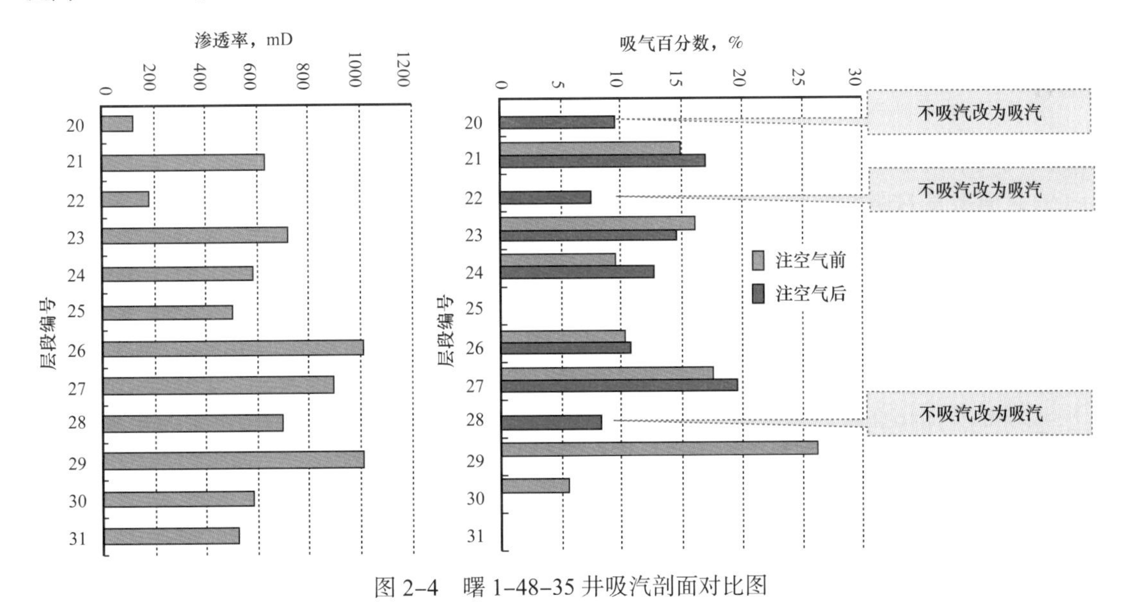

图 2-4　曙 1-48-35 井吸汽剖面对比图

第二节　改善蒸汽驱开发效果技术

蒸汽驱技术被认为是开采普通稠油的主要技术之一。近十几年来，中国石油继续加大对热采开发技术攻关力度，建立了提高采收率国家重点实验室和中国石油天然气股份有限公司稠油重点实验室，强化对热力采油机理和新技术的研发，同时将辽河油田建设成“中深层稠油示范开发基地”，加强新技术的推广应用。这一时期，蒸汽驱技术已成功应用于新疆油田、辽河油田，针对在蒸汽驱过程中，尤其是蒸汽驱后期，出现的层间矛盾加剧、蒸汽波及体积小，以及生产过程中频繁发生的汽窜、高含水率等的问题，对进一步改善蒸汽驱开发效果技术进行攻关，并取得了显著的技术成果，在井网、井型调整上形成了水平井蒸汽驱技术，在驱替介质变化方面形成了多介质复合蒸汽驱技术，从配套注采工艺上形成了多级分层注汽的工艺技术。这些新技术在蒸汽驱开发中期得到了大量的推广应用，并配套完善，改善了传统蒸汽驱的开发效果，为中国石油蒸汽驱20余年的稳产提供了有力的技术保障[4]。

下面分两个部分，分别从水平井蒸汽驱技术、多介质复合蒸汽驱技术等方面简述十余年来在蒸汽驱技术上取得的重大进步。

一、水平井蒸汽驱技术

蒸汽驱技术的第一项重要进展，是井网形式的改变，即从传统的直井反九点面积井网蒸汽驱转变成水平井蒸汽驱。针对传统的直井蒸汽驱在驱替过程中由于蒸汽超覆易汽窜、且油层下部动用较差的问题，借鉴蒸汽辅助重力泄油（SAGD）的理念，发展出以驱泄复合作用为主的水平井蒸汽驱技术[5]。主要包括直井—水平井蒸汽驱（即VHSD）、水平井—水平井蒸汽驱（即HHSD）[6]。水平井蒸汽驱一般采用立体井网设计，选定位于油层底部水平井作为生产井，选做注汽的直井或水平井的位置一般位于油层的中上部，该技术具有防汽窜、驱油效率高和采收率高的特点。一般采收率能达到35%～45%以上，油汽比达到0.13m^3/m^3以上，比蒸汽吞吐方式提高采收率20%以上[7]。

下面从水平井蒸汽驱的理论基础、开发机理、油藏工程优化与调控技术三个方面，进行简要的阐述。

1. 水平井蒸汽驱井网组合及开发机理

1）直井与水平井组合重力辅助蒸汽驱（VHSD）

采用水平井两边的直井注蒸汽和水平井开采的方式开采。对于在地层原始条件下没有流动能力的高黏度原油，要实现注采井之间的热连通，需经历油层预热阶段。形成热连通后，注入的蒸汽向上超覆在地层中形成蒸汽腔，蒸汽腔向上及侧面移动，与油层中的原油发生热交换，加热的原油和蒸汽冷凝水靠重力作用泄到下面的生产井中产出（图2-5）。

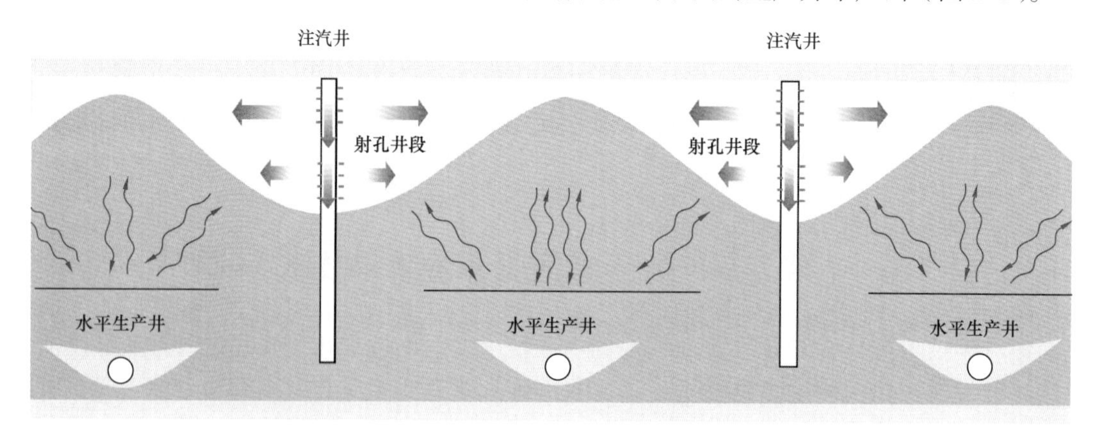

图2-5　直井与水平井组合重力辅助蒸汽驱示意图

直井与水平井组合的优点有4个方面：（1）克服钻平行水平井的技术难度；（2）对于已开发的油田，可以利用现有的直井作为注汽井，节约钻井费用；（3）初期可以利用调节各井的注汽量来调节蒸汽沿水平段的分布；（4）靠优化射孔井段的手段来达到减少油层非均质性（如夹层）影响的目的。

2）立体双水平井蒸汽驱（HHSD）

立体双水平井蒸汽驱（HHSD）是通过前期预热建立水平井间连通关系，把蒸汽从注入井连续不断地注入油层中，使稠油得到加热、降黏，并被驱向水平生产井。立体井网中，HHSD生产井位于油层的底部，原油在驱动力和重力共同作用下从水平生产井中采出。在多轮次吞吐后，水平井段的上部油层已经得到有效动用；转为HHSD方式后，蒸汽腔沿横向扩展，驱动油层上部的原油向生产井运动，进入生产井蒸汽腔后，在重力和驱动力的双重作用下进入井筒，从而将原油采出。

2. 水平井蒸汽驱油藏工程优化设计

水平井蒸汽驱技术发展较晚，一般应用在已经进行直井吞吐开发的老油田，作为一种蒸汽吞吐后的接替开发方式应用。油藏工程优化设计内容包含了井型井网优化、预热参数优化、正常生产阶段注采设计三部分内容。

1）井型井网优化

井型井网优化重点关注水平段方向、长度、水平段在井网中的平面位置、纵向位置，以及作为注汽井的直井的射孔段底界与水平井垂向上的高差、射孔段位置。以新疆油田九8区齐古组综合调整的直井与水平井组合蒸汽驱井网井型优化设计为例：设计水平段方向与构造线平行，水平段长度为280m，水平段位于距油层底部2m位置，直井射孔底部距水平段5m（图2-6）。

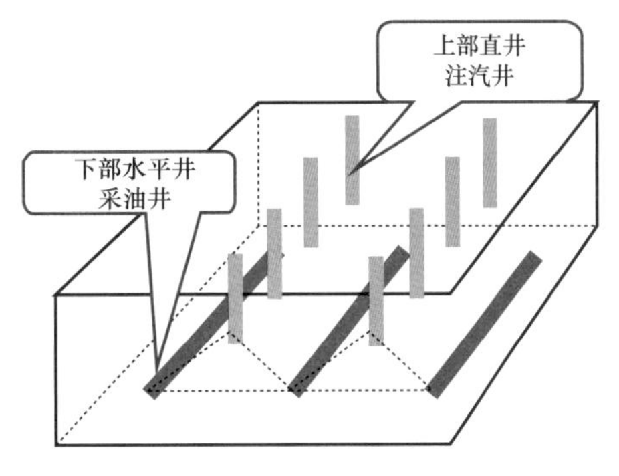

图2-6 直井与水平井组合蒸汽驱井网模式图

2）预热阶段注采参数优化

VHSD加密水平井吞吐预热油层阶段，与周边直井建立井间热连通及泄油通道是取得生产效果的前提条件。根据历史拟合结果，油层上部已形成热连通，油层下部尚未建立热连通，因此，VHSD预热重点在油层下部水平段位置。预热注汽方式以水平井吞吐为主，需要直井关井、水平井吞吐一轮次，注汽量在5000t左右，焖井时间为8～10天时，温度场、压力场扩展相对均衡，可取得较好的预热连通效果。

3）生产阶段注采参数优化

生产阶段的注采参数重点优化了注汽方式、井组操作压力、注汽速度、采注比、注汽交替轮换的时间频率、井底注汽干度等。

通过数值模拟研究，优化了水平井加密至35m井距条件下转VHSD方式，确定实施直井交替注入的方式，即将直井斜向分2组，一组注汽，另一组关井，间隔一段时间后转下一组，4口井同时向井组注汽。这种交替注汽方式，造成的油藏压力波动小，蒸汽腔波及体积大，后期优化空间大。

VHSD生产中，当地层压力波动时，容易引起闪蒸和汽窜，合理的地层压力非常重要，有利于生产管理和生产调控。从数模结果看，VHSD的生产操作压力越高，上产越快，但相应的油汽比低。考虑本区实际情况，对比分析生产效果，推荐操作压力为1.2～1.5MPa。

VHSD生产过程中采用定压生产，通过动态调整井组注汽速度和采注比，实现对压力的调控。当注汽速度为60～70t/d时，油汽比高。推荐井组注汽速度为60～70t/d。采注比维持在1.2左右时，地层压力稳定在1.6MPa左右；推荐井组采注比控制在1.2左右。

交替注汽的周期长度，即一组井注汽转下一组井注汽的时间间隔。注汽周期时间长，管理难度降低，但局部压力提高，容易引发汽窜风险。合理注汽周期长度是在尽可能长的时间内，发生汽窜风险前转下一组注汽，推荐交替注汽周期 90d。不同交替注汽周期的蒸汽腔剖面如图 2–7 所示。

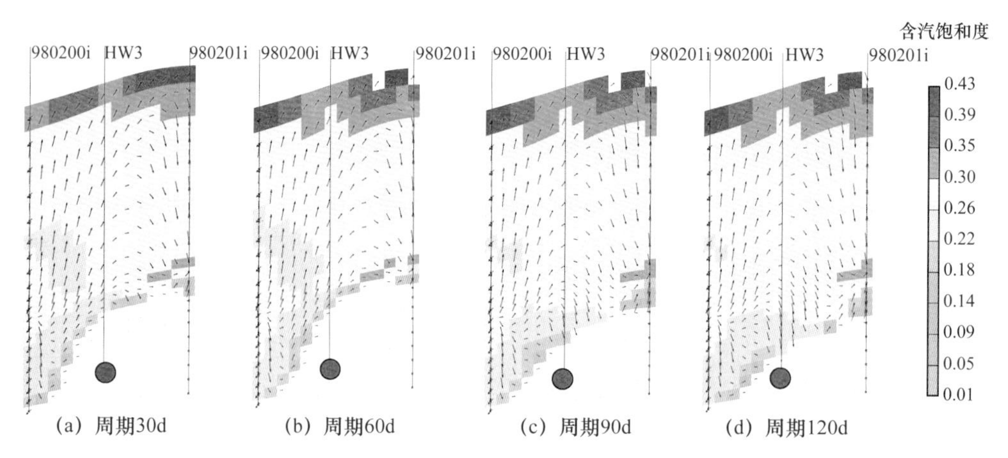

图 2–7　VHSD 不同交替注汽周期蒸汽腔剖面图

随着井底蒸汽干度的提高，阶段采出程度、油汽比上升；采用 CMG 井筒模型计算不同注汽速度下的井底蒸汽干度变化情况，结果显示：蒸汽干度随着注汽速度的降低而降低；普通管柱注汽速度大于 50t/d 后，蒸汽干度上升趋势变缓；隔热管柱注汽速度达到 30t/d 后，蒸汽干度上升趋势变缓。因此，井底蒸汽干度应大于 60% 或采用隔热油管降低蒸汽干度损失。因为一般稠油区的黏度高，为了保证生产效果，要求采用过热蒸汽。

3. 水平井蒸汽驱提高波及体积技术

1）水平井注蒸汽均匀程度评价方法

建立了水平井注汽管柱评价方法，优化注汽管柱设计，形成“注汽管柱—井筒—油藏”间的流动耦合评价方法，评价不同管柱串流系数、压力、流量分布。运用数值模拟，选取风城重 32 区块为典型地面管线相关参数，为了实现常规稠油热采过程中地面管线—井口—垂直井筒—地层的一体化设计，采取了节点分析方法计算蒸汽沿程变化规律（图 2–8 和图 2–9）。

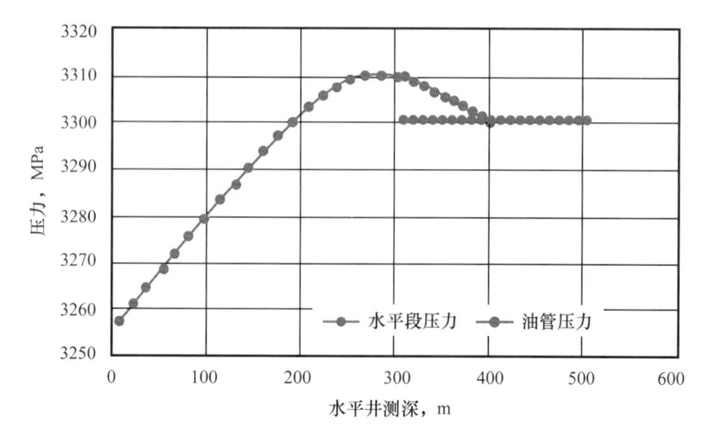

图 2–8　水平井压力分布（水平段长 200m，单管注汽，出汽口位于水平段 100m）

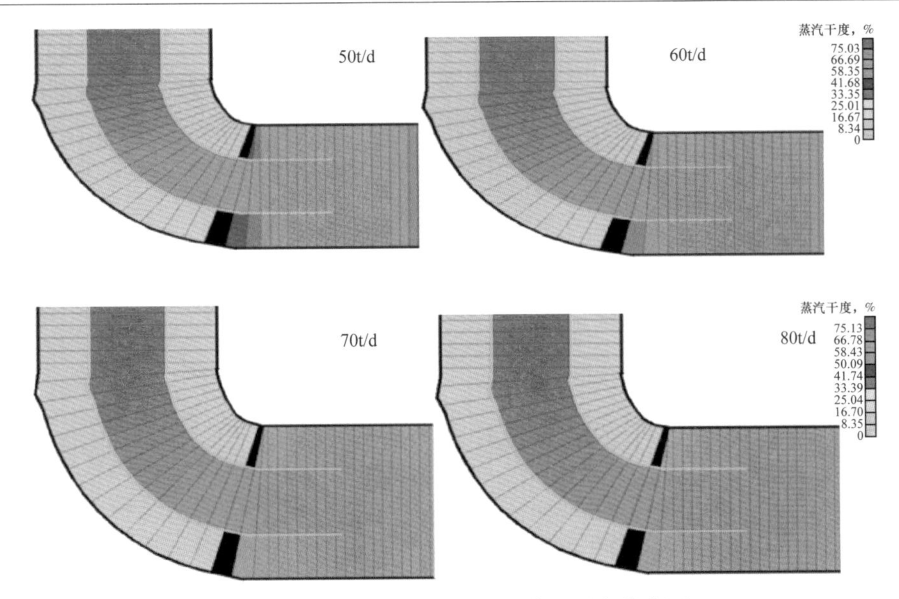

图 2-9 不同注汽量下的井底蒸汽干度分布图

水平段的吸汽均匀程度，主要受两方面因素的影响：（1）受水平段钻遇的不同的沉积微相造成的储层非均质性影响。高渗透段一般能够得到优先动用，低渗透段的动用程度较差；（2）针对这种储层非均质性的注汽工艺的配套措施影响。

通过对水平井段注汽均匀程度的评价，可以为管柱的调控设计提供参考依据。

2）水平井注汽管柱的优化

经过多年的发展，热采水平井的完井、注汽管柱设计已经取得了长足的进步。初期，热采水平井的完井方式主要以割缝筛管、绕丝筛管等多种完井方式，逐渐过渡到割缝筛管占绝大部分。水平井注汽管柱的设计，也从单管注汽，逐渐发展为双管、多点及分段注汽工艺。

通过研究水平井井筒内的多相流动状态，确定不同管柱结构的油藏动用规律，可以优化注汽、生产的管柱结构设计（图 2-10）。针对双管注汽，因为注汽的主管、副管的长度不同、且粗细有别，因此在水平段内形成不同的压力分布曲线及蒸汽干度分布特征。

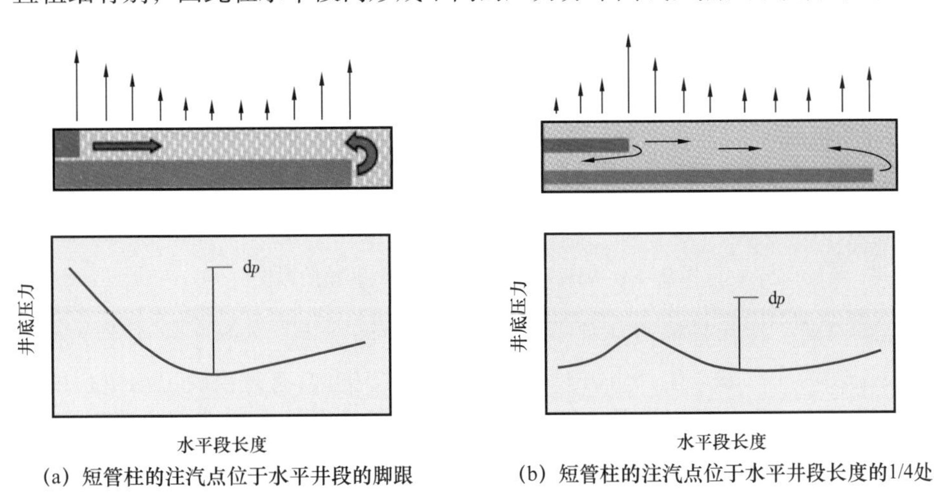

(a) 短管柱的注汽点位于水平井段的脚跟　(b) 短管柱的注汽点位于水平井段长度的1/4处

图 2-10 双管注汽不同设计的压力分布曲线示意图

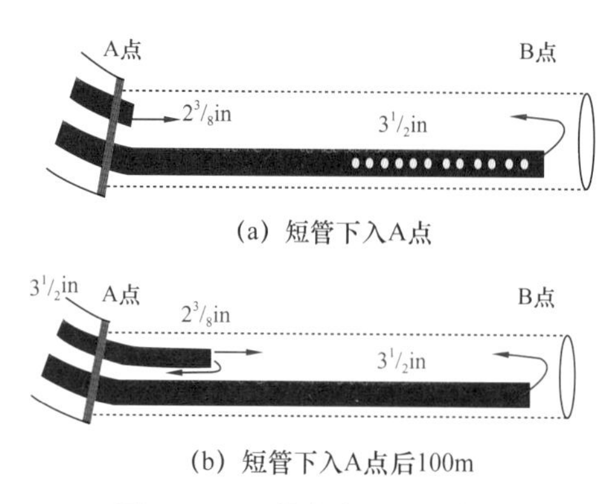

(a) 短管下入A点

(b) 短管下入A点后100m

图 2-11　双管注汽对比示意图

目前现场一般推荐双管注汽体系，管柱设计参数如图 2-11（b）所示。将注汽的短管深入到水平段 100m 左右的位置，可以提高水平段内的吸汽均匀程度，一定程度地提高水平段的动用率。对于非均质情况较为严重的水平段，需要采用多点分段配注汽技术，有针对性地对低渗透段强化注汽，适当降低高渗透段的注汽量，平均分配各个分段点的注汽量，能够显著改善水平段的动用程度，提高单井日产油能力，取得较好的开发效果。

3）均衡蒸汽腔发育整体调控技术措施

三维精细建模构建试验区地质模型，精细描述试验区孔隙度、渗透率、饱和度等地质参数，利用数值模拟手段刻画试验区地下蒸汽腔分布，结合井温测试资料调整注汽井位置与注汽量，预测蒸汽腔发育情况。通过轮换注汽及控制单井注汽量与调整试验区注汽井数可以合理匹配试验区采注比等调控手段，利用数模研究结果，在优化注汽量的同时，改变注汽井的位置，有利于蒸汽腔的均衡扩展。新疆油田重 32 井区 VHSD 试验区注汽井调整如图 2-12 所示。

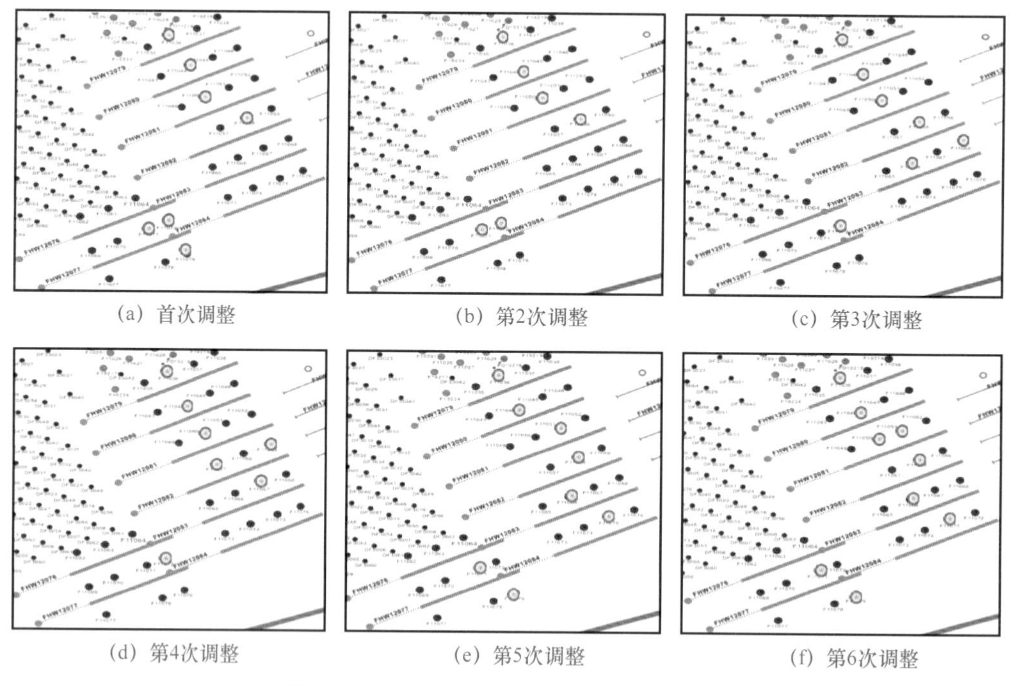

(a) 首次调整　(b) 第2次调整　(c) 第3次调整

(d) 第4次调整　(e) 第5次调整　(f) 第6次调整

图 2-12　VHSD 试验区汽驱注汽调整阶段图

采油井见汽后，往往是蒸汽从某一直井单一方向的突进，不利于蒸汽在平面上扩展延伸，因此根据现场注汽井、生产井井口温度及压力情况可以有效反映出汽窜程度。可对已经确定汽窜的直井注汽井进行控关，调整其他方向的注汽量，实现蒸汽腔均衡推进。同时，也可对吸汽能力差的直井进行吞吐造腔后，再继续注汽驱替。

另外一个水平井蒸汽驱的控制因素是 Sub-cool 温度，即生产井井底流压对应的饱和蒸汽温度与流体实际温度的差值，是汽窜程度的有效反映。理想的 Sub-cool 温度控制范围在 10～20℃。

二、多介质复合蒸汽驱技术

蒸汽驱技术的第一项改进是驱替介质的多元化，即多介质蒸汽驱技术。多介质蒸汽驱是指由气体（N_2、CO_2、NH_3、空气、烟道气等）、泡沫剂及驱油剂与蒸汽组成复合驱油体系[8-9]。2006 年以来，依托国家和稠油重点实验室，形成了多介质复合蒸汽驱实验技术，认识了多介质复合驱油机理，研发了 6 种多介质配方体系，并在辽河锦 45 块开展了 4 个井组的多介质蒸汽驱先导性试验，取得了显著的效果[10-12]。

1. 多介质复合蒸汽驱实验

中国石油勘探开发研究院依托国家和稠油重点实验室建设项目，对原有的注蒸汽实验装置进行升级配套与功能扩展，建立了多介质蒸汽驱微观实验平台、多元热流体相似模拟实验平台等系列设备，编写了相应的实验技术行业标准。重点实验室已经具有研制多介质配方体系、评价多介质体系性能、揭示多介质蒸汽驱过程中的油水赋存状态，以及一维、二维、三维等系列多介质蒸汽驱实验的能力[13-17]。实验装置如图 2-13 和图 2-14 所示。

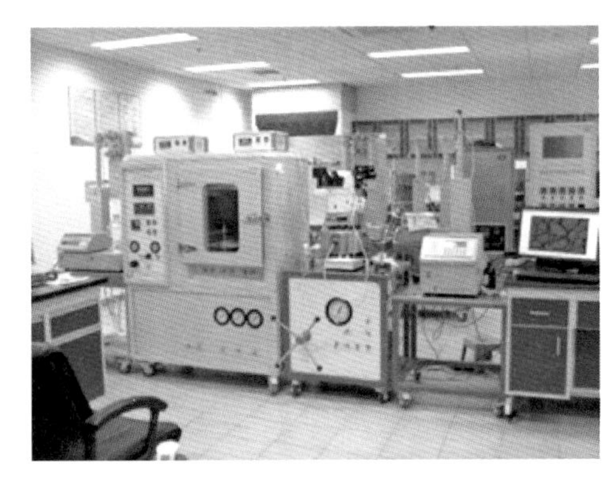

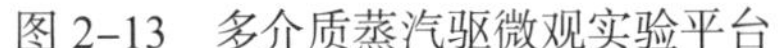

图 2-13　多介质蒸汽驱微观实验平台

图 2-14　多元热流体相似模拟实验平台

1）高温高压微观多介质驱油实验

为能够从微观（微米级）尺度上研究多介质复合驱驱油机理，建立高温高压微观实验系统并建立了相应的实验方法，开展微观驱油实验。微观驱油实验共进行两组：第一组先进行 200℃热水驱至产液含水率 90%，再转 200℃尿素驱至产液含水率 99% 后结束实验；第二组先进行 200℃热水驱至产液含水率 90%，再转 200℃热水 + 尿素 + 泡沫驱至产液含水率 99% 时结束实验。实验结果如图 2-15 和图 2-16 所示。

从不同多介质驱替微观图片的对比来看：热水体系、热水 + 尿素体系、热水 + 尿素 + 泡沫体系，3 种多介质体系进行驱替过程中和驱替后的油水赋存状态存在显著差异。热水驱体系驱替结束时，大量的残余油仍呈连续相，较厚的油膜包裹在颗粒表面；热水 + 尿素体系驱替过程中，原本附着在颗粒表面的油膜从颗粒表面剥离下来，呈更为细小的连续断续线状沿驱替方向分布，最终仅有少量残存油。而对于热水 + 尿素 + 泡沫体系，则是注入后迅速形成泡沫乳化驱特征，油水乳化，形成油水乳化液泡沫，即油气水三相的拟混相状态，最终仅有少量泡沫乳化油残存于孔隙角隅处，残存油量更少。

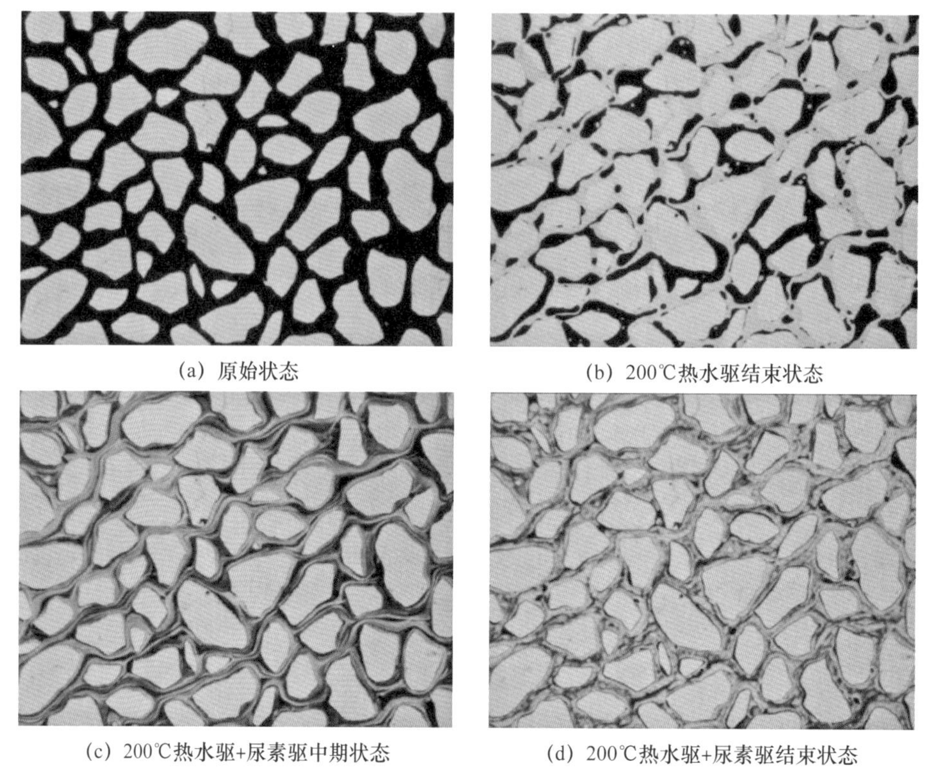

(a) 原始状态　(b) 200℃热水驱结束状态

(c) 200℃热水驱+尿素驱中期状态　(d) 200℃热水驱+尿素驱结束状态

图 2-15　热水驱及热水 + 尿素驱结束后剩余油分布

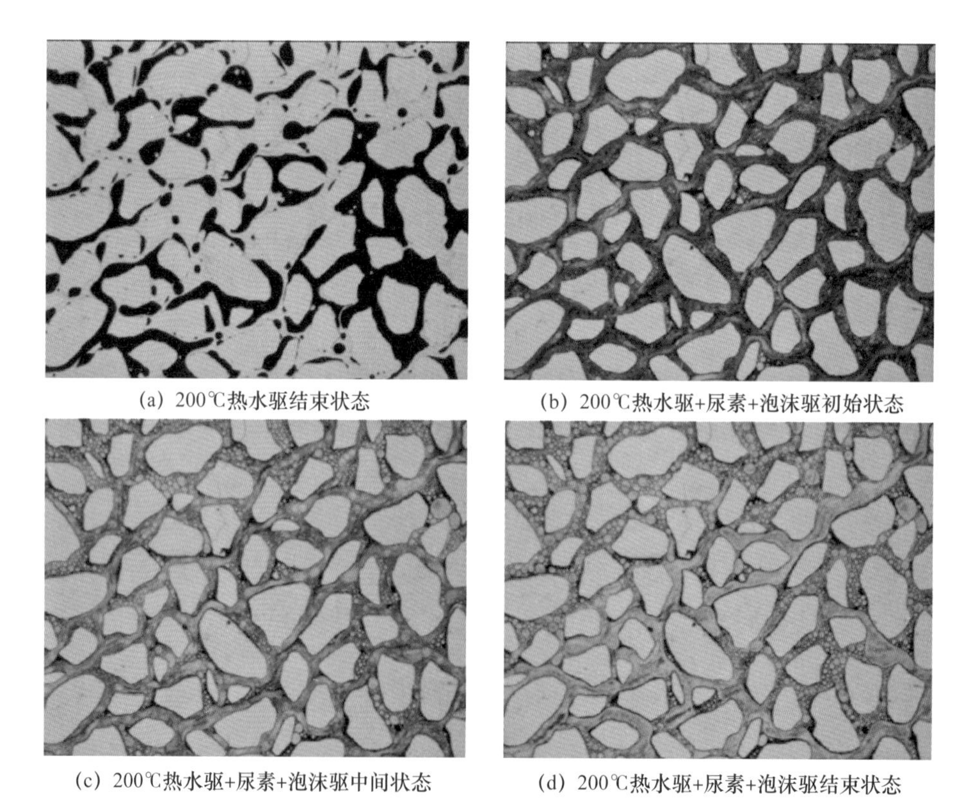

(a) 200℃热水驱结束状态　(b) 200℃热水驱+尿素+泡沫驱初始状态

(c) 200℃热水驱+尿素+泡沫驱中间状态　(d) 200℃热水驱+尿素+泡沫驱结束状态

图 2-16　热水驱及热水 + 尿素 + 泡沫驱结束后剩余油分布

2）多介质复合蒸汽驱驱油效率实验

蒸汽驱替过程是相当复杂的，对于实际的油藏，既有热水驱替作用机理，又有蒸汽驱扫的作用。热水驱替作用发生时，只能驱动孔隙中比较容易驱替的原油；蒸汽驱扫的作用，驱油效率较热水驱显著提高。在这两种驱替作用的基础上，加入多介质驱油体系，都能显著地进一步提高驱油效率。图 2–17 是热水驱与三种多介质配方驱油体系的驱油效率的对比，可以看出热水驱的驱油效率在 60% 左右，而多介质驱油体系的最高驱油效率可达到 80% 以上。图 2–18 是蒸汽驱与三种多介质配方体系的驱油效率对比图，体现的效果基本与图 2–17 类似。

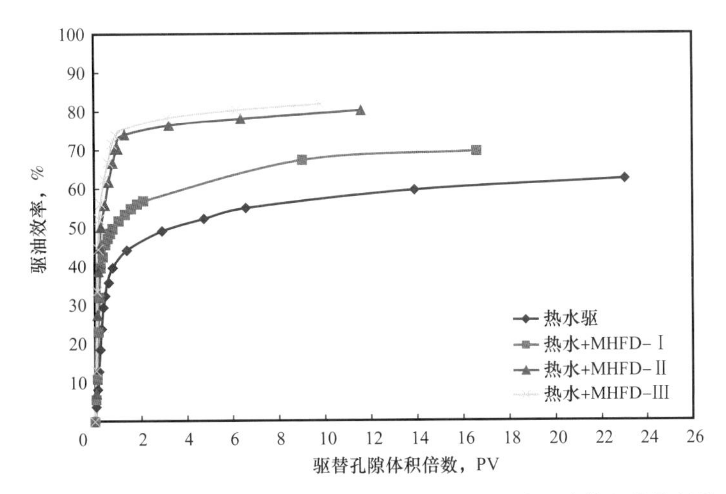

图 2–17　不同驱替体系在热水条件下驱油效率与驱替孔隙体积倍数的关系

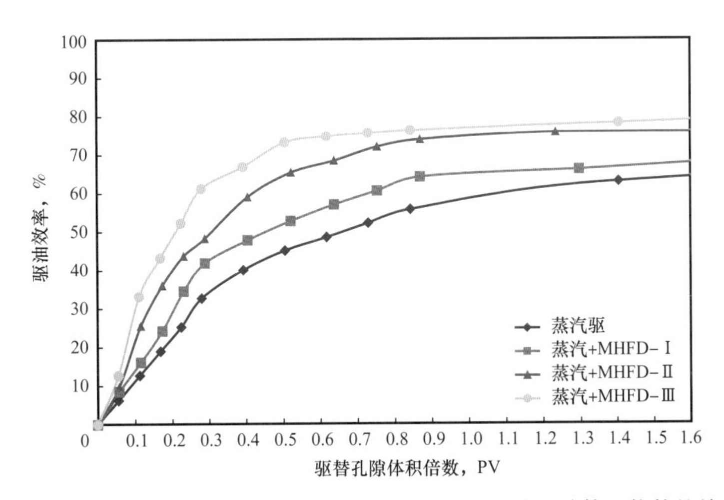

图 2–18　不同驱替体系在蒸汽条件下驱油效率与驱替孔隙体积倍数的关系

3）多介质复合驱二维物理模拟实验

通过二维物理模拟实验，可以评价多介质复合驱油体系的调剖效果。实验模拟了两种油层韵律性：一种为辽河某特稠油油藏的实际韵律性，渗透率及厚度按相似准则关系模拟；另一种为正韵律油藏情况。实验模拟的油藏压力均为 4.0MPa，注蒸汽温度为 250℃，注汽速度为 50mL/min。两种韵律性油藏分别开展了蒸汽驱及多介质复合蒸汽驱实验。

实验结果见表 2–1，温度场如图 2–19 和图 2–20 所示。从实验可以得出如下结论：

表 2-1 蒸汽驱和多介质复合蒸汽驱二维模型实验结果

驱替方式	油藏韵律性			
	辽河某特稠油油藏实际韵律		正韵律	
	采收率，%	累计油汽比，m^3/m^3	采收率，%	累计油汽比，m^3/m^3
蒸汽驱	52.00	0.153	54.50	0.159
多介质驱油体系Ⅱ	68.90	0.247	70.85	0.251
多介质驱油体系Ⅰ	61.00	0.195	63.40	0.195

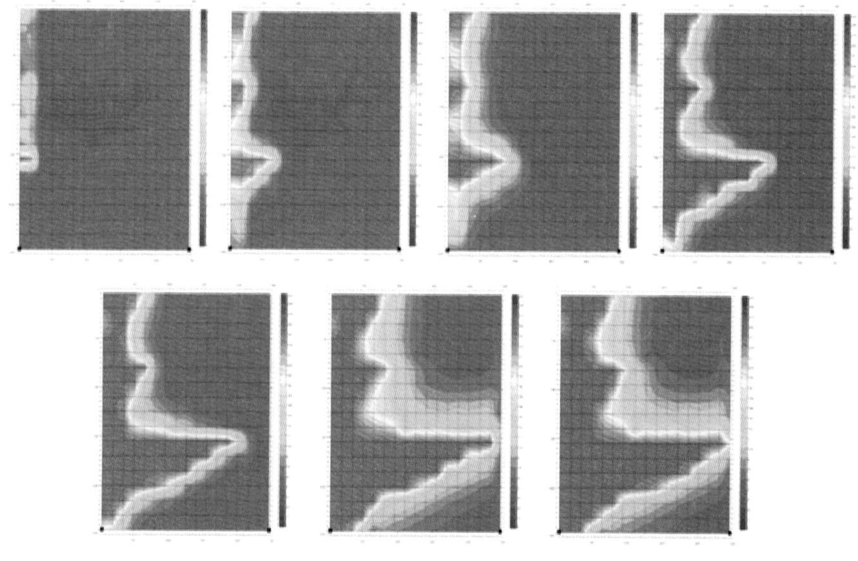

(a) 特稠油非均质油藏蒸汽驱纵向温度场

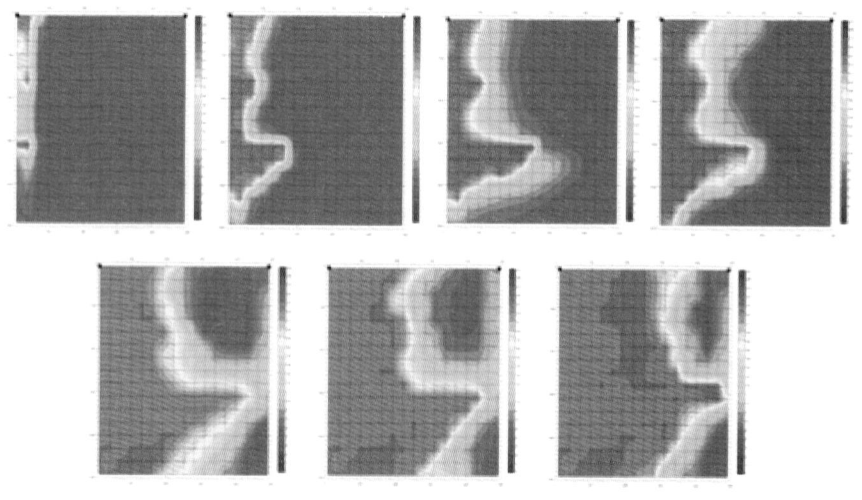

(b) 多介质蒸汽驱纵向温度场

图 2-19 特稠油非均质油藏蒸汽驱和多介质蒸汽驱纵向温度场

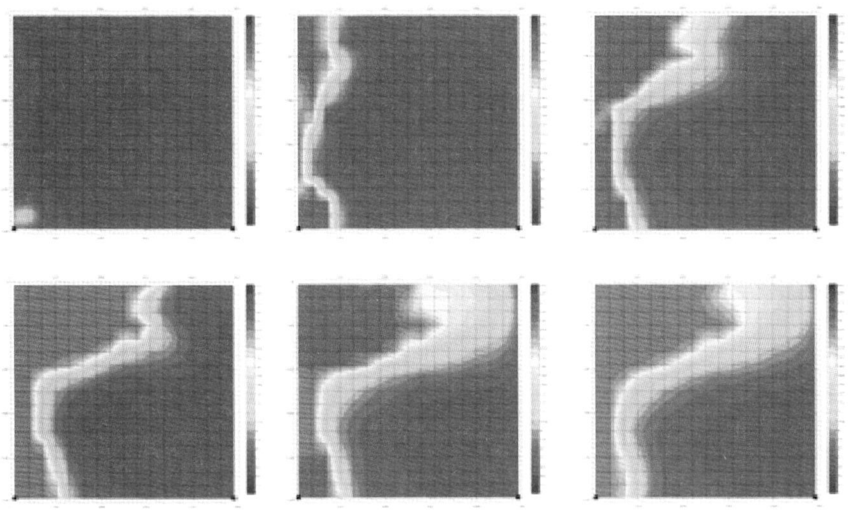

(a) 正韵律油藏蒸汽驱过程中油层纵向温度场

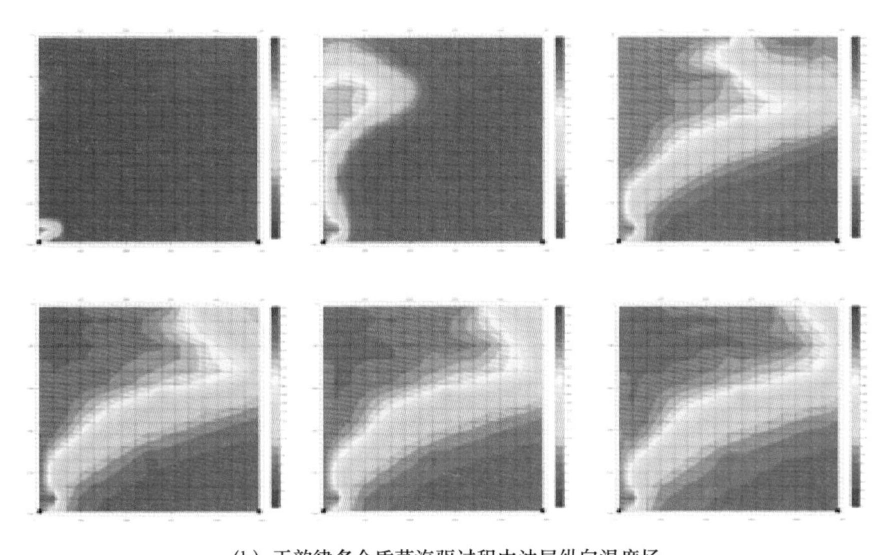

(b) 正韵律多介质蒸汽驱过程中油层纵向温度场

图 2–20　正韵律油藏蒸汽驱和正韵律多介质蒸汽驱纵向温度场

（1）多介质复合蒸汽驱蒸汽波及体积大幅度提高。

实际韵律油藏蒸汽驱在纵向上的波及体积为 48%，而多介质复合蒸汽驱的波及体积达到 76%，波及体积提高了 28%。而正韵律油藏的波及体积从蒸汽驱的 65% 提高到 82%，波及体积提高了 17%。

（2）多介质蒸汽驱能够提高采收率和油汽比。

辽河油田某特稠油油藏的多介质复合蒸汽驱采收率提高了 9.00%～16.90%，油汽比提高了 27.40%～61.40%。实验设计的正韵律油藏的采收率提高了 8.90%～16.35%，油汽比提高了 22.60%～57.80%。

4）多介质复合蒸汽驱三维物理模拟实验

实验模拟了辽河油田某特稠油油藏的实际韵律性，渗透率及厚度按相似准则关系模拟，井网选择为九点井网，考虑到模型的规模和大小，模型九点井网的四分之一。实验模拟的油藏压力均为4.0MPa，注蒸汽温度为250℃，注汽速度为50mL/min。实验分别开展了蒸汽驱及三种多介质配方复合蒸汽驱，实验结果见表2–2和图2–21。

表2–2 辽河油田某特稠油油藏蒸汽驱和多介质蒸汽驱驱三维物理模拟实验结果

开采方式			注入孔隙体积倍数，PV	采油量，g	累计油汽比，m^3/m^3	采出程度，%
蒸汽驱			1.590	3046.70	0.237	50.78
蒸汽驱+多介质体系Ⅰ	第一阶段	蒸汽驱	1.416	3010.00	0.270	50.17
	第二阶段	多介质体系Ⅰ	0.319	818.00	0.328	13.63
蒸汽驱+多介质体系Ⅱ	第一阶段	蒸汽驱	1.423	3006.30	0.277	50.11
	第二阶段	多介质体系Ⅱ	0.316	989.50	0.219	16.49
蒸汽驱+多介质体系Ⅲ	第一阶段	蒸汽驱	1.442	3004.48	0.253	50.07
	第二阶段	多介质体系Ⅲ	0.356	1076.27	0.209	17.94

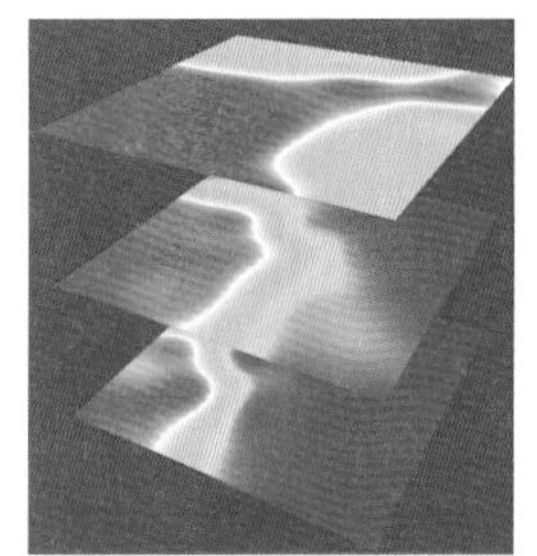
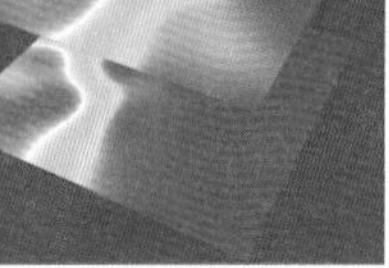

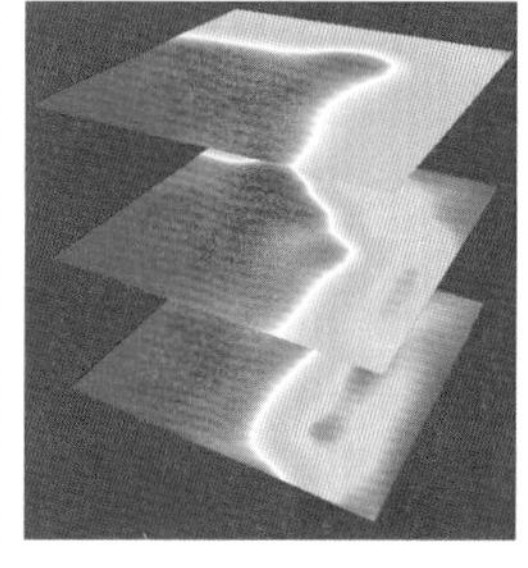
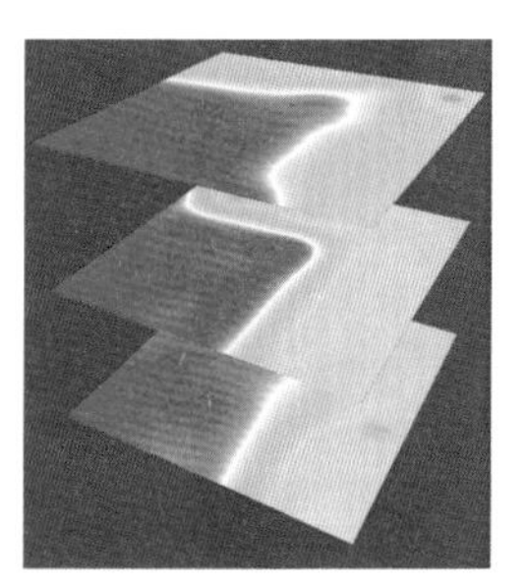
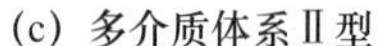

(a) 蒸汽驱　(b) 多介质体系Ⅰ型　(c) 多介质体系Ⅱ型　(d) 多介质体系Ⅲ型

图2–21 辽河油田某特稠油油藏三维物理模拟实验温度场

从实验数据和结果来看，可以得出如下结论：

（1）蒸汽驱过程中，首先蒸汽波及油层的下部，随着蒸汽驱过程的深入，蒸汽超覆现象开始逐渐显现，蒸汽主要波及油层上部，油层下部波及范围不足40%，蒸汽驱结束时蒸汽的波及体积为60%左右，采收率为50.78%。

（2）蒸汽驱结束后转注0.319PV的多介质体系Ⅰ型的段塞驱，蒸汽的超覆现象得到显著改善，下部油层动用程度大幅提高，中部低渗透层波及状况改善不明显，和蒸汽驱相比，采收率提高13.63%，累计油汽比提高21.5%。

（3）蒸汽驱结束后转注0.316PV的多介质体系Ⅱ型的段塞驱，蒸汽的超覆现象得到改善，下部油层动用程度大幅度提高，尤其是中部低渗透层波及状况也得到明显改善，和蒸汽驱相比，采收率提高16.49%，由于该配方增加了泡沫剂，增加了部分成本，导致累计油汽比和蒸汽驱相比有所降低，降低20.9%。

（4）蒸汽驱结束后转注0.356PV的多介质体系Ⅲ型的段塞驱，蒸汽波及体积和多介质体系Ⅱ的段塞驱基本相同，但蒸汽波及区域的驱油效率得以改善，采收率也得到进一步提高。和蒸汽驱相比，采收率提高17.94%。

2. 多介质蒸汽驱驱油机理

与常规蒸汽驱相比较，多介质复合蒸汽驱主要具有以下开发机理：

1）调整注汽剖面，扩大波及体积

多介质注入后，纵向上，由于重力分异作用，多介质迅速填充主力层段上部超覆区域，从而缓解主力层的蒸汽超覆；分子量相对较大的蒸汽进入下部非主力层段，蒸汽腔发育（图 2–22），提高纵向上的动用程度。平面上，多介质迅速占据平面蒸汽优势通道，蒸汽向弱势方向改向，动用非主力部位，扩大平面波及体积。同时，由于多介质的隔热物性及膨胀分压作用，可以减少蒸汽热损失，提高热能利用率，主力层与非主力层的蒸汽腔范围进一步扩大。

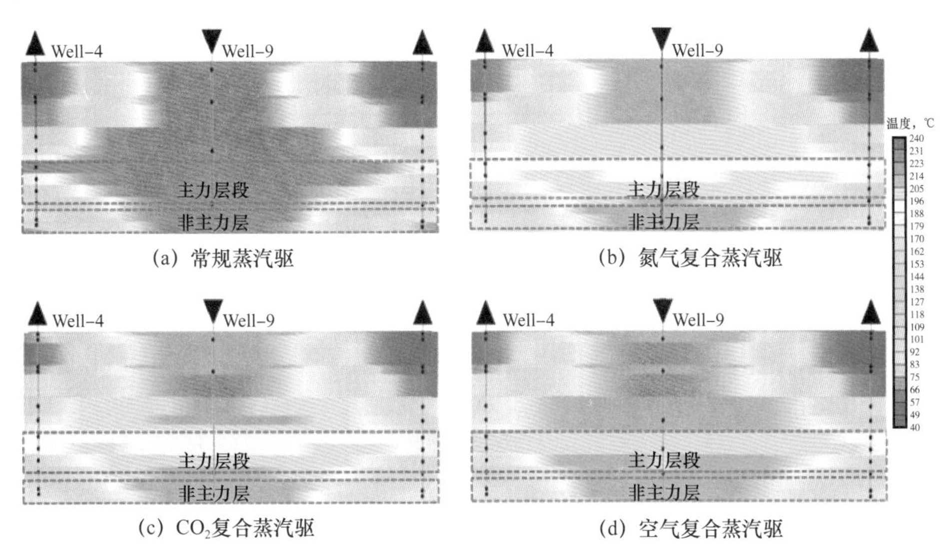

图 2–22 不同介质蒸汽驱温度场剖面对比图

2）补充地层能量，提高驱油动力

多介质辅助蒸汽驱由于气体体积大，压缩性强，进入地层后随着压力的降低迅速膨胀，进一步补充油藏压力，数值模拟研究结果表明，实施多介质辅助蒸汽驱后井组内距注汽井 10m 处，油层压力可由常规蒸汽驱的 2.9MPa 提高至 4.0MPa，驱替作用更加明显（图 2–23）。

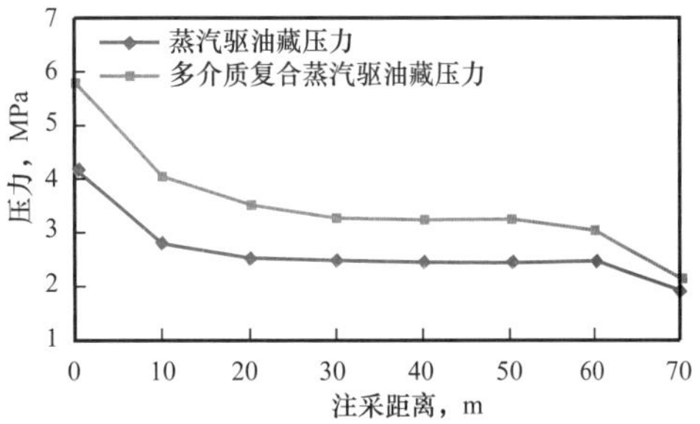

图 2–23 蒸汽驱与非烃气辅助汽驱压力对比曲线

3）降低原油黏度，改善流动性

稠油因其黏度高、黏滞力大，导致在孔隙介质中流动时流动阻力大。其渗流特征和低黏度原油不完全一样，不完全符合达西渗流规律。在向油层注入多介质流体过程中，由于气体的溶解、表面活性剂的注入等导致原油黏度大幅度下降。实验中将 45% 浓度的尿素溶液分别以一定的比例与稠油混合均匀，通过中间容器用泵挤入密闭压力容器，在一定温度条件下测定其反应前的黏度，然后升温至 200℃，使尿素溶液充分分解，再降至反应前对应的温度。当温度压力保持平衡后，测定其黏度和相对渗透率（表 2–3）。

从实验结果中发现：尿素溶液在高温条件下分解出 CO_2 和 NH_3，并与油水混合。在温度 50℃的条件下，当溶液：原油 = 2：8，其降黏率可达 74.3%。同时，测定的相对渗透率表明大幅改善了水油流度比（图 2–24 和图 2–25）。

表 2–3　尿素溶液高温条件下反应后的降黏效果实验结果

溶液：原油	黏度，mPa·s		降黏率，%
	反应前	反应后	
1：9	11490	4780	58.4
2：8	11490	2953	74.3
3：7	11490	3769	67.2

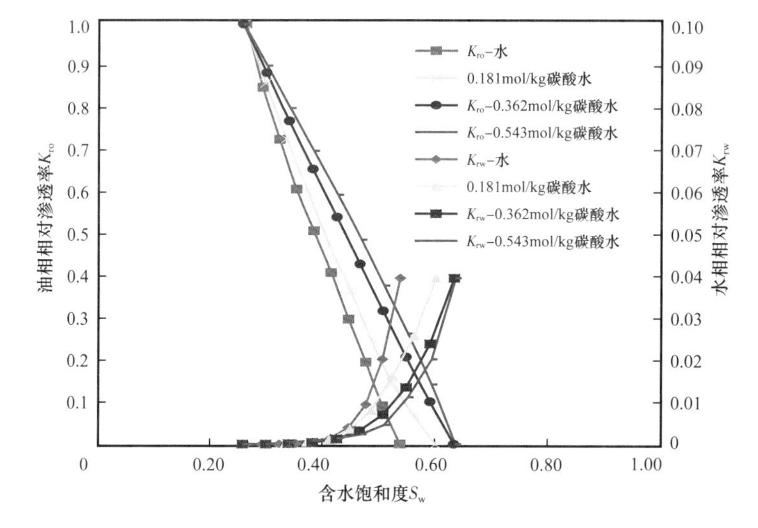

图 2–24　溶解二氧化碳量对相对渗透率的影响（温度为 60℃）

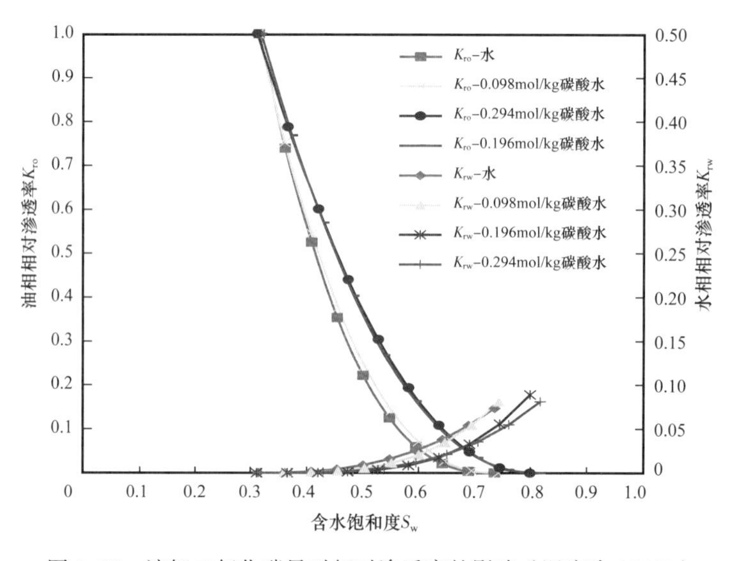

图 2–25　溶解二氧化碳量对相对渗透率的影响（温度为 150℃）

4）形成拟混相泡沫，提高驱油效率

二氧化碳在原油中的溶解能力远高于在水中的溶解能力（4～10 倍），当碳酸水溶液与原油接触时，由于其在油、水中溶解能力的差异，二氧化碳在水和油中发生传质作用，能够从水中转移到油中，油水间界面张力很低，驱替过程类似于混相驱。这时多介质驱油体系形成乳化泡沫（图 2–26 和图 2–27），在油藏中油气水三相呈拟混相状态，有泡沫驱扩大波及体积的作用，同时具有大幅度提高驱油效率的作用。

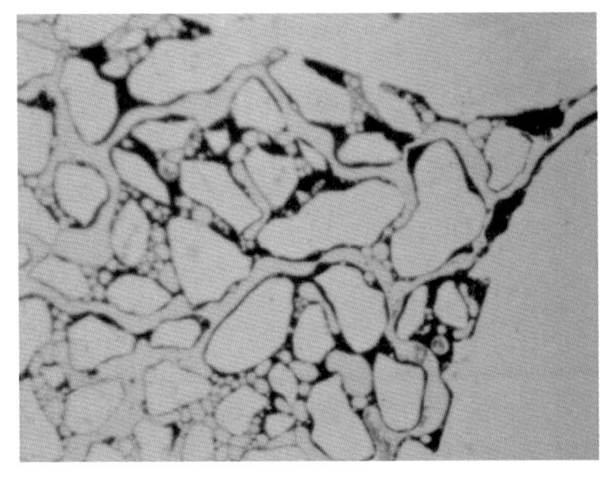

图 2–26 普通泡沫驱微观模拟照片

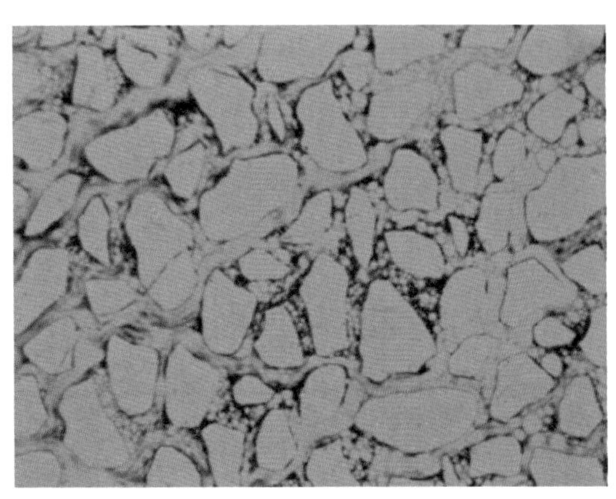

图 2–27 乳化泡沫驱微观模拟照片

3. 多介质蒸汽驱油藏工程优化设计

1）多介质复合蒸汽驱数学模型设计

以尿素泡沫复合蒸汽驱为例。尿素泡沫复合蒸汽驱的注入介质是蒸汽、气体及泡沫剂。尿素溶液在井底将分解为两种气体——CO_2 和 NH_3，CO_2 气体的主要驱油机理是溶解、改善油水渗流特征、增加储层弹性能量，通过设置不同温度、压力条件下的相平衡参数实现其机理。NH_3 气体的主要机理是增加储层弹性能量、在地层中起到弱碱驱、就地形成表面活性剂降黏等作用。相对于传统蒸汽驱，多介质复合蒸汽驱需要根据注入介质的化学组分，设立更为复杂的组分模型，收集整理更多的物化参数、描述更为复杂的物理、化学变化过程。

（1）物理化学参数描述。

尿素泡沫复合蒸汽驱数学模型中主要物理化学机理进行物化参数描述，主要包括泡沫驱替相阻力系数、油层渗透率、多介质驱替相残余阻力系数、多介质驱替相流度、多介质驱替体系中起泡剂的吸附、多介质驱油体系的界面张力、多介质蒸汽驱相对渗透率、多介质体系中起泡剂在油水相间的分配系数、多介质驱油体系中起泡剂的扩散系数等。

（2）尿素辅助蒸汽驱数学模型。

根据辽河油田某特稠油油藏注蒸汽历史拟合结束时的温度、压力、黏度、饱和度等基础参数，以拟合结束时的时间为起始点，建立尿素泡沫辅助蒸汽油藏数值模型，根据尿素 + 泡沫蒸汽驱的驱油特点，结合物理模拟结果，确定了多组分模型的各组分参数（表 2–4）。

依据物理模拟研究认识的多介质蒸汽驱机理，完善了高温高压多介质蒸汽驱数值模型和模拟方法。数值模拟的模型更加复杂，主要体现在：

① 模拟组分达到 8 个：水、油、尿素、表面活性剂、泡沫、CH_4、CO_2、泡沫壁（Lamella）；

② 模拟模拟地下尿素溶液分解，产生 CO_2 和 NH_3，NH_3 和原油就地生产表面活性剂等反应过程；

③ 模拟高温泡沫就地产生和消融机理。

表 2–4 多介质复合蒸汽驱组分模型表

组分名称		水	表面活性剂	油	CH_4	CO_2	NH_3	泡沫壁
摩尔质量，kg/mol		0.018	0.38	0.5	0.016	0.044	0.017	3.778
临界压力，kPa		22120	1418.55	1022.59	4600.15	7376.46	11429.46	7376.46
临界温度，℃		374.15	486.85	766.14	−82.55	31.05	132.55	31.05
相平衡常数	KV1				5.45×10^5	8.62×10^8	9.43×10^6	
	KV4				−879.84	−3103.39	−2722.6	
	KV5				−265.99	−272.99	−273.15	

2）多介质复合蒸汽驱的注采参数优化

多介质复合蒸汽驱注采参数设计与开发效果有很大关系，根据油藏储层特征等其他所需考虑到的问题，对多介质复合蒸汽驱的注入介质、注入方式、注入速率、气汽比、注入温度及采注比等关键参数进行优化设计，与原来蒸汽驱设计的四项基本原则有较大的差异[18–19]。

下面以辽河油田齐 40 块开展的热空气 + 蒸汽复合驱先导试验的油藏工程注采参数优化设计为例[20]。

（1）注入介质。

注入介质的选择直接决定了其经济性。常见的可利用的多介质包括 N_2、CO_2 和空气，根据物理模拟研究结果，这三类气体复合蒸汽驱都具有隔热、分压、助排及提高动用程度的驱油机理，但 CO_2 复合蒸汽驱还具有溶解降黏的机理，空气复合具有低温氧化降黏、保持蒸汽腔温度的机理，因此，CO_2 及空气复合蒸汽驱的驱油效率远大于 N_2 复合蒸汽驱。同时，考虑空气气源广、成本低的优势，确定空气为最佳注入介质。通过数值模拟研究对比同温度条件下空气、N_2 和 CO_2 与蒸汽混合注入汽驱开发效果，空气混合驱效果明显好于注 N_2 和 CO_2（图 2–28），因此推荐空气为注入介质。

（2）注入方式。

注入方式的不同直接影响井组压力的恢复程度，从而影响该方式的开发效果。根据典型区块齐 40 块前期现场实施注空气辅助蒸汽驱试验井组的开发效果评价结果，空气与蒸汽采取混合式注入方式油藏压力得到有效补充，井组稳产时间延长，产量提高，递减趋势减缓，同时从段塞式及混合式注入方式数值模拟温场图中（图 2–29）可以看出，混合式注入后油藏温度高，温度范围为 180～205℃，而段塞式注入方式时油藏温度仅为 190℃左右，说明持续注入可减小地层热损失，更利于原油流动，因此试验推荐采用混合式注入方式。

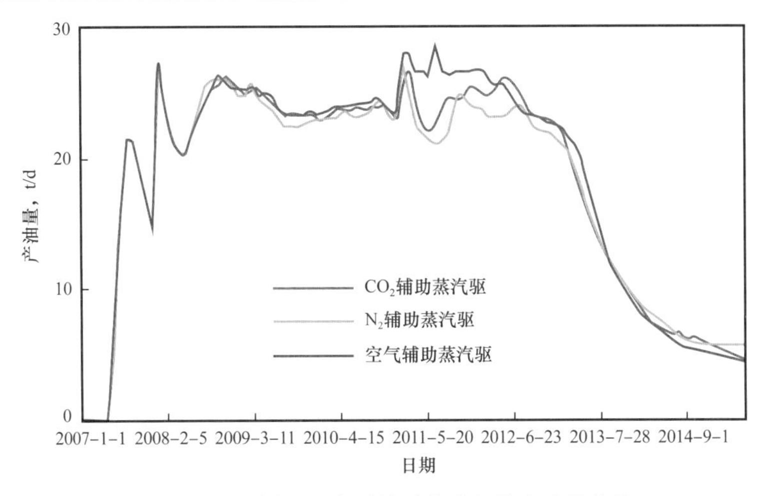

图 2-28　不同注入介质辅助蒸汽驱的产油量曲线

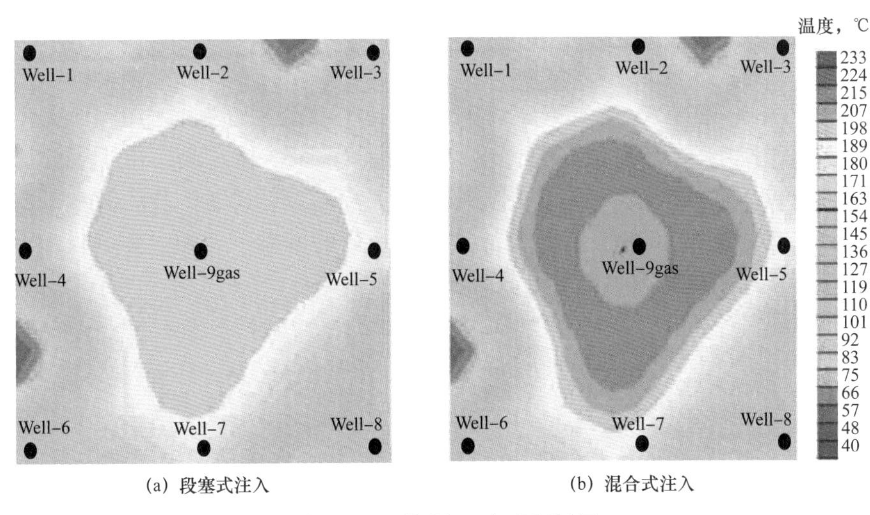

图 2-29　不同注入方式温场图

（3）注气速率。

注气速率是指复合驱过程中单元面积内每米油层所注入的空气量，它是多介质复合蒸汽驱中的一个关键参数。由于空气具有一定的膨胀性和可溶性，空气辅助蒸汽驱过程随注气速率的增加，油藏动用程度增加，原油黏度降低，产油能力增强，但是当注气速率过高时，却易发生气窜。已实施空气复合汽驱典型区块齐 40 块在参考其油藏储层特征的基础上，通过数值模拟优化对比不同注气速率条件下汽驱开发效果（图 2-30），当注气速率为 216m³/（d·ha·m）[1]

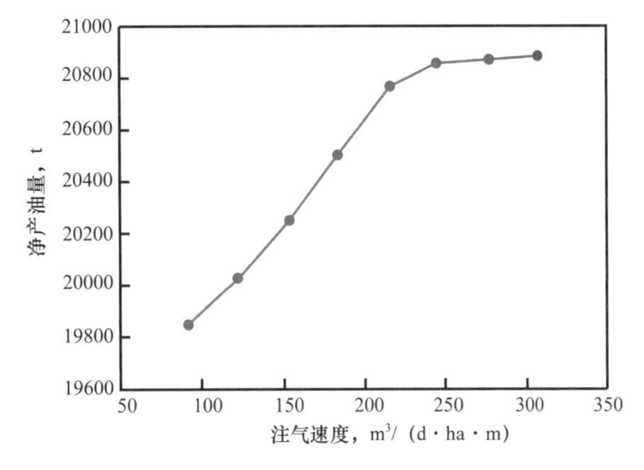

图 2-30　不同注气速度净产油变化曲线

[1] 1ha=10000m²。

时净产油量较高，继续增加注气速率净产油增加不明显，因此，推荐合理的注气速率为216～247m³/（d·ha·m）。

（4）注汽速率和气汽比。

注汽速率是指复合驱过程中单元面积内每米油层所注入的蒸汽量，而气汽比则是注空气速率与注蒸汽速率的比值。注蒸汽量过低，将会增加井筒的热损失，导致井底干度降低，影响蒸汽腔的保持；而注蒸汽量过大，汽驱后期无效热循环加剧的矛盾无法改善，开发经济性差，典型实施区块齐40块在参考其油藏储层特征的基础上，通过数值模拟研究优化对比不同条件下的注汽速率，确定最佳注汽速率为0.93t/（d·ha·m），此时对应的气汽比为250m³/t。

（5）注入压力。

根据已实施多介质复合蒸汽区块的实践经验，复合驱的注入压力稍高于实施前蒸汽的注入压力。例如，齐40块空气辅助汽驱试验实施前井口注蒸汽压力为4.6～7.3MPa，预计试验初期注空气压力为3～8MPa，实际实施后井口注蒸汽压力为3.8～8.3MPa。具体试验注汽（气）压力需要根据注汽（气）工艺及现场实际测试为基准进行设计。

（6）采注比。

采注比决定实施多介质复合蒸汽驱后油藏的压力。采注比过低，油藏压力升高，油藏易处于憋压状态，影响蒸汽腔的稳定与多介质的注入；采注比过高，由于多介质与蒸汽的分异作用，易造成多介质快速气窜，且地层能量亏空大，同时生产井产液水平无法达到设计要求；典型实施区块齐40块在参考其油藏储层特征的基础上，通过数值模拟研究认为采注比为1.4～1.5时，油藏压力可以处于较佳的水平。

第三节　精细注汽工艺技术

2006年以来，蒸汽吞吐和蒸汽驱的配套工艺技术通过现场示范工程及重大专项的攻关，形成技术配套并有所创新。其中多层细分注汽工艺技术、蒸汽驱生产井封窜注汽工艺技术、水平井可调注汽工艺技术等都取得了显著的进步，为蒸汽吞吐和蒸汽驱开发的提质增效提供必要的技术支撑，部分已经达到国际领先水平。

一、多层细分注汽工艺技术

1.技术原理

多层细分注汽工艺技术选用的是偏心分层注汽、定量分层配汽、同心分层注汽三种注汽工艺，它们各具优势，需根据生产实际需求来选择。其中，偏心分层注汽适用于纵向上非均质性差异不大的油藏，层位之间渗透率级差相对较小、细微出砂或者不出砂的区块或油井；定量分层配汽具有作业简单方便的特点，能够节约汽驱后期投捞作业成本，适用于纵向上非均质性较强的油藏；同心分层注汽具有施工工艺简单、地面可准确调节注汽量的优点，通过地面注汽量的准确调节，使吞吐后期难动用储层得到有效开发，适用于纵向上非均质性差异更大的油藏。

2. 三种多层细分注汽工艺管柱

1）同心三层注汽工艺管柱

管柱组合：外管结构从下至上为喇叭口 + 油管 + 滑动密封装置 + 封隔器 + 油管 + 配器阀 + 油管 + 封隔器 + 油管 + 配汽阀 + 油管 + 封隔器 + 锚定器 + 真空隔热管 + 伸缩管 + 真空隔热管 + 井口。内管的结构从下至上为滑动密封器内筒 +1.9in 无接箍油管。

同心三层注汽工艺管柱的特点为根据各油层的物理参数、化学参数，同时辅以测试结果选择相邻的两个油层由一个注汽系统进行注入，实现同心三层分层注汽技术。

技术指标：耐温 350℃，耐压 17MPa。

2）定量三层注汽工艺管柱

管柱组合：从下至上结构为：丝堵 + 油管 + 定量配汽阀 + 油管 + 封隔器 + 油管 + 配器阀 + 油管 + 封隔器 + 油管 + 配器阀 + 油管 + 封隔器 + 真空隔热管 + 伸缩管 + 真空隔热管 + 井口。

定量三层注汽工艺管柱的特点为根据各油层的物理参数、化学参数，利用蒸汽驱计算软件进行模拟计算，同时辅以测试结果配置相应孔径的配汽嘴，实现定量三层分层注汽技术。

技术指标：耐温 350℃，耐压 17MPa。

3）偏心三层注汽工艺管柱

管柱组合：从下至上结构为丝堵 + 油管 + 偏心工作筒 + 油管 + 封隔器 + 油管 + 偏心工作筒 + 油管 + 封隔器 + 油管 + 偏心工作筒 + 油管 + 封隔器 + 真空隔热管 + 伸缩管 + 真空隔热管 + 井口。偏心三层注汽工艺管柱的特点为根据各油层的物理参数、化学参数，利用蒸汽驱计算软件进行模拟计算，同时辅以测试结果配置相应孔径的配汽嘴，实现偏心三层分层汽驱技术。

技术指标：耐温 350℃，耐压 17MPa。

3. 多层细分注汽工艺技术现场应用

（1）同心三层注汽工艺技术现场应用实例：A 井于 2013 年 3 月 15 日完井，同年 4 月 25 日转驱。截至 2013 年 7 月井口产液量及产油量有明显增长趋势，累计增油量 750t（表 2–5）。

表 2–5　A 井同心三层注汽工艺应用实例设计技术参数

分段	分段层位，m	配注量，t	注入压力，MPa	套压，MPa
上段	706.1～734.1	40	6.0	0
中段	739.7～775.7	40	5.0	0
下段	785.1～795.8	30	5.0	0

（2）应用定量三层注汽工艺技术现场应用实例：B 井于 2013 年 3 月 20 日完井，同年 3 月 25 日转驱，转驱后，产液量明显上升，产油量明显增加，截至 2013 年底，累计增油量 2725.1t（表 2–6）。

表 2–6　B 井定量三层注汽工艺应用实例设计技术参数

分段	分段层位，m	配注量，t	注入压力，MPa	套压，MPa
上段	808.2～823.3	30	6.5	0
中段	832.6～854.6	30	6.5	0
下段	862.5～870.5	30	6.5	0

（3）应用偏心三层注汽工艺技术现场应用实例：C 井于 2014 年 2 月转偏心三层汽驱，产液量明显上升，产油量明显增加，截至 2014 年底，累计增油量 523t（表 2–7）。

表 2–7　C 井偏心三层注汽工艺现场应用实例设计技术参数

分段	分段层位，m	配注量，t	注入压力，MPa	套压，MPa
上段	875.6～908.5	30	6.0	0
中段	914.0～941.0	40	6.0	0
下段	945.7～961.8	50	6.0	0

二、蒸汽驱生产井封窜工艺技术

1. 蒸汽驱高温封窜工艺管柱

结合目前的技术水平和应用可行性，通过文献调研与各种数值模拟计算及方案的优化设计，并根据现场测录井、油藏、生产、措施等资料充分论证分析，确定工艺管柱方案。

1）管柱结构

（1）堵底层管柱。

采用高温可钻桥塞封堵底部汽窜层，将热量限制在高温可钻桥塞以下。热量传递的实质就是能量从高温物体向低温物体转移的过程，这是能量转移的一种方式。热传递转移的是热能，而不是温度，热传递有传导、对流和辐射三种方式。蒸汽驱生产井正常生产时，用高温可钻桥塞减小了高温流体与低温流体的接触面积，热传递中的传导与对流传递的热量都与接触面积成正比，同时高温可钻桥塞降低了汽窜层高温流体对低温流体的热辐射，综合上述原因：传热系数与接触面积同时下降的时候，汽窜层高温流体向低温流体传递的热量有限。根据现场回馈的资料分析，原先需要掺液降温作业的生产井与井口温度大于100℃而被迫关闭的生产井，实施蒸汽驱生产井封窜工艺技术示范之后，井口温度全部小于70℃，封堵效果明显，确保了生产井的高效生产，增油效果显著。

（2）堵夹层管柱。

采用夹层上部用耐高温大通径悬挂器悬挂 $4^{1}/_{2}$in 油管，夹层下部采用耐高温压重式封隔器，通过两个封隔器与油管的共同作用封堵夹层汽窜层。耐高温压重式封隔器按照工程设计下入到指定位置后，通过上提、下放、坐封，耐高温悬挂器通过液压打压，封隔器内活塞推动上椎体挤压高温密封胶筒，其内部止退机构锁定压缩距，从而耐高温悬挂器、$4^{1}/_{2}$in 油管以及耐高温压重式封隔器将与套管壁形成圈闭，阻止其汽窜层内的高温流体泄漏到油井的油套环空之间。

封堵夹层的降温原理与封堵底部汽窜相同，通过现场跟踪确定该套工艺管柱封堵效果明显，确保了生产井的高效生产，增油效果显著。

2）适用范围

适用于内径为161.9mm套管井，井下温度小于240℃，井下压差小于17MPa的蒸汽驱生产井。

3）工艺特点

（1）坐封可靠、解封灵活、施工方便。

（2）封堵有效期长达1年，能够有效地满足生产井的检泵周期。

（3）该套工艺管柱封堵效果明显，确保了蒸汽驱汽窜生产井的高效生产，增油效果显著，并节省了掺液降温带来的施工作业费用。

4）施工工艺

（1）起出井内原管柱。

（2）通井，用相应通井规（长度不小于1.5m，外径大于封隔器2～3mm）通井至套变段以上，无卡阻情况为合格。

（3）起出通井管柱。

（4）按设计要求下入注水管柱。

（5）坐封封隔器：上提管柱一定高度后下放管柱压重8～12tf，耐高温封隔器坐封后，坐井口，连接打压管线至油管，打压到油管泄压至0，坐封耐高温悬挂器。

（6）装井口完井。

2. 蒸汽驱高温封窜配套工具

1）封堵底层的高温可钻桥塞

封堵底层的高温可钻桥塞主要由锚定机构、锁定机构、坐封机构、解封机构、密封件等组成。通过丈量油管将耐高温桥塞下入油井内的指定位置，通过泵车液压推动活塞，在卡瓦支开的同时，耐高温密封件受挤压变形并与油井套管内壁贴合在一起，阻止油井底部的高温流体向桥塞上部的低温流体传导热量，确保蒸汽驱生产井的正常高效生产。

普通桥塞多采用聚四氟橡胶密封件，耐温上限为200℃，但是在长效密封性能与解封性能上均存在一些不足，通常只能满足短期耐高温生产，如果用于蒸汽驱生产井封窜工艺中，将导致短期封堵效果有效，1个月或者更长时间之后就会密封失效，导致生产井井口温度重新升高，导致必须掺液降温作业，更有甚者必须关井，以防止高温蒸汽灼伤采油工人。通过攻关改进耐高温密封件，最终研制的封堵底层的高温可钻桥塞能够耐温240℃，并且密封有效期长达1年之久，完全能够满足现场生产井的检泵生产的需求，从而提高了整体管柱的长效密封效果和解封性能，并避免了重复作业带来的不必要的施工成本支出。

2）封堵夹层的耐高温封隔器

普通应用于7in直井的封隔器内径通常为76mm，不能满足过泵生产的需求，通过多年的经验与现场需求相结合重新设计耐高温封隔器的内部结构，并对密封件、坐封机构、解封机构、锁定机构的多次室内试验，设计出满足现场过泵生产需求的大通径耐高温封隔器，其内径为100mm。在避免汽窜层的高温流体与底层低温流体之间的传热的同时，也不妨碍蒸汽驱生产井的下泵正常生产。

3）耐高温安全接头

安全接头是连接在井内管柱上的一种易于脱开、打捞的安全工具，它安装在管柱需要脱开的位置，可同管柱一起传送扭矩和承受各种复合应力，井内发生故障时通过井口操作完成作业管柱的脱开、打捞，为预防及解除井下事故提供保障的工具。

常规安全接头由外螺纹接头、内螺纹接头和上下O形密封圈组成，内外螺纹接头之间用销钉连接，当上提管柱负荷大于校核的销钉的剪切力时，管柱就在安全接头处脱开，为解除井下事故提供有利条件。该项技术中重新设计安全接头内部结构，将在高温环境下容易密封失效的O形密封圈替换成石墨环，通过室内试验的摸索及优化，成功研发出耐高温安全接头，增强了蒸汽驱高温封窜技术的安全可靠性。

3. 蒸汽驱生产井封窜工艺技术现场应用

蒸汽驱生产井封窜工艺技术示范共成功实施13井次。该技术现场运行过程中状况良好，均达到预期设计指标，累计增油6817.3t，增产创效明显，取得了巨大的经济效益，具有良好的推广应用前景。

三、水平井可调注汽工艺技术

1. 技术原理

钻井过程中水平井采用三开完井，在完井过程中，首先对水平井段物性进行分析，再通过测得的井眼轨迹情况，将水平井段分成若干段，主要是靠水平井注汽封隔器来实现，注汽过程中，注汽管柱由水平井可调注汽阀、水平井注汽封隔器、扶正器和油管组合而成，注汽阀的数量与分段完井所划分的段数相等，也可以适当调配，注汽阀的配汽比例可以任意调整，注汽阀的配汽比例通过注汽阀的孔径来控制，孔径由计算软件计算得出。当需要调整各段注汽量时，通过抽油杆管柱下入投捞工具，实现水平井分段可调注汽工艺技术效果。

2. 工艺技术管柱的结构与组成

经过对国内分段完井技术的调研，结合分段注汽工艺技术特点，设计的水平井分段可调注汽工艺技术管柱包括不压井注汽井口、水平井注汽封隔器、水平井可调注汽阀、水平井扶正器、配套投捞工具5部分。其中，水平井注汽封隔器是水平井分段可调注汽工艺技术管柱的核心工具之一，采用热敏压缩式坐封结构设计，封隔器在注汽过程中封隔器内膨胀剂受热膨胀，推动液缸带动压帽压缩密封件，密封件受到挤压后向外膨胀，最终密封油管与筛管之间的环形空间。自该技术攻关以来，不断开展水平井注汽封隔器常温试验和高温试验结果，在考虑施工过程中地层温度对水平井注汽封隔器影响的基础上，结合水平井分段可调注汽工艺技术特点，对水平井注汽封隔器结构进行了改进。液缸内密封结构由压缩式结构优化为O形密封圈，提高了液缸密封效果。

3. 试验结论

根据水平井可调注汽阀的高温试验分析，证明可以通过设计软件调整两套水平井可调注汽阀的注汽孔径，实现调整两段注气量，误差小于10%。

第四节　矿场实例

一、杜 84 块超稠油油藏蒸汽吞吐开发矿场实例

1. 地质概况

杜 84 块兴隆台油层是曙一区超稠油主力生产区块之一，构造上位于辽河盆地西部凹陷西部斜坡带中段。该区块是在西斜坡的背景下受杜 32 断层的牵引作用而形成的一个向南东倾斜的单斜构造，沉积环境为扇三角洲沉积体系及湖底扇沉积体系，其地质储量占曙一区超稠油总储量的 29.3%。

兴隆台油层发育较好，平面上大面积连片分布，油层埋深 650～850m，平均单井有效厚度为 63.3m，纵向上划分为兴Ⅰ组、兴Ⅱ组、兴Ⅲ、兴Ⅳ组和兴Ⅵ组 5 个油层组，兴Ⅴ组在该块缺失。孔隙度为 26.6%～31.0%，渗透率为 1062～1550mD，为高孔、高渗透储层。兴Ⅰ组—兴Ⅴ组属于层状边水油藏，油水关系复杂，边部多套油水组合，兴Ⅵ组属于块状底水油藏。该区块 50℃时地面脱气原油黏度一般为 14.5×10^4～16.8×10^4mPa·s。具有油藏埋藏深、原油黏度大、油层产状类型多、油水关系复杂的特点。

2. 开发历程和现状

杜 84 块兴隆台油层自 1997 年采用蒸汽吞吐方式开采以来已历时 25 年，主要经历 3 个阶段：开发试验阶段（1996—1997 年）、蒸汽吞吐滚动开发阶段（1998—2002 年）、提高超稠油油藏采收率技术攻关阶段（2003 年以后）。

1）第一阶段：开发试验阶段（1996—1997 年）

20 世纪 90 年代中期，开展了大量的开采方式研究和现场试验，1996 年 6 月在杜 84 块兴隆台油层曙 1-35-40 井采用真空隔热管和电加热技术进行蒸汽吞吐试验获得成功，射开油层厚度 29.4m，周期注汽量 2444t，周期生产 146 天，平均日产油量 12.4t，周期累计产油量 1812t，油汽比为 0.74m³/m³，结果证明在把井筒热损失减到一定程度，保证井底蒸汽有一定干度的前提下，采用蒸汽吞吐开采超稠油是经济可行的。

1997 年，在杜 84 块兴隆台油层按 70m 井距三套开发层系开辟了蒸汽吞吐试验区，共部署直井 197 口，水平井 10 口，当年完钻直井 197 口、水平井 5 口，且当年全部投产，年产油量 26.6×10^4t，采油速度为 1.9%，取得了较好的效果。

该阶段通过室内实验、专题研究和矿场试验等工作制定出超稠油合理射孔原则，在注汽、排液、防排砂等工艺技术方面取得了突破性进展，拉开了超稠油产能建设的序幕。

2）第二阶段：应用蒸汽吞吐技术滚动开发阶段（1998—2002 年）

在杜 84 块兴隆台油层主体部位蒸汽吞吐试验取得较好效果的情况下，编制了杜 84 块兴隆台油层初步开发方案。在开发方案的指导下，2000 年 9 月对杜 84 块超稠油进行整体开发部署，确定第一阶段的开发方式为蒸汽吞吐，采用 70m 井距、正方形井网，共部署直井 983 口，按照“整体部署、分批实施”的原则，每年实施 100～150 口，实现了超稠油的规模开发，2003 年产油量达 149×10^4t。

3）第三阶段：提高超稠油油藏采收率技术攻关阶段（2003 年以后）

针对超稠油蒸汽吞吐开发产量递减快、吞吐采收率低的问题，2003 年开始提高采收率的技术攻关，主要包括组合式蒸汽吞吐技术、水平井吞吐技术及蒸汽辅助重力泄油开采技术。2005 年编制完成《曙一区超稠油总体开发方案》，在杜 84 块兴Ⅰ组、兴Ⅵ组的油层部署水平井 103 口，并分别部署 4 个先导性试验井组准备开展蒸汽辅助重力泄油开发试验，其中兴Ⅵ组先导性试验区于 2006 年 10 月开始进入试验阶段，取得了较好的试验效果。该阶段规模开展了组合式蒸汽吞吐技术，可提高吞吐阶段采出程度 3%～6%。

截至 2020 年底，油汽比为 0.26m^3/m^3，采油速度为 1.6%，采出程度为 31.7%。

3. 蒸汽吞吐开发规律

超稠油蒸汽吞吐根据其生产特点，大致可划分为 3 个阶段，即低周期阶段（1 周期）、中周期阶段（2～5 周期）、高周期阶段（6～10 周期）。

1）周期内日产油量变化规律

蒸汽吞吐生产周期内日产油量的高峰期短、递减快，日产油量变化大体可划分为上升、稳产、下降三个阶段。

低周期阶段日产油量较高（图 2–31），一般为 20～30t/d，但高峰产油期短，仅为 15 天左右，日产油量递减快，曲线形态陡升陡降，平均周期产油量为 450t。中周期阶段是超稠油主力生产阶段，以日产油量 20～35t 稳产 40～50 天，平均周期产油量为 1200t。高周期阶段随着近井地带含水饱和度的升高，油层能量的衰竭，日产油量峰值降低，一般为 15～20t/d，日产油量高峰期延迟，到达高峰期的生产时间由 10 天延长至 30 天，稳产期短，仅为 30 天，日产油量递减趋势变缓。

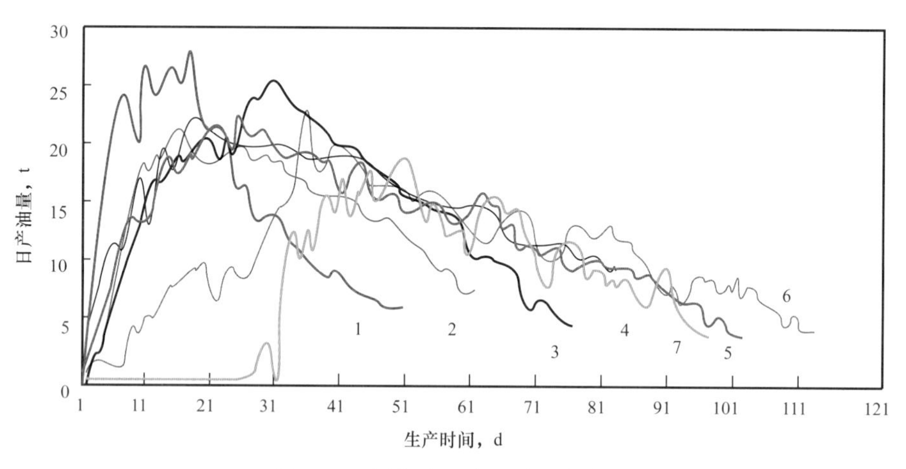

图 2–31　周期内日产油量变化曲线

2）周期间开发指标变化特点

超稠油蒸汽吞吐周期产油、周期油汽比随吞吐周期增加呈不对称“抛物线”型变化，第 4 周期、第 5 周期是周期产油量、油汽比的高峰期，第 6 周期以后开始递减。超稠油蒸汽吞吐前 5 个周期的生产时间相当于普通稠油的 1/4，周期产油量相当于普通稠油的 1/3～1/4，周期油汽比相当于普通稠油第 5 周期、第 6 周期的油汽比；第 6 周期以后周期产油量、油汽比与普通稠油相差较小。统计前 10 个周期平均周期产油量为 1012t，平均周期

油汽比为 $0.55m^3/m^3$。

3）水平井开发取得较好效果

与直井相比，水平井蒸汽吞吐具有周期生产时间长、周期产油量高、回采水率低的特点。随着吞吐周期增加水平井周期生产时间逐渐延长。前 3 个周期与直井相比差距不大，基本在 45～90 天，第四周期以后水平井生产时间明显长于直井，第九周期水平井平均周期生产时间达 274 天，直井仅为 144 天。前 9 个周期水平井平均单井累计生产时间为 1241 天，直井生产时间为 889 天。

周期产油量、油汽比、水平井周期产油量逐周期增加，平均为直井的 2.5 倍，油汽比高于直井。统计前 9 个周期水平井平均单井累计产油量为 2.1323×10^4t，累计油汽比为 $0.64m^3/m^3$（图 2-32）；直井平均单井累计产油量为 0.8644×10^4t，累计油汽比为 $0.54m^3/m^3$。

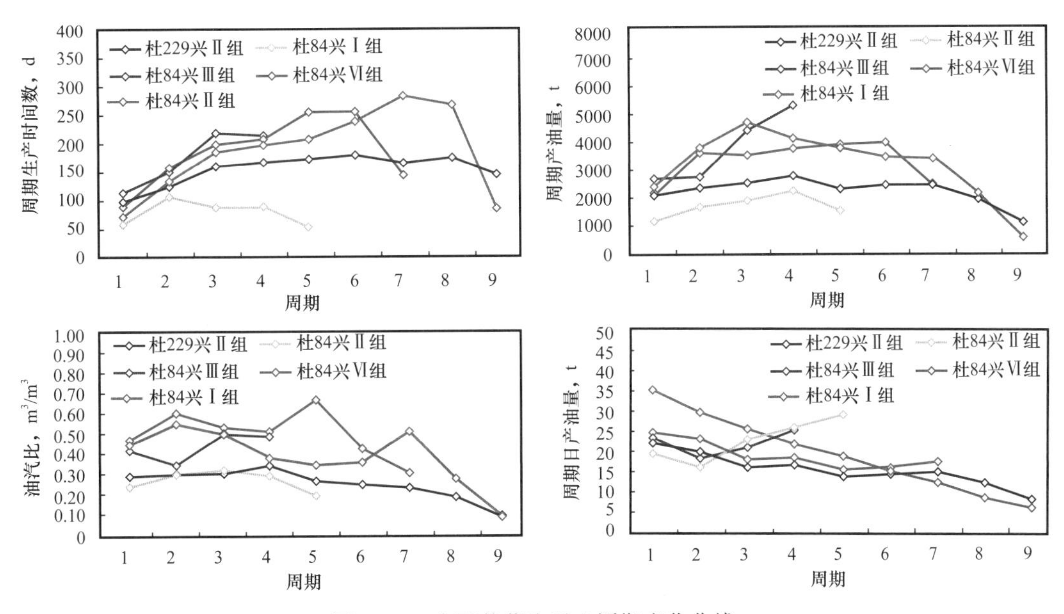

图 2-32　水平井蒸汽吞吐周期变化曲线

4. 改善蒸汽吞吐效果的主要做法

1）水平井细分层系开发技术

杜 84 块兴隆台油层纵向上发育 5 个油层组，遵照开发层系划分原则，结合油藏地质特点，兴隆台油层早期分上、下两套层系开发。随着对超稠油开发及油藏地质情况的认识，2005 年针对水平井部署重新划分了开发层系，细分为兴Ⅰ组、兴Ⅱ组、兴Ⅲ组和兴Ⅵ组 4 套开发层系。并根据各层系油层发育及剩余油分布情况，在原直井井网基础上部署水平井进行深度开发，共部署水平井 187 口。

截至 2021 年底，杜 84 块兴隆台油层投产水平井数 187 口，开井 105 口，累计产油量 375.10t，平均吞吐周期 11.8 个，累计注汽量 1231×10^4t，油汽比为 $0.30m^3/m^3$，采出程度为 27.5%。取得了较好的开发效果，有效地减缓了直井蒸汽吞吐产量递减趋势。并在开发过程中形成了水平井高效开发的关键技术，主要包括低阻储层定量识别技术、剩余油分布规律研究技术、水平井精细数值模拟技术、细分层系深度开发技术、开发方式优化技术、部署优化设计技术、动态跟踪调整技术等。

2）面积组合注汽技术

以典型井组曙1–36–7046井组为例，井组内有开发井9口，观察井2口，于1997年投入开发，至2001年平均吞吐8.7个周期。实施面积式组合注汽后取得明显效果，周期产油和油汽比明显出现一个小“高峰”（图2–33）。预测该井组采用多井整体吞吐可吞吐13个周期，平均单井采油量为15353t，油汽比为0.58m^3/m^3，采出程度为24.4%（动用地质储量的采出程度）。与常规吞吐相比，可延长3个吞吐周期，提高采出程度3%。

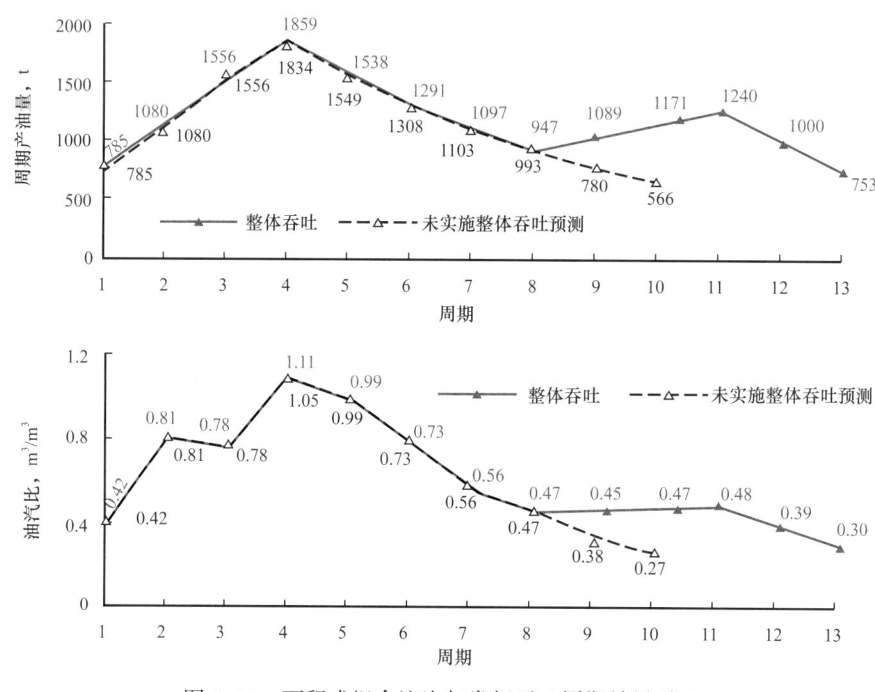

图2–33　面积式组合注汽与常规吞吐周期效果对比

3）CO_2辅助吞吐技术

注CO_2辅助蒸汽吞吐技术主要针对吞吐后期地层亏空严重、能量不足的矛盾，在吞吐过程中注入CO_2，增加地层能量，提高油藏压力，延缓吞吐产量递减趋势，提高单井周期产油量。

（1）注入二氧化碳使原油的PVT参数变化主要是随着气油比增加而改变的体积系数变化、黏度变化及密度变化；二氧化碳溶于原油会使原油体积系数增大，原油体积膨胀，溶于原油会使原油黏度大幅降低。

（2）注CO_2辅助蒸汽吞吐技术，通过在吞吐过程中注入CO_2，降低原油黏度，改善地层原油流动性，增加地层能量，提高油藏压力，延缓吞吐产量递减趋势，提高单井周期产油量，和常规吞吐方式相比，注CO_2辅助吞吐方式可提高压力1.0～1.5MPa，提高油汽比0.06，提高采收率3%～4%。

（3）油层厚度越大，地层存气量越多，保压效果越好，实施厚度建议大于10m；含油饱和度越大，吞吐初期压降越快，同等注汽（气）条件下，保压效果越好，周期产量越高，为保证经济效益，实施含油饱和度下限为50%；原油黏度越高，同等注汽（气）条件下，加热半径越小，周期产量越低，按照采出程度和油汽比指标，原始状态50℃时黏度不宜超

过 20×10^4mPa·s。吞吐初期，地层压力为 5～6MPa，注入 CO_2 会加剧汽（气）窜，吞吐效果差；地层压力降到 4MPa 左右，开始注 CO_2，保压作用最明显，采出程度和油汽比最高。

（4）最佳注 CO_2 方式：地层压力降到 4～4.5MPa，每周期先注 CO_2，焖井 6～8 天，再注蒸汽；注 CO_2 或注蒸汽地面条件下体积比为 25～30；注 CO_2 速度为 9000～10000m^3/d。

杜 84- 兴 H3115 井生产的杜 84 块兴Ⅲ组构造平缓，地层倾角仅为 1° 左右。水平段垂深为 761.0m，水平段长度为 252m，油层厚度为 6.8m，控制地质储量为 5.0×10^4t，有效孔隙度为 29.5%，渗透率为 1100mD，含油饱和度为 61.2%。表 2-8 为杜 84- 兴 H3115 井吞吐情况。

表 2-8　杜 84- 兴 H3115 井吞吐情况表

注汽量，t	生产时间，d	累计产油量，t	累计产水量，t	油汽比，m^3/m^3	采注比	回采水率，%	地层亏空量，t
32876	512	9882	29487	0.3	1.2	90	6493

本周期注蒸汽 6982t，注汽结束时套压上升至 8.7MPa，较上周期上升 2.5MPa，见到较好的增压作用（图 2-34）。

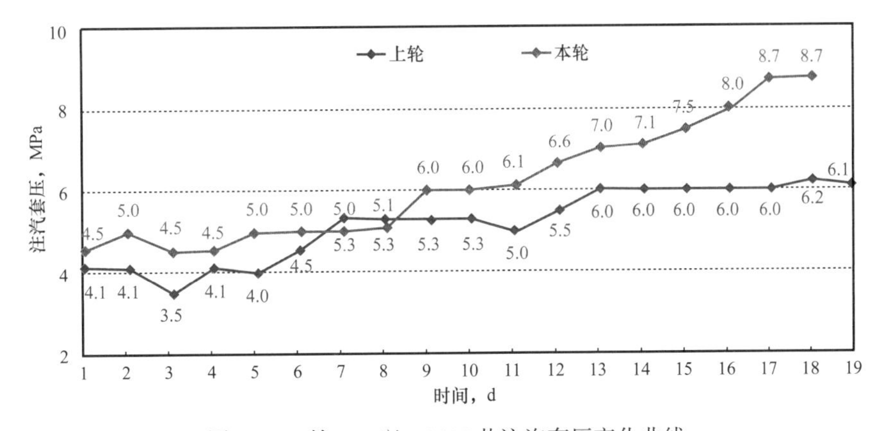

图 2-34　杜 84- 兴 H3115 井注汽套压变化曲线

该井注 CO_2 后的周期生产 182 天，阶段产油量为 2661t，阶段油汽比为 0.38m^3/m^3，日产液量 95t，日产油量 12t，与上周期对比日产液量基本相当，日产油量远高于上周期，见到较好的增压、增油效果（图 2-35）。

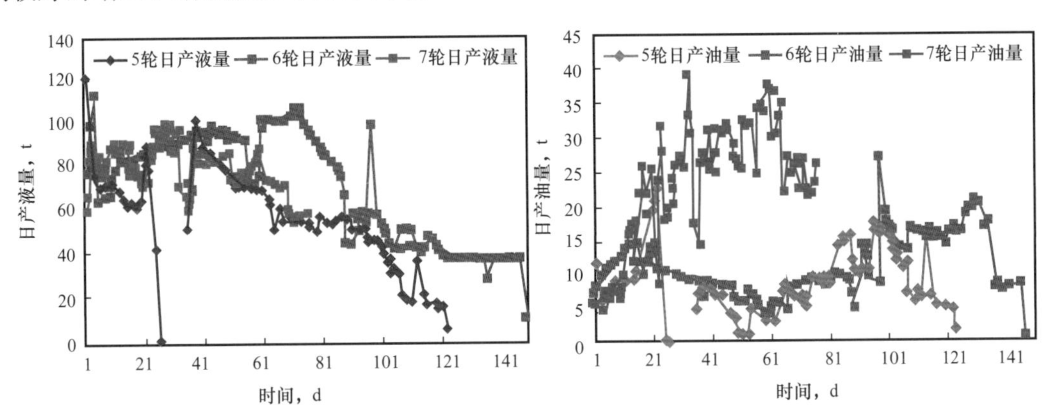

图 2-35　杜 84- 兴 H3115 井周期日产液量和日产油量对比曲线

通过实施注 CO_2 辅助蒸汽吞吐技术，有效提高超稠油水平井蒸汽吞吐产油量，研究成果可进一步推广应用于曙一区的杜 84、杜 229 和杜 813 等缺乏接替方式的超稠油区块，覆盖地质储量达到 1076×10^4t，CO_2 辅助吞吐技术的应用为辽河油田稠油、超稠油持续稳产提供了有力的技术支撑。

二、齐 40 块普通稠油蒸汽驱矿场实例

1. 概况

1）地质概况

齐 40 块构造上位于辽河断陷盆地西部凹陷西斜坡上台阶中段，地层总体上由北西向南东倾没，北部地层较陡，地层倾角一般为 10°～25°；南部逐渐趋缓，地层倾角一般为 4°～12°。四周为断层所圈闭，构造面积为 8.5km^2。蒸汽驱开发目的层为莲花油层，油藏埋深为 625～1050m，孔隙度平均值为 31.5%，渗透率平均值为 2062mD，油层厚度为 37.7m，单层平均厚度为 2～8m，50℃时脱气原油黏度为 2639mPa·s，为中—厚层状普通稠油油藏。探明含油面积为 7.9km^2，探明石油地质储量为 3774×10^4t。原始地层压力为 8～11MPa，转工业化汽驱前地层压力下降到 2～3MPa。

2）开发历程

齐 40 块于 1987 年采用正方形井网 200m 井距蒸汽吞吐方式投入开发，经过多轮调整，井距加密到 70m。1998 年，开展了 4 个井组的 70m 井距蒸汽驱先导试验并取得成功。2003 年，开展 7 个井组扩大试验，2006 年陆续转入蒸汽驱工业化实施，2008 年全块 149 个井组全部转入蒸汽驱开发。2010 年主体部位 65 井组进入汽驱突破阶段，为了实现蒸汽腔的发育和持续扩展，在地质体的分类描述、蒸汽波及规律研究和剩余油分布研究的基础上，针对不同阶段蒸汽驱开发需求，开展了吞吐引效，多井点采液、微型压裂、非烃气辅助、间歇汽驱和热水驱等一系列的调控措施。

3）开发现状

截至 2021 年 10 月底，齐 40 块转规模蒸汽驱开发 13 年，共有 149 个井组，年产油量 41.8×10^4t。区块日产油量 1069t，平均单井日产油量 2.3t，油汽比为 0.16m^3/m^3，综合含水率 85.3%，采油速度为 1.1%，阶段采出程度为 19.3%，总采出程度达 50.9%。

2. 实施效果

齐 40 块蒸汽驱先导性试验、扩大试验及工业化实施，均取得了较好效果。这里仅对工业化实施的效果进行介绍。

1）符合正常的汽驱开发规律

齐 40 块于 2008 年 3 月实现 149 个井组规模转驱，经历了热连通、驱替和突破三个阶段后，后处于第四阶段剥蚀调整阶段。日产油量由转驱初期 1200t 上升至驱替阶段 1931t，达到高峰，保持 3 年驱替稳产后，蒸汽突破，日产油量下降至 1680t，进入剥蚀调整阶段，又经过 3 年产量的稳定后缓慢递减，日产油量下降至 1266t。随着产量的下降，注汽量也逐年下调，日注汽量由高峰的 17284t 下调至 8185t，截至 2021 年 10 月底，区块汽驱阶段采注比为 0.94，采油速度为 1.1%，阶段采出程度为 19.3%，产油量变化特征符合正常的蒸汽

驱开发规律。

2）改善蒸汽驱开发技术应用得力，动用程度显著提高

根据汽驱开发阶段与剩余油研究结果，区块开展吞吐引效，多井点采液、微型压裂、非烃气辅助、间歇汽驱和热水驱等一系列的改进汽驱效果技术。吞吐引效及加强排液68井次，多井点采液部署并实施新井137口，实施微型压裂11井次，开展非烃气辅助蒸汽驱井组10个，后期转间歇、热水驱井组23个。通过新技术的综合应用，蒸汽波及范围进一步扩大，汽驱纵向上和平面上的动用程度均有较明显的提高，剩余油动用程度不断提高，从数值模拟温度场跟踪主体部位平面蒸汽腔范围达到50%以上；纵向蒸汽＋热水驱替动用程度达到75%，油藏压力维持在2～3MPa。

3）取得了较好开发效果

截止至2021年10月底，该区块采注比0.94，油汽比0.16m^3/m^3，采油速度保持在1.1%。总采出程度已达50%以上。

三、杜229块超稠油蒸汽驱矿场实例

1. 概况

1）地质概况

杜229块是辽河油田曙一区超稠油主力生产区块之一。该块为中深层、中—厚互层状超稠油油藏，构造上位于辽河断陷西部凹陷西斜坡，开发目的层为兴隆台油层。油藏埋深800～1100m，有效孔隙度为28.2%～33.17%，渗透率为989～2133mD，油层有效厚度为38.2m，地层温度下脱气原油黏度为61250mPa·s。探明含油面积为2.5km^2，探明石油地质储量为2061×10^4t。原始地层压力9.56MPa，油层温度48.2℃；试验区地层压力2～4MPa，地层温度为80～180℃。

2）开发历程

杜229块于1998年进入全面蒸汽吞吐开发，2007年区块年产油量已降至26.5×10^4t。为减缓产量递减和转换开发方式的需要，2007年6月在断块中东部兴Ⅳ组—兴Ⅵ组油层采用70m×100m井距反九点井网开展4个井组的蒸汽驱试验，试验效果证实了超稠油油藏实施蒸汽驱可行性。2009年12月扩大实施3个井组，使先导性试验区井组数达到7个，此后在2014—2015年对剩余井组陆续转驱，截至2015年底该块部署的20个汽驱井组全部转驱。

3）开发现状

截至2021年10月底，杜229块共有蒸汽驱井组24个，采油速度为2.5%，采出程度为60%，累计油汽比为0.15m^3/m^3。

2. 试验效果分析

该块蒸汽驱先导试验区7个井组分别于2007年6月和2009年12月转蒸汽驱生产。转驱初期地层压力回升，生产井近井区地层压力由转驱前的2.0MPa上升至3.0MPa左右，随着产液量的提高，油层压力有所下降，油层压力稳定在3.5MPa左右。随油层压力的回升油

井生产效果明显，平均单井日产液量由 20t 上升至 31t，产油量也稳步增长，2014 年后平均单井日产油量基本稳定在 4.8t 左右。

1）超稠油蒸汽驱生产特点

按照蒸汽驱开发规律经历了热连通、驱替和突破阶段，后处于剥蚀调整阶段，已进入蒸汽驱开发后期。汽驱有效遏制了产量下滑，达到了挖掘油藏潜力提高最终采收率的目的。与普通稠油蒸汽驱相比该块超稠油蒸汽驱生产有两个特点：

（1）蒸汽腔扩展速度慢。油品不同蒸汽腔扩展速度不同，该块超稠油汽驱蒸汽腔平均年扩展速度基本保持在 6.2m，而齐 40 块普通稠油蒸汽腔平均年推进速度为 10.8～13.2m。

（2）汽驱产量无明显高峰值，产量平稳。受蒸汽腔扩展速度影响，杜 229 块的汽驱日产油量无明显高峰值，但驱替阶段产量持续稳定。试验区转驱后 1 年内的产油量、产液量、油汽比和含水率等主要生产动态指标与齐 40 块先导性试验区相近，但齐 40 块转驱 20 个月后出现汽驱生产高峰，试验区的产油量和油汽比大幅提高，含水率下降，表现出明显的汽驱特征，而杜 229 块这一阶段没有明显变化（图 2–36）。

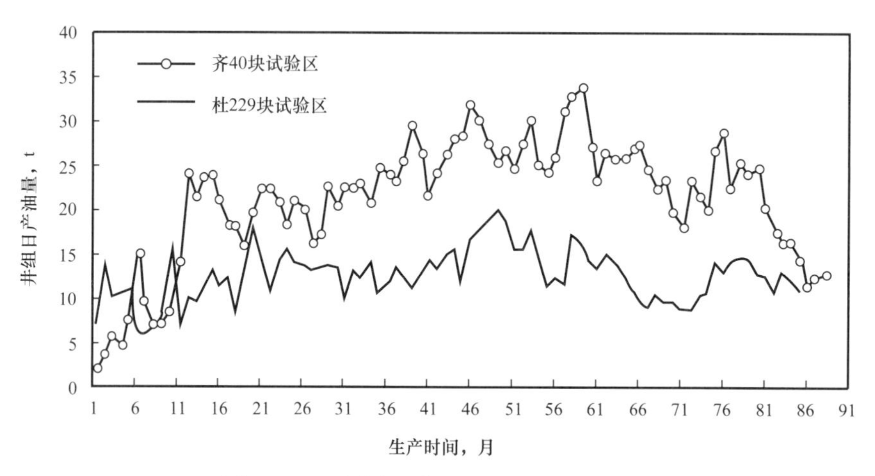

图 2–36　不同油品蒸汽驱日产油对比曲线

2）蒸汽驱开采中的成功经验

针对油藏特点，按照蒸汽驱开采规律采取了以下调控措施，效果较好。

（1）转驱前实施组合吞吐预热，加强注采井间热连通。

54–34 井组转驱前，对井组日产液量低于 15t，井口温度低于 75℃的 4 口生产井实施整体预热，加强注采连通。实施整体预热的生产井，转驱后 2 个月见效，日产油量上升至 40t 以上，汽驱产量平稳（图 2–37）。

（2）动态调整注采关系，“以液牵汽”调整油井平面动用程度。

对于井口温度低于 80℃的生产井，提高排液量，加强热连通；对于井口温度高于 100℃的生产井，降低排液量，控制汽窜。针对 9 口井井口温度大于 95℃、提液困难的问题，对试验区的 5 口注汽井降低注汽量，防止蒸汽突破。措施后生产井温度降低，试验区采注比由 1.0 上升至 1.2。

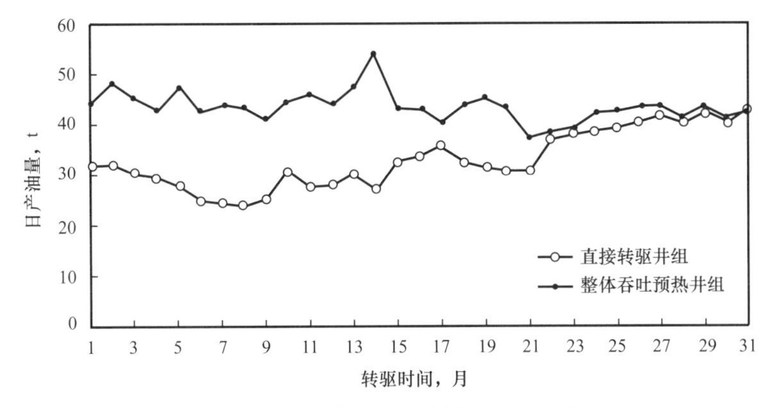

图 2-37　整体吞吐预热效果对比曲线

（3）吞吐引效提高汽驱效果。

汽驱过程中，对见效差及供液能力差的油井实施吞吐引效，有效地加强了试验区注采热连通。转驱以来，先后实施吞吐引效 87 井次，平均单井次增油 410t，吞吐引效提高了蒸汽波及范围，平衡了注采关系，蒸汽前缘均匀推进，蒸汽加热效率提高。

超稠油蒸汽驱方式有其特殊性，其开采机理有待进一步深入研究。在转驱前组合吞吐预热，汽驱阶段实施“以液牵汽”、吞吐引效等成功经验可在相似油田的汽驱过程中推广应用。

四、洼 70 块薄层水平井蒸汽驱先导性试验

1. 概况

洼 70 块构造上位于辽河盆地西部凹陷中央凸起南部倾没带北段，高点埋深 1330m，地层倾角 2°～5°。开发目的层为沙河街组 S_{1+2} 段，孔隙度为 28%，渗透率为 1480.5mD，50℃时地面脱气原油黏度平均为 28440mPa·s，油层平均厚度为 6.6m，为薄层特稠油油藏。含油面积为 1.7km^2，探明石油地质储量为 196×10^4t。

2003 年，洼 60-40-20 井蒸汽吞吐试采成功，于 2004 年投产洼 60-44-22 井，由于油层较薄，开发效果不理想。2005 年利用水平井在油层内延伸扩大与油层接触的优点，部署两口水平井蒸汽吞吐试采，取得较好效果。2006 年采用 150m 井距整体部署水平井 16 口。2009 年在构造、油层进一步认识的基础上，完成了《冷家油田洼 70 块 S_{1+2} 油层 2010 年开发方案》，2010 年编写了《洼 70 块蒸汽驱试验方案》，于 2011 年实施 1 个井组。

2. 实施效果

截至 2021 年 10 月底，试验区共有生产井 7 口，单井日产油量 2.9t，瞬时油汽比为 0.14m^3/m^3，综合含水率为 75.9%，采出程度为 22.6%。累计油汽比为 0.14m^3/m^3。蒸汽驱试验表现出以下特点。

1）日产油量、日产液量明显升高

井组产液量从转驱前的 41t/d 上升到 90t/d，产油量从转驱前的 18t/d 上升到最高日产油量 40t/d。单井表现为产液量上升、产油量上升、含水先下降后上升的特点，见效时间 1 个月。

2）油层温度、压力有所升高

从井口温度变化曲线（图 2–38）可以看出，汽驱后温度 53.8℃较吞吐阶段有所上升。根据数模结果，油藏压力为 5～6MPa，油层温度在 90℃左右，并且试验区蒸汽平面扩展不均匀，存在明显汽窜通道（图 2–39 和图 2–40）。

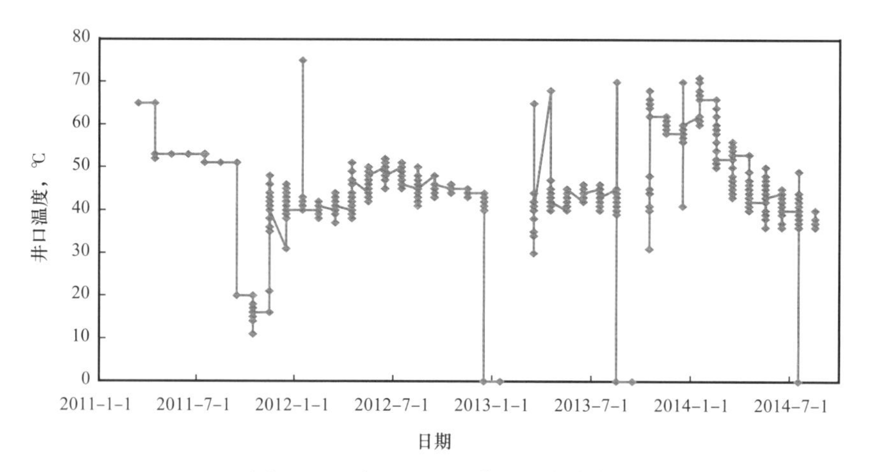

图 2–38　洼 60–H108 井口温度曲线

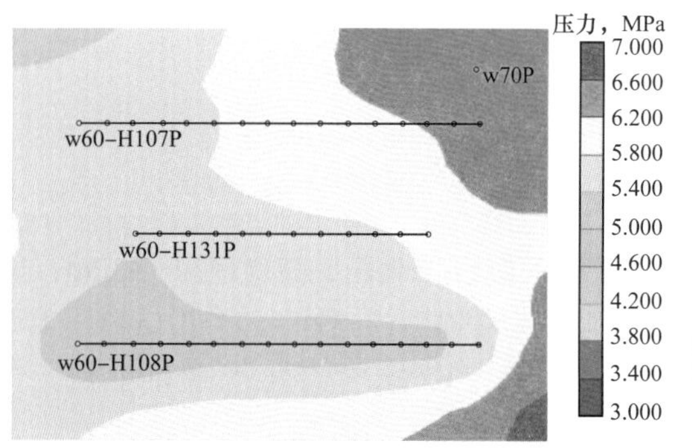

图 2–39　水平井蒸汽驱试验井组压力场图

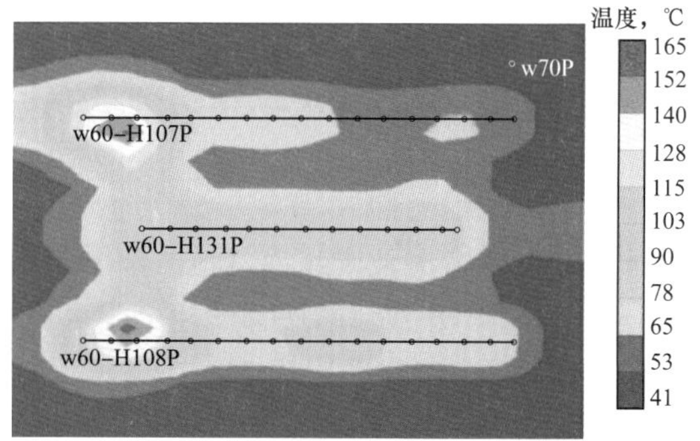

图 2–40　水平井蒸汽驱试验井组温度场图

3）吞吐引效可提高试验区热连通程度

转驱后对试验区 2 口水平生产井进行了吞吐引效，以提高试验区热连通程度。吞吐引效后产油量由之前的 2t/d 上升到 21.6t/d。另外，还通过检泵、调参、洗井等手段提高产液量，加大生产压差。使试验区保持较好的开发效果。

洼 70 块 S_{1+2} 油层水平井蒸汽驱先导试验取得了较好的开发效果，最终采收率约为 40%，提高采收率 22%。水平井蒸汽驱技术是薄层稠油蒸汽吞吐后期重要的接替技术之一，洼 70 块的成功实施为同类油藏提供了技术借鉴。

五、锦 45 块多介质蒸汽驱先导性试验

1. 试验井组蒸汽驱开发概况

2008 年 6 月，锦 45 块开展蒸汽驱先导性试验。试验区共有 9 口注汽井和 40 口生产井（图 2–41）。截至 2010 年 9 月底，汽驱产液量 83.4×10^4t，累计产油量 8.22×10^4t，累计注

汽量 90.6×10^4t，油汽比为 0.10m^3/m^3，采注比为 0.92，阶段采出程度为 3.7%；瞬时采注比 1.03，瞬时油汽比 0.11m^3/m^3。

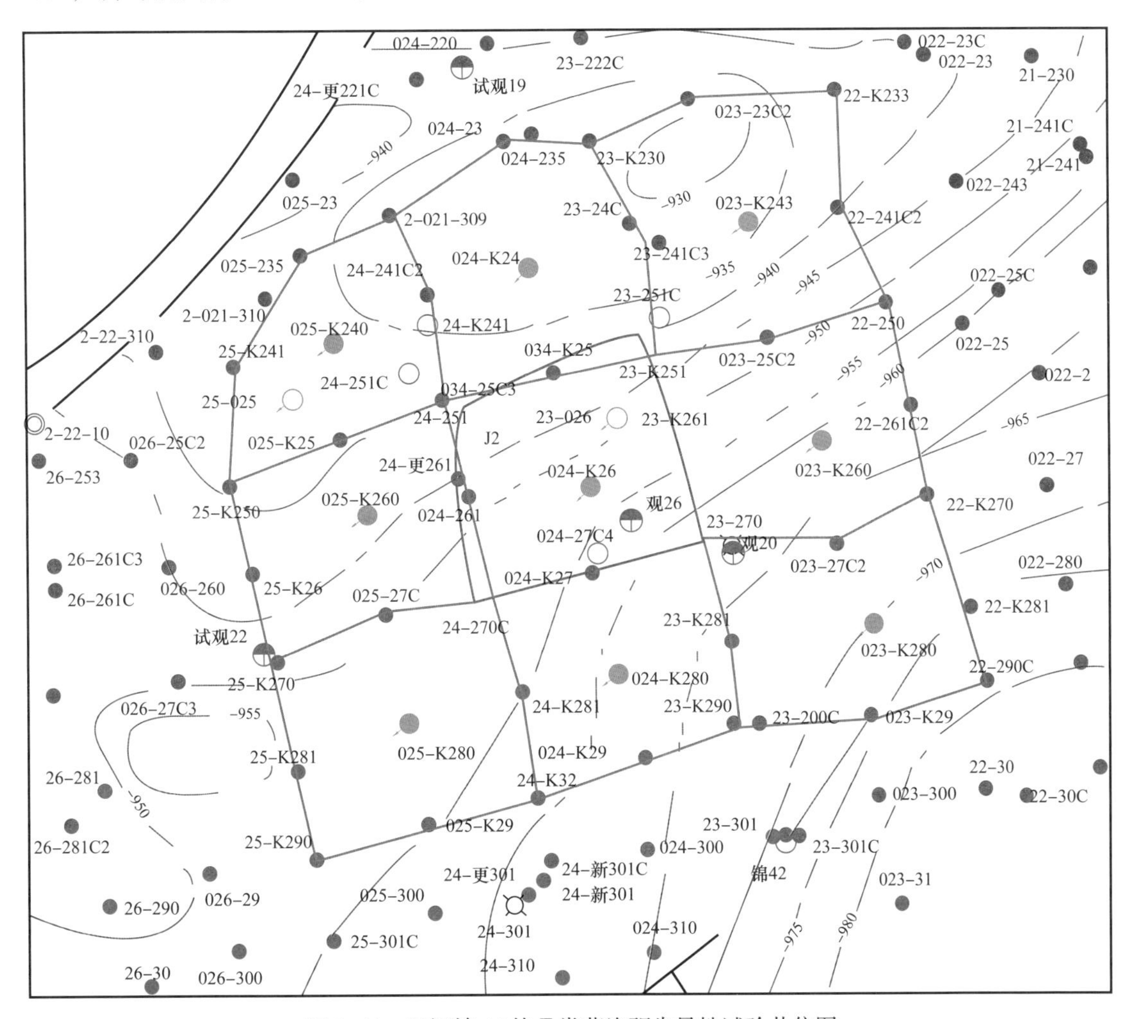

图 2-41　辽河锦 45 块Ⅱ类蒸汽驱先导性试验井位图

2. 尿素泡沫复合蒸汽驱试验

1）尿素泡沫复合蒸汽驱试验方案要点

锦 45 块蒸汽驱先导性试验区已进入开发后期，主力开发小层已经发育了一定的蒸汽腔，原油黏度得到了有效降低，实施尿素泡沫辅助蒸汽驱的目的主要是提高蒸汽驱波及体积，尤其是纵向波及体积。先导性试验井组选在 024-K26 井组，该井组位于蒸汽驱先导性试验区的中心，便于实施控制，防止外溢；另外 024-K26 井组储层纵向上差异变化大，多层笼统注汽受效相对较差，可以验证多元热流泡沫剂调剖效果。

024-K26I 井采用段塞方法注入，尿素 + 泡沫剂段塞注入时，现场试验以每 45 天为一个段塞周期，1 年注入 8 个段塞。一个段塞包括 400t 热水（温度大于 60℃），里面溶解 150t 尿素、3.0t 泡沫剂，每个段塞实际注入时间 2 天，假定现场完成一个段塞需要 5 天，剩余 40 天为蒸汽注入时间，蒸汽注入时单井注汽量为 80t/d。表 2-9 是 024-K26I 井组尿素 + 泡沫剂驱替下年度生产动态变化指标。

表 2-9　尿素 + 泡沫剂驱替下年度生产动态数据

年度	年注尿素量 10^4t	年注起泡剂量 t	年注汽量 10^4t	年产油量 10^4t	年产液量 10^4t	年产气量 10^4m^3	油汽比 m^3/m^3	采油速度 %
1	0.12	24	3.2	0.80	2.93	32.71	0.25	2.8
2	0.12	24	3.2	0.74	2.81	43.30	0.23	2.6
3	0.12	24	3.2	0.64	2.63	44.81	0.20	2.3
4	0.12	24	3.2	0.61	2.65	45.42	0.19	2.0
5	0.12	24	3.2	0.51	2.43	44.58	0.16	1.7

采用尿素泡沫段塞蒸汽驱 5 年，可在蒸汽驱基础上进一步提高采收率 11%，油汽比提高 40%，最终采收率为 61%。

2）锦 45 块尿素泡沫辅助蒸汽驱试验效果评价

2013 年 12 月 13 日开始在中心井组（锦 45-024-K26 井）进行尿素泡沫辅助蒸汽驱试验，截至 2016 年 3 月底，共注入 12 个段塞。

通过对实验的跟踪监测，可以得出以下特征。

（1）试验井组尿素泡沫辅助蒸汽驱见效特征。

从图 2-42 和表 2-10 产出 NH_4^+ 产出浓度变化规律，结合周围生产井的动态反应可以看出，可以将周围井生产井分为两类，第一类井为 NH_4^+ 产出浓度较低（小于 15mg/L），对应的典型井为 24-K251 井、24-K261 井、23-270 井，这些井生产动态反应不明显，未受效；第二类井为 NH_4^+ 浓度产出量适中的井（大于 15mg/L，小于 100mg/L），典型井为 024-K25 井、23-K251 井、23-K261 井、024-K27 井，这些井前期处于蒸汽驱的受效通道上，但是汽窜通道在可调范围之内，因此注入尿素泡沫段塞后见效显著；第三类井为 NH_4^+ 浓度产出量过高的井（大于 100mg/L），典型井为 24-270C 井，该井也处于蒸汽驱的受效通道上，但是由于汽窜通道导流能力过大，泡沫不能起到有效封堵作用，因此没有明显动态反应。

表 2-10　生产井不同时间 NH_4^+ 含量分析

井号	NH_4^+ 含量，mg/L			开始见效时间，d	见效期，d
	2014-3-11	2014-4-18	2014-6-2		
23-270	5.01	3.32	10.70		
23-K251	9.63	12.60	16.90	7	90
24-K261	7.66	5.49	15.50		
23-K261	16.20	14.30	48.30	11	59
G261C2		＜0.05	4.66		
024-K27		38.3	112.00	28	60
24-270C	96.60	130.00	185.00	见效特征不明显	
24-K251	7.82	5.60	13.70		
024-K25		3.62	19.80	关井	

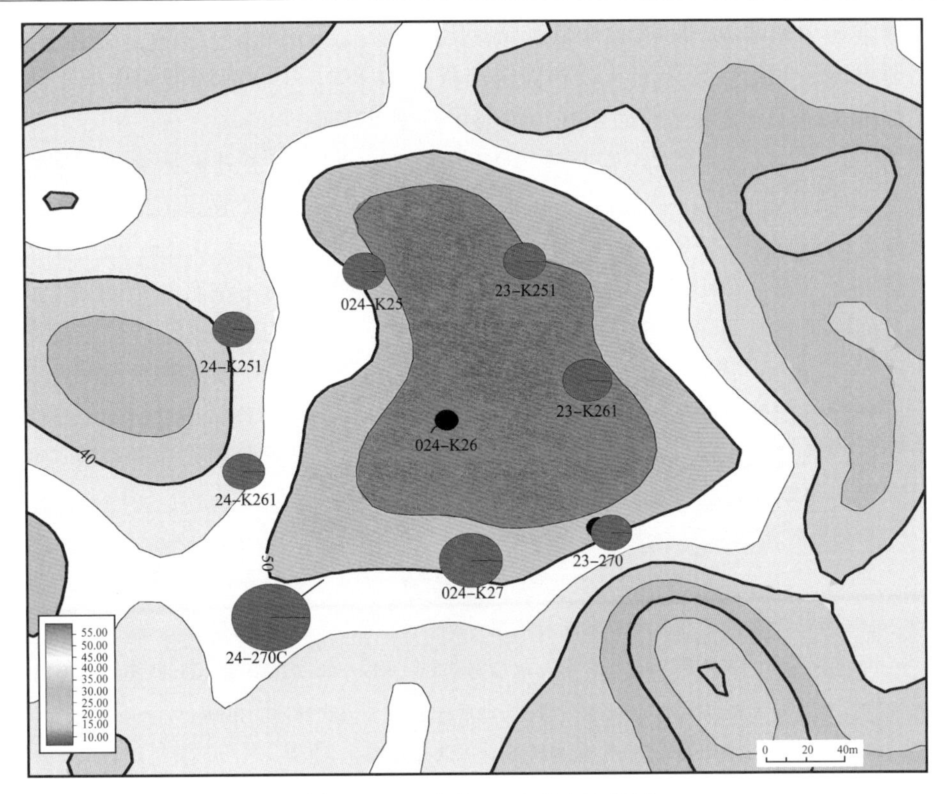

图 2-42　生产井 NH_4^+ 产出浓度图

图 2-43 是尿素泡沫段塞注入后的典型井的见效特征，其驱替动态特征可以分为注入见效阶段、低含水率阶段、含水率恢复阶段。可以看出由于处于蒸汽驱后期，注采井间已经热连通，并且部分井已经见到高温蒸汽汽窜，因此尿素泡沫注入后，生产井动态反应很快，以 23-K261 井为例，多介质注入 15 天以后，生产井开始出现含水率下降、产油上升的特征；整个见效期间含水率逐渐降低，产油量逐渐升高，后期由于泡沫动态封堵作用变弱，含水率又逐渐上升，产油量变低，需要转入下一个多元热流体注入段塞。

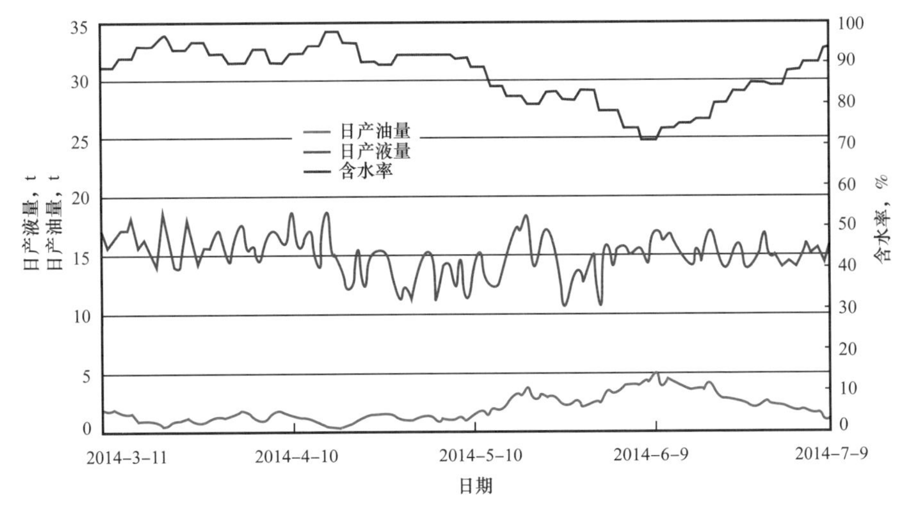

图 2-43　23-K261 井多元热流体典型段塞驱替生产曲线

（2）尿素泡沫辅助蒸汽驱试验井组效果对比。

蒸汽驱试验区井组转尿素泡沫段塞前采出程度 46.8%，尿素泡沫辅助蒸汽驱预计 5 年，阶段采出程度 10.9%，油汽比提高 40%，最终采收率 57.7%。

2013 年 12 月 13 日，开始在中心井组（锦 45-024-K26 井）开展尿素泡沫辅助蒸汽驱试验，截至 2016 年 3 月底，共注入 12 个段塞，效果显著。尿素泡沫辅助蒸汽驱试验井组阶段采出程度已达 6.45%，累计采出程度达 60.17%，阶段油汽比为 0.18m^3/m^3，和蒸汽驱相比油汽比提高了 50%。2016 年 3 月井组日产油量仍然保持在 30t 左右，是同期蒸汽驱井组的 4.5 倍。尿素泡沫段塞蒸汽驱，压力从 3.0MPa 上升至 4.0MPa，井组产油量从最低时的 16.4t/d 上升至 32.4t/d。阶段递减率为 14.2%。同期另 8 个蒸汽驱井组的阶段采出程度仅为 3.13%，油汽比为 0.12m^3/m^3，且日产油量下降明显，8 个井组日产油量由 104.0t 降至 52.8t，平均单井组日产油量仅为 6.6t，同期递减率达 49.2%。井组对比发现，多介质蒸汽驱改善开发效果的作用相当明显。

参考文献

［1］刘文章．中国稠油热采技术发展历程回顾与展望［M］．北京：石油工业出版社，2014.

［2］廖广志，马德胜，王正茂．油气田开发重大试验与认识［M］．北京：石油工业出版社，2018.

［3］张义堂，等．热力采油提高采收率技术［M］．北京：石油工业出版社，2006.

［4］胡文瑞．水平井油藏工程设计［M］．北京：石油工业出版社，2008.

［5］吴淑红，于立君，刘翔鹤，等．热采水平井变质量流与油藏渗流耦合数值模拟［J］．石油勘探与开发，2004（1）：88-90.

［6］张忠义，周游，沈德煌，等．直井—水平井组合蒸汽氮气泡沫驱物模实验［J］．石油学报，2012，33（1）：90-95.

［7］You Zhou，Zhongyi Zhang，Tong Liu. Case Study：Ultra-Heavy Oil Horizontal Wells Steam Drive Performance，World Heavy Oil Progress，2016.

［8］郭东红，辛浩川，崔晓东．改善蒸汽驱效果的高温泡沫剂研究［J］．精细与专用化学品，2010，18（11）：41-44.

［9］桂烈亭．蒸汽驱用耐高温发泡剂研究［J］．油田化学，2010，27（2）：196-199.

［10］毕长会，赵清，王书林，等．稠油热采井氮气泡沫调剖技术研究与应用［J］．石油地质与工程，2008，22（6）：62-65.

［11］沈德煌，谢建军，王小春．尿素在稠油油藏注蒸汽开发中的实验研究及应用［J］．特种油气藏，2005，12（2）：85-87.

［12］沈德煌，吴永彬，梁淑贤，等．注蒸汽热力采油泡沫剂的热稳定性［J］．石油勘探与开发，2015，42（5）：652-655.

［13］彭昱强，沈德煌，徐绍诚，等．氮气泡沫调驱提高稠油采收率实验——以秦皇岛 32-6 油田为例［J］．油气地质与采收率，2008，15（4）：59-65.

［14］沈德煌，张运军，韩静，等．非常规稠油油藏多元热流体开发技术实验研究［J］．特种油气藏，2014，21（4）：134-137.

［15］钱宏图，刘鹏程，沈德煌，等．尿素泡沫辅助蒸汽驱物理模拟实验研究［J］．油田化学，2013，30（4）：530-533，543.

[16] 付美龙，易发新，张振华，等. 冷43块稠油油藏氮气泡沫调剖实验研究[J]. 油田化学，2004，21(1)：64–67.

[17] 孙德浩. 氮气泡沫调剖技术改善汽驱效果研究[J]. 断块油气田，2008，15(6)：92–93.

[18] 张义堂，李秀峦，张霞. 稠油蒸汽驱方案设计及跟踪调整四项基本准则[J]. 石油勘探与开发，2008，35(6)：715–719.

[19] 刘喜林，范英才. 蒸汽驱动态预测方法和优化技术[M]. 北京：石油工业出版社，2012.

[20] 龚姚进，王中元，赵春梅，等. 齐40块蒸汽吞吐后转蒸汽驱开发研究[J]. 特种油气藏，2007，14(6)：17–21.

第三章　蒸汽辅助重力泄油（SAGD）技术

蒸汽辅助重力泄油（Steam Assisted Gravity Drainage，SAGD），是超稠油（沥青）热力开采的一项前沿技术，广泛应用于厚层超稠油（沥青）的商业化开采。

本章分 7 节，分别概述了中国石油天然气股份有限公司在 2006 年以来，由中国石油勘探开发研究院、中国石油辽河油田公司、中国石油新疆油田公司 3 家责任单位，在 SAGD 技术发展历程、驱油机理及特征、物理模拟技术、油藏筛选标准、油藏工程优化技术、工艺技术、矿场应用等 7 个方面取得的有代表性的重大进展和成果。

第一节　SAGD 技术发展历程及应用现状

一、国外 SAGD 技术发展历程与应用现状

SAGD 由加拿大学者罗杰·巴特勒博士于 1978 年提出的油砂开发技术[1]。SAGD 技术基于注水采盐的原理，基本开发原理是在厚层油砂中部署一个上下平行的水平井对，蒸汽从上面的注入井注入，注入的蒸汽向上及侧面移动，并加热周围油藏，被加热降黏的原油及冷凝水靠重力作用泄到下面的生产井中产出（图 3-1）。

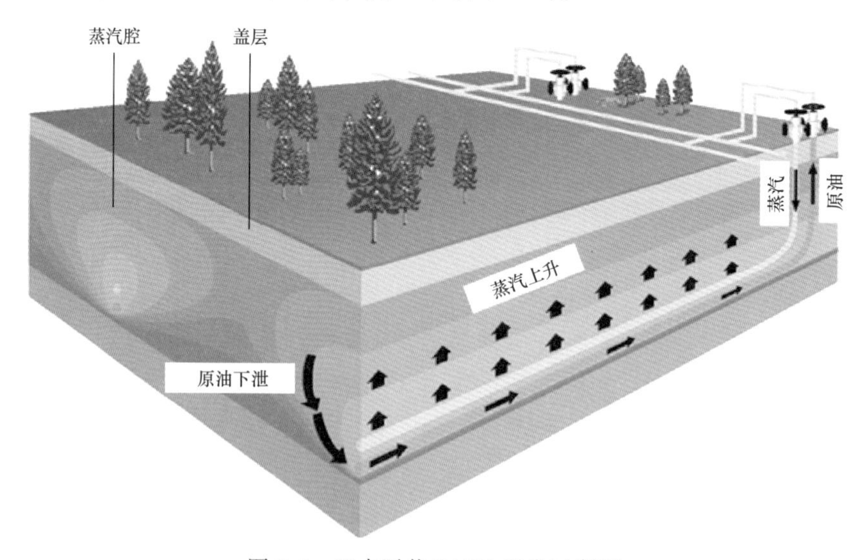

图 3-1　双水平井 SAGD 开发示意图

20 世纪 70 年代末至 80 年代初，以重力泄油理论为基础的开采方式逐渐发展起来，在理论和现场实践上，超稠油甚至沥青资源的开发有了革命性的突破[2-4]。

1986 年，加拿大阿尔伯达省油砂技术与研究管理局开展了世界上第一个蒸汽辅助重力泄油（SAGD）先导性试验项目，即 UTF 项目（Underground Test Facilities），目的是对

Butler提出的SAGD的概念进行测试。UTF项目验证了SAGD开发重油的机理，在试采上取得了巨大的成功，证明SAGD技术适合进行就地油砂开采。自1986年的UTF项目开展之后，又先后陆续开展了10余个SAGD试验，基本上都取得了很好的开发效果，并累积了SAGD开发的设计经验。通过试验确认：SAGD技术在就地开发厚层油砂资源方面，相对于蒸汽吞吐等常规热采方式表现出极大的优势，其采收率可以高达60%～70%，表现出单井产量高、油汽比高、经济效益好的优势。

1996年，加拿大开展了第一个商业化蒸汽辅助重力驱Cenovus Foster Creek项目。项目位于Athabasca东部的主河道部位，在2014年达到产量高峰期，峰值日产油量14×10^4bbl，平均单井产量500～700bbl/d，汽油比为$2.3m^3/m^3$，平均每桶油砂油的操作成本仅为13.5美元。自第一个SAGD项目实现商业化以来，该技术已经在加拿大油砂开发行业得到了广泛应用，据调研资料统计，至2015年底加拿大已建成了26个商业化开采项目，产量为91.8×10^4bbl/d，即年产量在5000×10^4t以上，约占加拿大油砂油总产量的42%。

加拿大的油砂资源丰富，未来SAGD应用的潜力和规模也十分巨大。未来SAGD技术不仅在加拿大的油砂开发得到全面应用，还引起世界其他地区具有厚层油砂资源国的重视。如委内瑞拉的奥里诺科重油带、苏丹的稠油资源等，都可能是SAGD开发技术应用的潜在对象。

二、中国石油SAGD技术的发展历程及应用现状

中国石油的SAGD技术已成为稠油开发主体技术，技术发展分成了两个技术分支：一个分支是以辽河油田为代表的直井水平井组合SAGD开发方式，主要用于在超稠油油藏蒸汽吞吐后期大幅提高采收率方面；另一个分支是以新疆油田为代表的浅层超稠油双水平井SAGD开发技术，主要用于厚层超稠油未动用储量的开发。[5-7]

辽河油田自1995年开始就开展了SAGD开发方式基础理论和室内物理模拟实验研究，取得了SAGD开发超稠油的泄油机理等方面的基础认识。1997年在曙一区的杜84块兴VI组开展了双水平井先导性试验，由于技术准备不足，且受当时工艺设备的限制，试验于1998年被迫停止。直到2003年，经过对加拿大SAGD技术的进一步调研，重新确定在曙一区杜84块的超稠油区开展SAGD提高采收率技术试验。2005年编制了《辽河油田曙一区杜84块超稠油蒸汽辅助重力泄油（SAGD）先导试验》方案，并被列为中国石油天然气股份有限公司重大开发试验项目。2007年辽河油田全面开展SAGD工业化应用，主要采用直井—水平井组合SAGD开发方式[8-15]，计划部署井组119个，动用储量3717×10^4t；截至2020年底，已实施72个井组，SAGD产量从初期的4.2×10^4t/a升至2020年的106.7×10^4t/a。SAGD的平均单井日产油量为30～50t，是蒸汽吞吐水平井的4.5倍，是吞吐直井的10～15倍，开发效果显著。

新疆油田的SAGD技术主要应用于风城超稠油油田的有效开发。2005年新疆油田在借鉴国外、辽河油田SAGD开发经验的基础上，开展了风城超稠油SAGD开发可行性研究。2008年、2009年分别开发了重32井区、重37井区SAGD先导性试验区。通过先导性试验攻关，解决了50℃下原油黏度小于50000mPa·s超稠油的有效开发问题，并初步形成新疆浅层超稠油SAGD开发筛选标准，基本形成了浅层稠油油藏双水平井SAGD开发技术。2012年，风城油田全面实施SAGD工业化推广应用。截至2020年底，全区已投产7

个区块，SAGD 年产油量达 100 万吨以上，单井产量最高 100t/d。新疆油田的 SAGD 生产阶段日产油量 20～30t，是常规吞吐水平井的 3～5 倍，吨油成本不到当前蒸汽吞吐成本的 50%。至此，SAGD 技术已经成为新疆油田公司产量增速最快、效益最高的开发厚层超稠油技术。

总体上，经过 10 余年的先导性试验与技术攻关，中国石油天然气股份有限公司的 SAGD 技术基本实现了成熟配套，SAGD 年产规模不断扩大，实现了产量的持续上升，取得了较高的经济效益。截至 2020 年底，已建成两个“百万吨”示范基地。

三、SAGD 技术发展趋势

基于中国 SAGD 应用的现状及存在问题，为进一步提高 SAGD 开发效果和提高采收率，针对中国陆相油藏非均质性强的特点，重点发展两个技术方向：第一是针对双水平井注采井网模式的几何形式变化，其中包括加密水平井辅助 SAGD 技术、U 形井 SAGD 技术、快速 SAGD 技术以及单井 SAGD 技术等；第二是对注入介质物理化学性质的改良，其中包括蒸汽与非凝析气推进技术（SAGP），溶剂辅助蒸汽重力泄油技术（SA—SAGD）及化学剂辅助蒸汽重力泄油技术（CA—SAGD）等。部分技术已完成初期的理论及室内基础实验研究，正逐步进入现场先导性试验阶段，并取得了一定的成果，尤其加密井辅助 SAGD 和 SAGP 技术，在提高原油的流动性、提高产能、减少蒸汽消耗方面都取得了一定成果，都能够显著改善 SAGD 的开发效果。

第二节　SAGD 泄油机理与产能计算方法

SAGD 开发技术是以蒸汽作为传热介质，主要依靠稠油及凝析水的重力作用开采稠油。SAGD 井网组合一般有以下三种方式：第一种是双水平井组合方式，即上部水平井注汽，下部水平井采油；第二种是直井与水平井组合方式，上部直井注汽，下部水平井采油（图 3-2）；第三种是单井 SAGD，即在同一水平井口下入注汽、采油两套管柱，通过注气管柱向水平井最顶端注汽，使蒸汽腔沿水平井逆向发展，单井 SAGD 适用于厚度为 10～15m 的油藏。国外井网组合方式现以双水平井 SAGD 为主，国内辽河油田主要采用直井与水平井组合 SAGD，新疆油田主要采用双水平井组合 SAGD 开发。随着开发的进行，井网不断调整，SAGD 井网组合方式也在不断变化，现已出现多种其他井网组合方式。

本节将分三部分依次阐述 SAGD 理论方面的相关进展，分别包括基本泄油机理、直井水平井组合 SAGD 产能计算方法、双水平井 SAGD 在泄油理论研究方面取得的成果及技术进展。

一、SAGD 泄油机理

国内 SAGD 技术主要在两个大油田中采用，分别是辽河油田和新疆油田。由于新疆油田、辽河油田所采用的井网形式不同，应用的油藏条件差别较大，其泄油机理和特征也有显著差别。

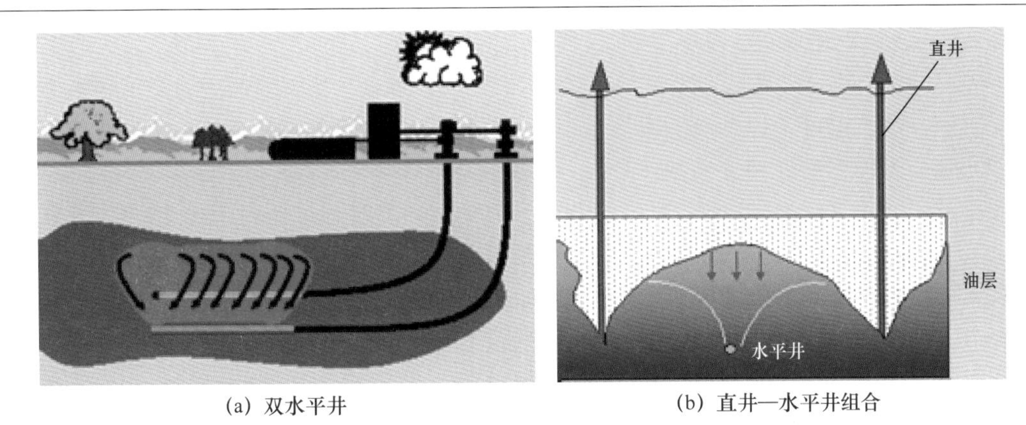

(a) 双水平井　　(b) 直井—水平井组合

图 3-2　SAGD 的两种井网结构方式

1. 双水平井 SAGD 泄油机理

双水平井组合 SAGD 技术是在油层钻两口上下互相平行的水平井，上部水平井注汽，下部水平井采油。上部井注入高干度蒸汽，因蒸汽密度小，在注入井上部形成逐渐扩展的蒸汽腔，而被加热的稠油和凝析水因密度大则沿蒸汽腔外沿靠重力向下泄入下部水平生产井（图 3-3）。

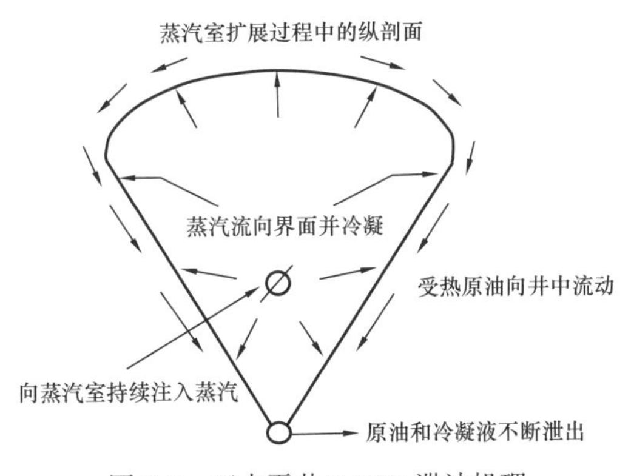

图 3-3　双水平井 SAGD 泄油机理

如图 3-3 所示，蒸汽在界面处冷凝，加热的石油和凝结物在重力作用下以近似平行于交界面向下流向底部生产井，蒸汽腔在初期向上扩展，到达油藏顶部后，其向上扩展受到限制，转而以向斜上方扩展为主，直到油藏边界。

Butler 基于达西定律，综合考虑温度与距离的关系、油藏加热而增加的产量、物质平衡与界面移动速率等，通过推导，得到了经典的双水平井 SAGD 产能计算公式[16]：

$$q = 2L\sqrt{\frac{2K_o g a\phi \Delta S_o h}{m v_s}} \tag{3-1}$$

式中 q——单井产量，t/d；

L——水平井水平段长度，m；

K_o——油藏渗透率，D；

α——热扩散因子，m^2/d；

ϕ——孔隙度，%；

ΔS_o——含油饱和度，%；

h——蒸汽腔前缘高度，m；

v_s——蒸汽温度下原油动力黏度，m^2/d；

m——无量纲黏温相关指数。

双水平井 SAGD 的采收率一般可达 60%～70%，开发过程可历时 10～15 年。SAGD 的开发过程，也是蒸汽腔的发展变化过程，经历蒸汽腔的上升、扩展、下降三个阶段，对应的生产特征也具有不同的表现。上升过程中，蒸汽腔从注汽井周围逐渐上升到油层顶部，对应的是 SAGD 产量的逐渐上升阶段；当蒸汽腔上升到油层顶部时，受到顶部盖层的封堵，将会发生横向扩展，这时 SAGD 的产量将达到高峰，并持续稳产一段时间；当蒸汽腔扩展到横向边界两对水平井的中间地带时，蒸汽腔开始向下扩展，即蒸汽腔下压过程；这个时候产量的稳产的高峰期已过，SAGD 的产量逐渐降低，直至最后完成 SAGD 开采过程。

2. 直井水平井组合 SAGD 泄油机理

直井水平井组合的 SAGD 方式，一般是在蒸汽吞吐后期作为接替开发开发方式出现，开发过程与双水平井 SAGD 有一定的差别。生产过程中，先通过蒸汽吞吐的方式进行预热，造成直井和水平井之间的热连通关系。因为直井射孔段和水平井间不仅有纵向上的高差，平面上还有一定的距离，所以驱油机理上，不只有重力泄油的作用，蒸汽驱替的作用也占很大的比例。其生产过程以蒸汽腔的变化特征来看分为 4 个阶段，即将 SAGD 开发划分为预热阶段、驱替阶段、驱泄复合、重力泄油四个阶段，与双水平井 SAGD 明显不同的是存在一个驱泄复合开发阶段。采油曲线的规律与双水平井 SAGD 近似，也经历上升期、稳产期以及产量下降期三个阶段。

二、直井水平井组合 SAGD 产能计算方法

随着 SAGD 开发的深入，逐渐发现典型 SAGD 井网组合方式产能公式并不完全适用于国内 SAGD 开发，主要受井网组合方式、储层特征的影响，因此，针对国内 SAGD 开发实际，对 SAGD 产能计算方法进行了修正计算，在经典 SAGD 产能计算模型的基础上，引入了蒸汽腔扩展角 θ 概念描述 SAGD 产能公式，同时将 SAGD 泄油水平段由原水平生产井水平段引申为注汽直井到水平生产井的距离，提出了泄油点的概念。开发实践表明，修正后的 SAGD 产能公式更能符合实际生产结果[17-19]。

1. 直井与水平井产能公式推导

1）考虑端点效应的有限长度水平井产量预测方程

双水平井组合 SAGD 理想蒸汽腔状态为蘑菇状，无限延长于长度为 L 的水平生产井，蒸汽腔高度为油藏高度，可得出侧向扩展蒸汽腔周围泄油速率预测公式。

由于无限大地层垂直裂缝中单相稳态流的平均流量是中心流动的 π/2 倍，有限长度水平井泄油速率高于无限长度水平井；考虑到 TANDRAIN 修正，为更好地反映界面处与热稳态假设的分布，将平方根中系数 2 换成 1.3，这样考虑端点效应的有限长度的水平井产量方程为：

$$q = \pi L \sqrt{\frac{1.3 K_o g a \phi \Delta S_o h}{m v_s}} \tag{3-2}$$

或者写成无量纲变量形式：

$$q^* = \pi\sqrt{1.3}\,\frac{L}{h} = 3.58\frac{L}{h} \tag{3-3}$$

2）直井与水平井组合 SAGD 泄油理论及产能公式推导

直井注汽水平井泄油速率可通过式（3-3）预测，水平井动用程度为 L_e 为时间的函数，且随时间增加，泄油速率随时间线性增加，累计产油量为时间的二次函数，因此将式（3-3）中 L 换成水平段动用长度 L_e，有：

$$q = \pi L_e\sqrt{\frac{1.3K_o ga\phi\Delta S_o h}{m\nu_s}} \tag{3-4}$$

写成无量纲变量形式为：

$$q^* = \pi\sqrt{1.3}\,\frac{L_e}{h} = 3.58\frac{L_e}{h} \tag{3-5}$$

式（3-5）的无量纲形式为：

$$\frac{L_e}{h} = \frac{L_i}{h} + \sqrt{2}t^* \tag{3-6}$$

其中

$$t^* = \frac{t}{h}\sqrt{\frac{K_o ga}{m\nu_s\phi\Delta S_o h}} \tag{3-7}$$

根据 Butler 等的研究，长度为 L 的水平井稳产阶段泄油速率为：

$$q = 2\sqrt{\frac{\beta Kg\alpha\phi\Delta S_o h}{m\nu_s}} \tag{3-8}$$

式（3-8）中 β 为有效压头系数，由于在实际生产中，蒸汽腔前缘高度产生的动力不可能全部用来驱动原油流动，因此用有效压头系数来表示动力驱动原油流动程度。

据 Butler 等的室内试验结果，有效压头系数与蒸汽腔扩展角 γ（图 3-4）关系式为：

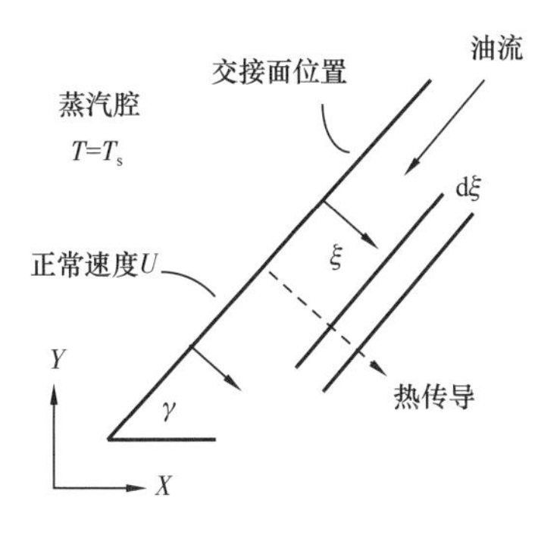

图 3-4　蒸汽腔扩展角 γ 示意图

$$\beta = 8 \times \frac{4}{9} \times \gamma^{2} \tag{3-9}$$

联合式（3–8）和式（3–9）可得：

$$q = 2\sqrt{\frac{\beta K g \alpha \phi \Delta S_{\mathrm{o}} h}{m v_{\mathrm{s}}}} = 2 \times \frac{4\gamma}{3} \times L\sqrt{\frac{2 K g \alpha \phi \Delta S_{\mathrm{o}} h}{m v_{\mathrm{s}}}} \tag{3-10}$$

考虑端点效应的有限长度的水平井产量修正方程为：

$$q = \frac{4\gamma}{3}\pi L\sqrt{\frac{2 K_{\mathrm{o}} g a \phi \Delta S_{\mathrm{o}} h}{m v_{\mathrm{s}}}} = 0.10340_{扩展} L\sqrt{\frac{K_{\mathrm{o}} g a \phi \Delta S_{\mathrm{o}} h}{m v_{\mathrm{s}}}} \tag{3-11}$$

将式（3–6）、式（3–7）代入式（3–11）中，得到：

$$q = 0.10340_{扩展} L_{\mathrm{i}}\sqrt{\frac{K_{\mathrm{o}} g a \phi \Delta S_{\mathrm{o}} h}{m v_{\mathrm{s}}}} + 0.14620_{扩展}\frac{K_{\mathrm{o}} g a}{m v_{\mathrm{s}}} t \tag{3-12}$$

当有 n 口直井同时为一口水平井注汽时，可将直井与水平井组合 SAGD 简化为 $n/2$ 口长度为 $2L_{\mathrm{i}}$ 的水平井泄油（图 3–5）。因此，有 N 口直井注汽的直井与水平井组合 SAGD 上产阶段和稳产阶段的 SAGD 泄油速率为：

$$q = 0.10340_{扩展} N L_{\mathrm{i}}\sqrt{\frac{K_{\mathrm{o}} g a \phi \Delta S_{\mathrm{o}} h}{m v_{\mathrm{s}}}} + 0.14620_{扩展}\frac{K_{\mathrm{o}} g a}{m v_{\mathrm{s}}} t \tag{3-13}$$

2. 直井与水平井组合 SAGD 产能公式现场应用效果

杜 84 块馆陶超稠油油藏为厚层状普通稠油油藏，50℃下脱气原油黏度为 25×10^{4}mPa·s，油层平均厚度为 35m，在油层内发育物性隔（夹）层。该油藏采用直井与水平井布井方式，直井位于水平井斜上方，垂向距离 8～10m，水平距离 35m。共同蒸汽吞吐开发 4～7 个周期，地层压力由原始值 16MPa 下降至 1.5MPa，周期产油量和油气比已降低。因此采用直井与水平井组合 SAGD 开发，在开发初期，为加强井组整体开发规划，对井组蒸汽腔上升及横向扩展阶段泄油速率进行预测，预测结果显示，修正后的产能公式与实际生产效果符合率达到预期（图 3–6）。

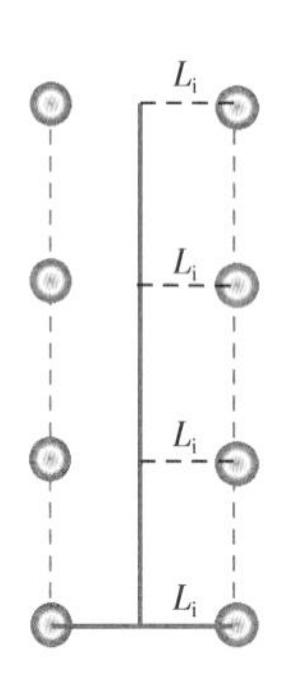

图 3–5　直井与水平井组合 SAGD 产量预测公式计算单元设计图

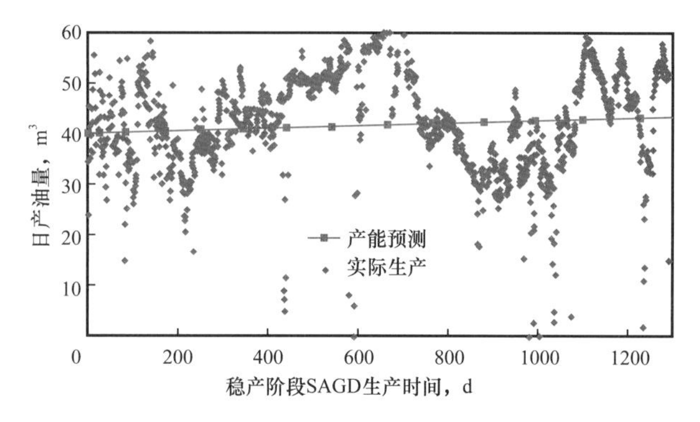

图 3–6　直井与水平井组合 SAGD 产量预测与实际生产曲线对比

通过将预测泄油速率曲线与实际生产曲线有效拟合，确定井组产量总体规划及合理井组调控指标，有效指导了井组 SAGD 生产。

三、双水平井 SAGD 预热及蒸汽腔描述解析计算方法

新疆油田的双水平井 SAGD 主要在国外 SAGD 研究的基础上，经过深入的消化吸收，针对国内复杂的油藏条件，在实践的基础上，对双水平井的预热阶段的井筒传热计算、SAGD 正常生产阶段蒸汽腔的相态研究等方面形成新的创新理论和方法。

1. SAGD 预热阶段的双热源复合传热预热模型计算方法

在双水平井循环预热过程中，在垂直于注汽井与生产井的水平段的二维平面上，注汽井与生产井水平段井筒刚好代表了该二维平面上的两个热源。其中注汽井井筒半径为 r_{w1}，注汽循环预热的温度为 T_{s1}，热流过该点的速度为 q_1；生产井井筒半径为 r_{w2}，注汽循环预热的温度为 T_{s2}，热流过该点的速度为 q_2；根据热源叠加理论，该二维平面上任意点 x 升高的温度应等于该两个热源传热升温之和（图 3-7）。

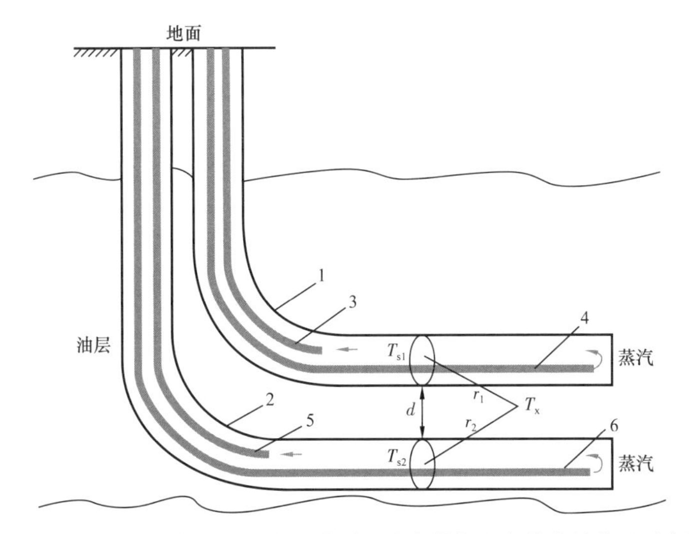

图 3-7　双水平井水平段切片二维平面注汽井与生产井井筒位置示意图

1—注汽井；2—生产井；3—注汽井短油管；4—注汽井长油管；5—生产井短油管；6—生产井长油管

通过理论推导，双水平井 SAGD 注蒸汽循环预热过程中，对于注采井水平段中间位置，$r_1=r_2=d/2$，当注采井水平段之间距离恒定为 d，注采井井筒尺寸相等（$r_{w1}=r_{w2}$），油层为均质油层（$\alpha_1=\alpha_2$），则温度升高值计算公式为：

$$\Delta T_x=\frac{\left(\Delta T_{s1}+\Delta T_{s2}\right)\times \mathrm{Ei}\left(-\frac{d^2}{16\lambda\alpha t}\right)}{\mathrm{Ei}\left(-\frac{d^2}{4\lambda\alpha t}\right)+\mathrm{Ei}\left(-\frac{r_w^2}{4\lambda\alpha t}\right)} \tag{3-14}$$

而实际油层条件下的综合热扩散系数为：

$$\alpha_{mix}=\frac{\phi_f\left(\lambda_w S_w+\lambda_o S_o\right)+\left(1-\phi_f\right)\lambda_f}{\left[\phi_f\left(\rho_w S_w+\rho_o S_o\right)+\left(1-\phi_f\right)\rho_f\right]\left(f_{gr}c_f+f_o c_o+f_w c_w\right)} \tag{3-15}$$

式中 ΔT_x——x 点温度差，℃；

ΔT_{s1}——注汽井循环预热的温度差，℃；

ΔT_{s2}——生产井循环预热的温度差，℃；

Ei——指数积分函数；

λ——系数，8.64×10^4；

λ_w——地层水导热系数，W/（m·K）；

λ_o——地层原油导热系数，W/（m·K）；

λ_f——岩石基质导热系数，W/（m·K）；

ϕ_f——油层孔隙度，%；

ρ_w，ρ_o，ρ_f——水、油和地层骨架的密度，g/cm^3；

S_w——含水饱和度，%；

S_o——含油饱和度，%；

f_{gr}——岩石基质的质量分数，%；

f_o——原油的质量分数，%；

f_w——水的质量分数，%；

c_f——岩石基质的比热容，J/（g·℃）；

c_w——地层水的比热容，J/（g·℃）；

c_o——油的比热容，J/（g·℃）；

d——注汽水平井与生产水平井之间的距离，m；

t——时间，d；

α——注采井筒附近油层岩石基质的热扩散系数，m^2/s。

将式（3–15）代入式（3–14），即能得到反映油层实际孔隙度、含油饱和度等条件下，双水平井 SAGD 循环预热过程中注采井水平段中间油层的传热升温解析模型。[20]

在循环预热过程中，通过水平段内均匀分布的温度传感器，可分别得到注汽井水平段不同位置不同时刻的 ΔT_{s1} 与生产井水平段不同位置不同时刻的 ΔT_{s2}；不同位置含油饱和度 S_o、岩石基质密度 ρ_f、岩石孔隙度 ϕ_f 等，可以通过水平段测井解释得到；不同位置岩石基质的导热系数 λ_f 及比热容 c_f 等可以通过录井与取心化验分析得到。

以新疆风城双水平井 SAGD 试验区的一典型井组为例，对上述解析模型进行验证。对比采用 CMG–STARS 软件的 FLEX WELLBORE 模块。对比结果表明，新模型解析解与数值模拟计算结果高度吻合，平均误差不超过 2℃，表明该解析解具有较高的准确性（图 3–8）。

2. 双水平井 SAGD 蒸汽腔扩展速度计算

蒸汽腔的大小、扩展速度或者气液界面位置的描述，是 SAGD 正产生产阶段的评价实施效果的关键参数。一般情况下，影响 SAGD 实施效果的影响因素很多，导致其计算方法复杂、计算量大。为了能够在不降低计算精确度的基础上有效地减少计算量，做如下假设：

（1）油藏均质且各向同性；

（2）主要驱动机理包括：重力泄油与弹性驱动；

（3）蒸汽腔前缘的热传递方式只是热传导；

（4）产出物的流动认为是拟稳态；

（5）在蒸汽腔前缘处，温度变化为拟稳态；

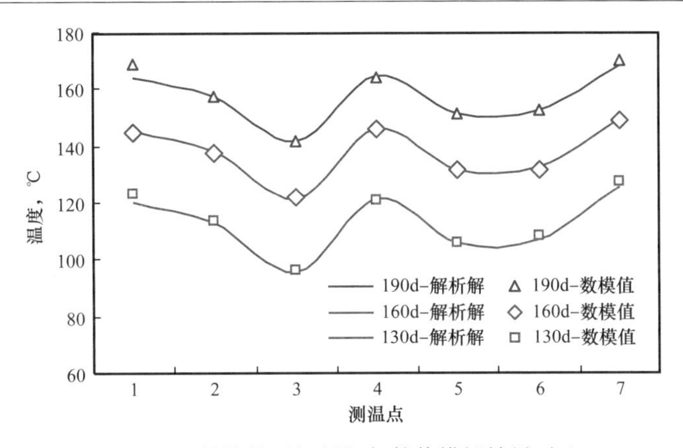

图 3-8　传热模型解析解与数值模拟结果对比

（6）在 SAGD 进行过程中，蒸汽腔压力保持恒定；

（7）注汽井周围形成的蒸汽腔是一个不断扩展的倒棱体相似体（图 3-9）；

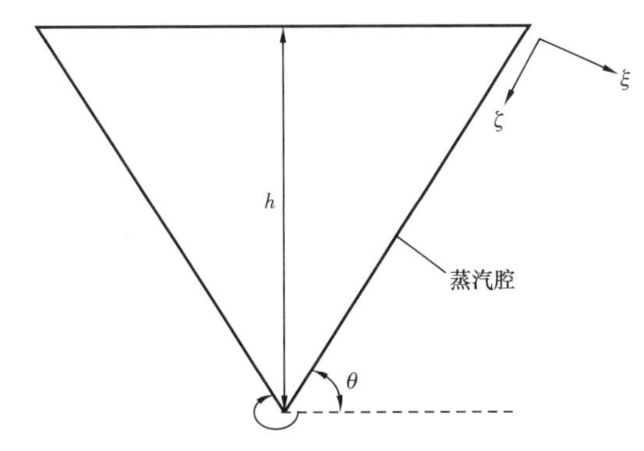

图 3-9　蒸汽腔平面几何形状

ξ——垂直于蒸汽腔界面的坐标轴；ζ——平行于蒸汽腔界面的坐标轴

（8）蒸汽在注入蒸汽腔过程中各方向均匀分布。

本部分讨论水平井之上蒸汽腔的侧向扩展阶段，此阶段蒸汽腔只有向四周的扩散，也是蒸汽辅助重力泄油的稳产阶段，此阶段蒸汽腔界面呈倒三角形稳定地进行侧向扩散。

计算理论采用微元界面的物质平衡方法（图 3-10）。推导得出，不同时间点 t 的蒸汽腔边界位置坐标（x，y），公式如下：

$$y=\begin{cases}\dfrac{h}{t}\sqrt{\dfrac{8mv_{\mathrm{s}}\phi\Delta S_{\mathrm{o}}h}{27\beta K_{\mathrm{o}}g\alpha}}x & \left(y<\dfrac{2h}{3}\right)\\ h-\dfrac{\beta K_{\mathrm{o}}g\alpha}{2\phi\Delta S_{\mathrm{o}}mv_{\mathrm{s}}}\left(\dfrac{t}{x}\right)^{2} & \left(\dfrac{2h}{3}\leqslant y\leqslant h\right)\end{cases} \tag{3-16}$$

式中　$\alpha=\dfrac{\lambda}{\rho c}$——地层热扩散系数，$5.35\times10^{-7}\mathrm{m^2/s}$；

ΔS_{o}——含油饱和度变化量；

β——有效压头系数；

h——蒸汽腔高度，即生产井距油藏顶部距离，取值 27.5m；

m——黏度特征参数，通常取值 3.5。

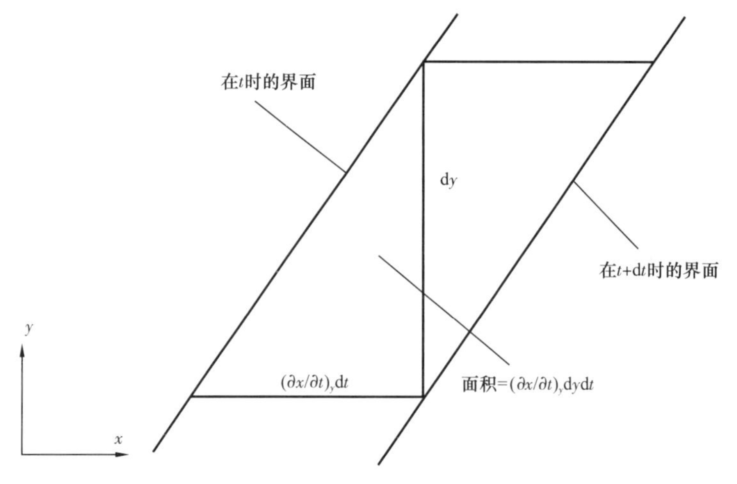

图 3-10　界面处小微元内物质平衡示意图

图 3-11 是采用公式计算的新疆油田某双水平井井组的不同时间的蒸汽腔边界示意图，可以清晰地用解析方法描述蒸汽腔侧向扩展阶段的发育规律和形态变化。

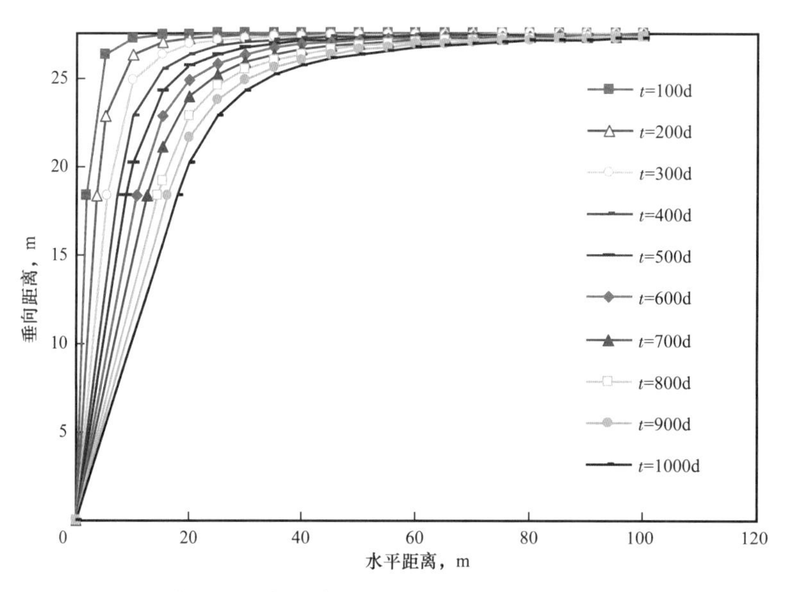

图 3-11　新疆油田某双水平井井组不同时间蒸汽腔边界分布图

第三节　SAGD 物理模拟技术

经过 10 余年的探索与技术攻关，SAGD 室内实验技术基本成熟配套。提高采收率国家重点实验室搭建了高温高压注蒸汽三维比例物理模拟实验系统为代表的三维、二维物理模型设备，配套了高温高压一维驱替实验装置，高温高压相对渗透率测试等关键实验装备。开展了常规油藏 SAGD、非均质油藏 SAGD 和注气辅助 SAGD 的系列 SAGD 物理模拟实验，为 SAGD 技术在油田的推广和应用提供了技术支持和指导。本节将介绍典型的蒸汽辅助重力泄油物理模拟装置和 SAGD 系列实验。

一、蒸汽辅助重力泄油模拟装置

1. 实验装置基本情况

SAGD 实验使用提高采收率国家重点实验室的标志性设备——高温高压注蒸汽三维比例物理模拟实验系统，该装置现位于中国石油勘探开发研究院热力采油研究所，装置如图 3-12 所示，其具体参数如下：

（1）高压舱尺寸：ϕ800mm×1800mm；

（2）最大模型尺寸：500mm×800mm×200mm；

（3）最高实验压力：20MPa；

（4）高压舱内最高温度：80℃；

（5）模型内腔最高温度：350℃；

（6）最高注入蒸汽温度：400℃；

（7）最高注入蒸汽压力：15MPa；

（8）最大蒸汽注入速度：300mL/min。

图 3-12　高温高压注蒸汽三维比例物理模拟实验装置图

2. 实验装置的构成

该实验装置主要由注入系统、模型系统、数据采集与控制系统、采出系统四部分组成。

1）注入系统

注入系统主要由蒸汽发生装置及驱替计量装置组成，其功能是在定压或定流量工况下为实验提供多元驱替介质，包括热水、蒸汽、化学剂及非凝析气体等。

2）模型系统

模型系统主要由高压舱、模型本体、围压系统、舱内温控系统组成。高压舱采用卧式布置，重 10t，内部尺寸：ϕ0.8m×1.8m。模型本体置于高压舱内，最大尺寸为 1600mm（长）×500mm（宽）×400mm（高），根据相似比例准则设计，能够模拟不同油藏厚度（10～80m），模拟水平井段长度为 10～800m。

3）数据采集与控制系统

数据采集与控制系统由硬件及软件组成。硬件部分主要由计算机和美国 NI 公司 PXIe-1075

高精度数据采集平台组成。

4）采出系统

稠油采出液经换热冷却后进入收集计量装置。对于普通稠油实验，利用回压阀控制背压、天平定时称重的方式实现采出液实时计量。对于超稠油实验，针对其黏度高、回压阀易堵塞的问题，自行研制了超稠油采出液收集装置，该装置利用高压氮气提供背压，将原油直接举升至收集瓶中，有效替代了传统回压阀装置。

二、双水平井 SAGD 三维物理模拟

1. 实验方案

为了能够给集团公司超稠油双水平井 SAGD 重大先导性试验及后期商业化应用提供有力的理论与技术支撑，开展了双水平井 SAGD 高温高压三维物理模拟系列实验研究，重点模拟现场原位蒸汽腔的扩展规律。

实验中，注入和生产水平井均布置在模型中心下部，注入井和生产井均为双管柱结构，其短管柱标记为 I1/P1，长管柱标记为 I2/P2（图 3–13）。饱和油过程中，通过模型中心上部的饱和油井及水平生产井注入原油，通过模型四角的直井及底部排水口采出水和油。

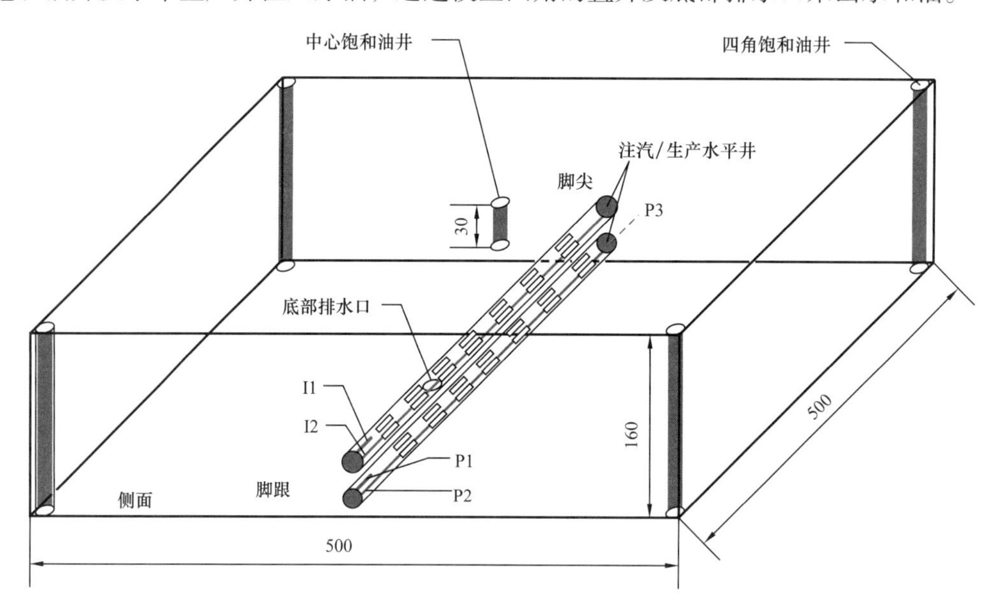

图 3–13　实验模型内注采井布置示意图（单位：mm）

根据现场 SAGD 实验方案设计情况，本实验将分为循环预热、SAGD 过渡阶段及 SAGD 正常生产阶段进行，并完成实验过程。

2. 实验结果

以新疆风城油田重 32 井区齐古组为研究对象，建立了水平井“双油管”模型，首次成功开展了中国石油双水平井 SAGD 重大先导性试验室内物理模拟研究。[21] 图 3–14 为该物理模拟研究的典型实验结果，其完整刻画了蒸汽辅助重力泄油蒸汽腔发育全过程，包括循环预热［图 3–14（a）］、蒸汽腔上升［图 3–14（b）（c）］、横向扩展［图 3–14（d）（e）］及蒸汽腔下降［图 3–14（f）］。该项研究的开展深化了对双水平井 SAGD 开采机理和生产动

态规律的认识，明确了SAGD先导性试验下一步优化调整的方向，为中国石油超稠油双水平井SAGD先导性试验及后续商业化应用提供了重要的理论与技术指导。

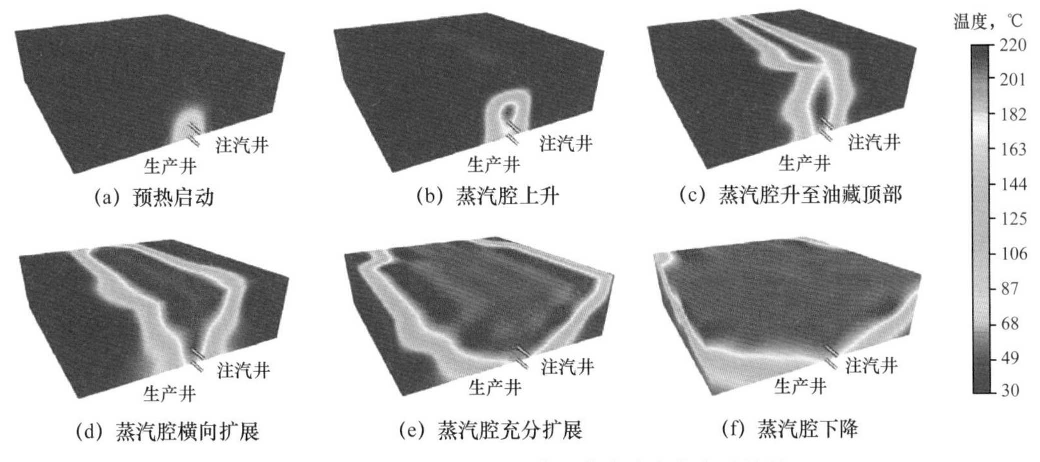

图3-14　双水平井SAGD典型蒸汽腔发育实验结果

三、非均质储层SAGD三维宏观比例物模实验

1. 实验方案

针对风城SAGD现场某区块水平井趾端区域热连通较差，蒸汽腔沿水平井井长方向欠均匀发育的情况，共进行了3组改善SAGD蒸汽腔发育均匀性的三维宏观比例物理模拟实验[22]。每组实验前均进行相同方式的循环预热（图3-15）。3组实验的操作方案如下。

图3-15　循环预热温度场

1）实验1

模拟现场趾端处蒸汽腔发育迟缓，蒸汽腔沿井长欠均匀发育的现象。注汽井短管I1连续注汽，生产井短管P1连续生产，实验持续46min（现场3.5年）。

2）实验2

在实验1基础上采取调整策略之一。先重复实验1的注采方式模拟欠均匀的温度场，持续57.2min（现场4.35年）。然后进入调整阶段，注汽井短管I1保持连续注汽，生产井短管P1保持连续生产，视蒸汽腔发育和产油速率变化开启注汽井长管I2注汽、生产井长管P2生产，采用注汽井长短管协同注汽和生产井长短管协同采油的操作方式来调整蒸汽腔均匀性。总注汽速率保持200mL/min，实验共持续79.2min（现场6.02年）。

3）实验3

在实验1基础上采取调整策略之二。先重复实验1的注采方式模拟欠均匀的温度场，持续44min（现场3.35年）。然后进入调整阶段，注汽井短管I1保持连续注入，生产井短管P1关闭，流体从生产井趾端长油管P2连续采出，改善蒸汽腔在趾端欠发育的状况，实验共持续96.8min（现场7.4年）。

2. 实验结果及分析

1）实验 1 结果及分析

蒸汽腔的发育状况可以通过模型截面的温度场反映。选取 3 个典型截面分析模型温度场：水平井所在纵截面、跟端附近横截面以及趾端附近横截面。图 3–16 给出了实验 1 不同时刻典型截面的温度场。由图 3–16 可见，不同时刻蒸汽腔沿水平井长方向发育欠均匀，趾端附近蒸汽腔发育缓慢。从跟端到趾端，蒸汽腔呈斜坡状下降。另外从温度场也可观察到实验持续 39.4min（现场 3 年）后，跟端的蒸汽腔开始横向发育。

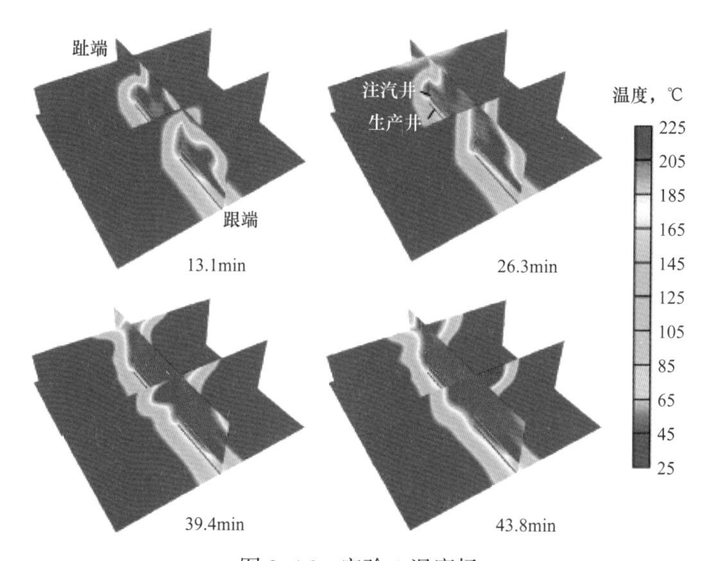

图 3–16 实验 1 温度场

2）实验 2 结果及分析

实验 2 前 57.2min（现场前 4.35 年）采用与实验 1 相同的操作模式，得到与实验 1 相同的欠均匀的蒸汽腔。从第 57.2min 开始，进行第 1 种调控策略实验，如图 3–17（a）(b）所示。由图 3–17（b）可见，调整前产油速率已经快速下降，由于加强了从生产井长油管 P2 的产出，调整后的产油速率明显上升。调整前，由于采用 I1 注汽 P1 采油，跟端注采井间压差较大，生产驱动力也大，而趾端注采压差较小，生产驱动力较弱，导致水平井跟端附近蒸汽腔发育较快而趾端附近蒸汽腔发育缓慢。调整措施加强了趾端的注汽和采油，趾端生产驱动力增大，因而水平井趾端蒸汽腔发育逐渐恢复。由于 I2 的注汽位置和 P2 的采油位置靠近趾端，因此增加的产量主要来自趾端原油的泄流，由图 3–17（c）可见，趾端的蒸汽腔发育逐渐增强。说明这种调整策略下，蒸汽腔沿井长方向发育趋于均匀。因此，采用注汽井长管、短管协同注汽和生产井长管、短管协同采油的操作方式对于调控蒸汽腔均匀发育有效。

3）实验 3 结果及分析

实验 3 的前 44min（现场前 3.35 年）同样采用了与实验 1 相同的注采模式，得到了与实验 1 类似的欠均匀蒸汽腔。随后，进行 SAGD 操作模式调整，关闭 P1，打开 P2 生产。注采策略，如图 3–18（a）(b）所示。图 3–18（c）给出了调整后不同时刻典型油藏截面的温度场。与实验 2 相同，由于调整前跟端注采压差大于趾端，导致水平井趾端附近蒸汽腔发育缓慢。调整后，由于注采压差沿井长方向趋于均匀，因而趾端蒸汽腔恢复发育，水平井两端蒸汽腔发育逐渐同步。由图 3-18（b）可见，调整后，产油速率稳步增长，调整效果明显。由此可见，采用该 SAGD 操作模式对于调控蒸汽腔有效。

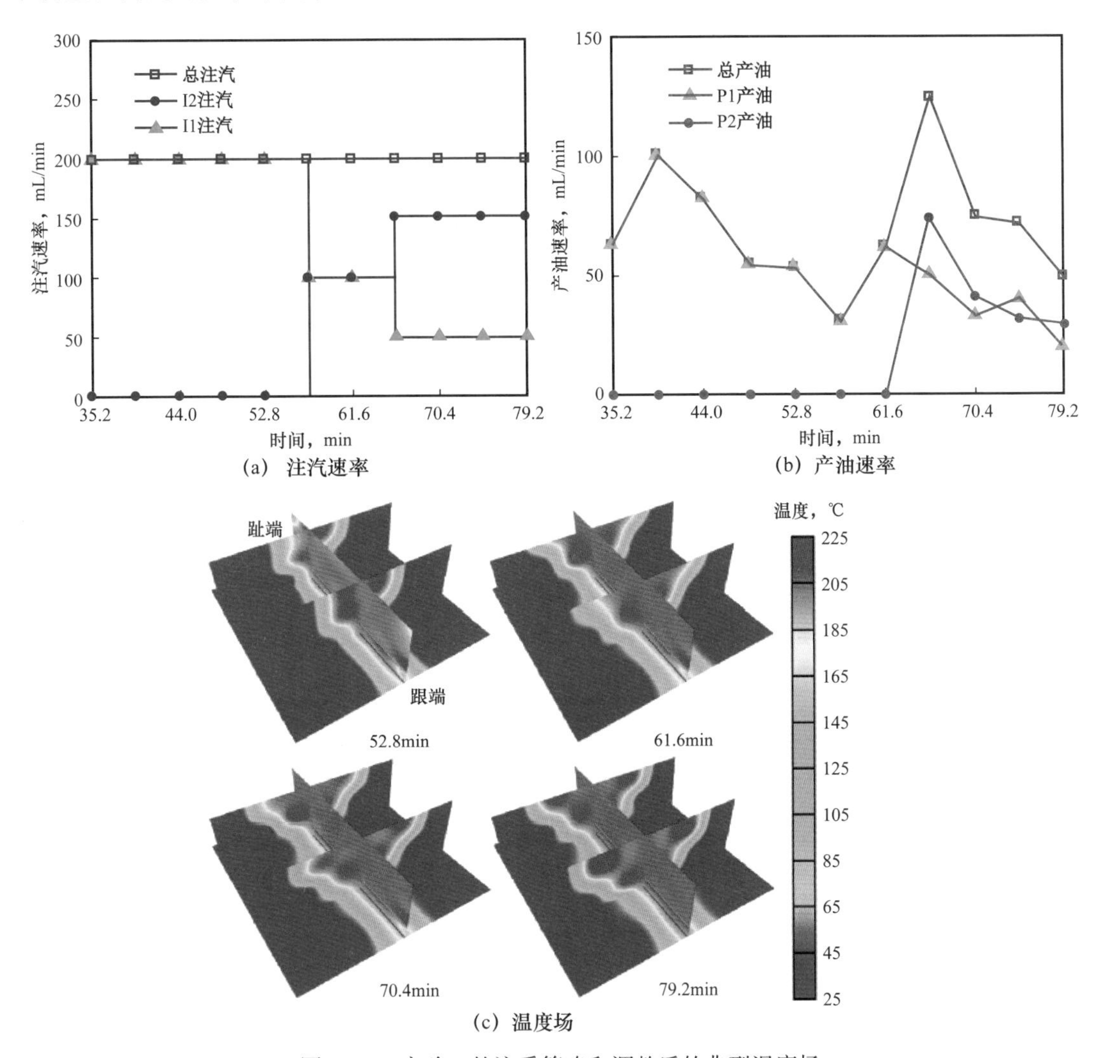

(a) 注汽速率　　(b) 产油速率

(c) 温度场

图 3-17　实验 2 的注采策略和调整后的典型温度场

四、氮气辅助 SAGD（SAGP）物理模拟实验

为了进一步研究和证实氮气在 SAGD 过程的作用，为该技术的油藏工程方案和现场试验提供更坚实的理论基础，课题组在国外调研基础上又进行了二维比例物理模拟研究，图 3-19 是实验流程示意图。根据馆陶 SAGD 油藏参数，建立了相似比例物理模型，实验采用双水平井，水平井段长 300m，注入井和生产井相距 5～7m。模型原始压力为 4.0MPa，温度为 30℃，注入蒸汽温度为 250℃，蒸汽注入速度为 20cm^3/min。研究人员做了近 20 组实验，比较成功的主要有以下 5 组：

（1）SAGD 作为基础实验，主要对比加入氮气后气腔的形态变化；

（2）SAGD 后期加 10% N_2；

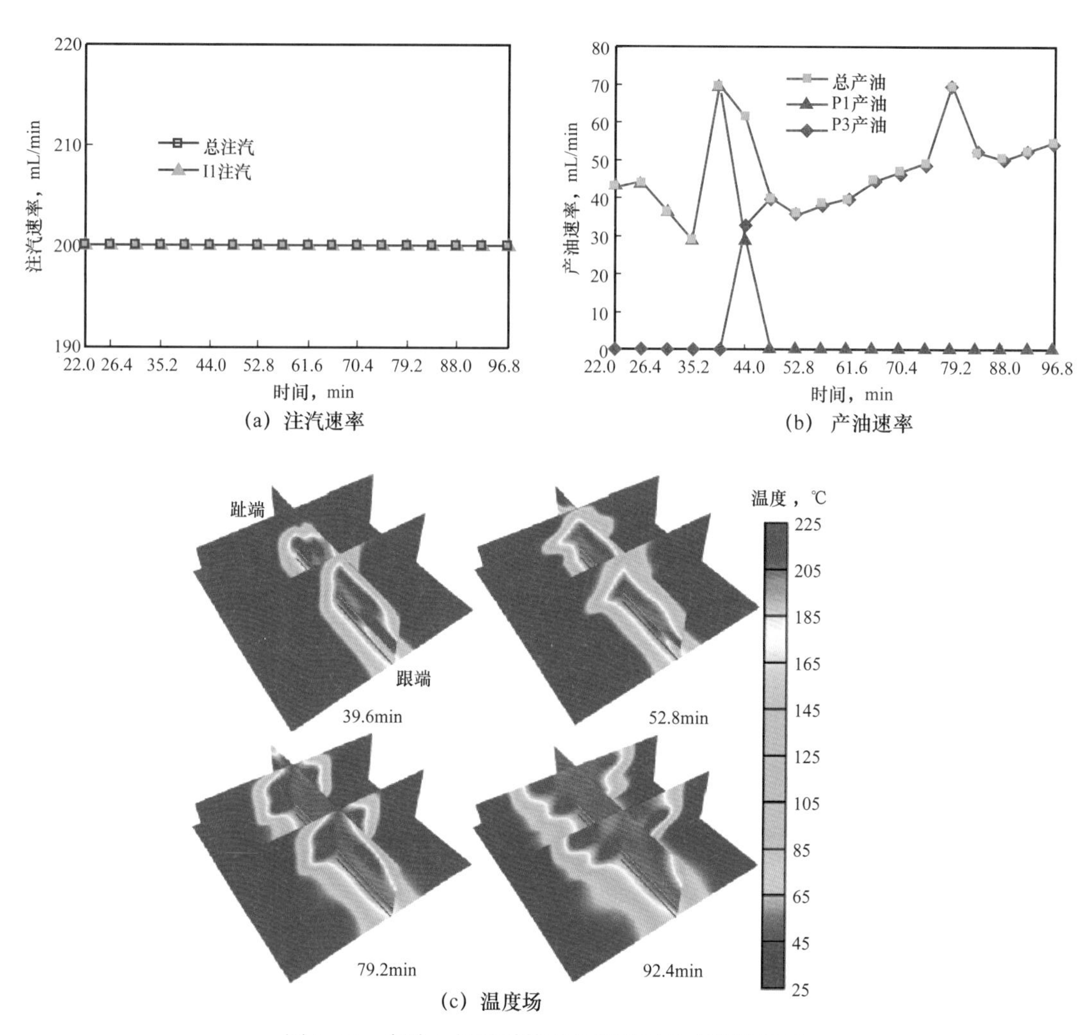

(a) 注汽速率　(b) 产油速率

(c) 温度场

图 3-18　实验 3 的注采策略和调整后的典型温度场

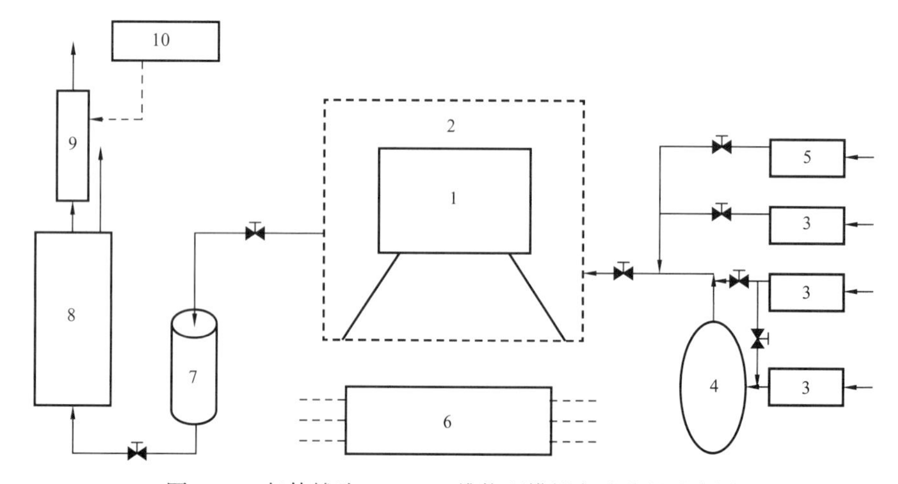

图 3-19　气体辅助 SAGD 二维物理模拟实验流程示意图

1—SAGD 二维模型；2—高压舱；3—注入泵；4—蒸汽发生器；5—气体质量控制计；6—数据采集与控制系统；7—产出样收集系统；8—产出气体分离与计量；9—气体流量计；10—色谱仪

（3）90% 蒸汽（CWE）+10% N_2；

（4）80% 蒸汽（CWE）+20% N_2；

（5）70% 蒸汽（CWE）+30% N_2。

图 3-20 和图 3-21 是 SAGD 与不同氮气注入量的蒸汽腔扩展和形态变化监测图。纯蒸汽 SAGD 蒸汽腔扩展在纵向上的速度明显大于横向，表现形式为“瘦长形”；而添加氮气后，蒸汽腔横向有明显扩展，形状变为“椭圆形”，说明添加 N_2 有效减缓蒸汽纵向超覆速度，促进蒸汽横向波及范围，其结果是不仅增加了油藏的动用储量，还能提高 SAGD 开采的泄油速度。

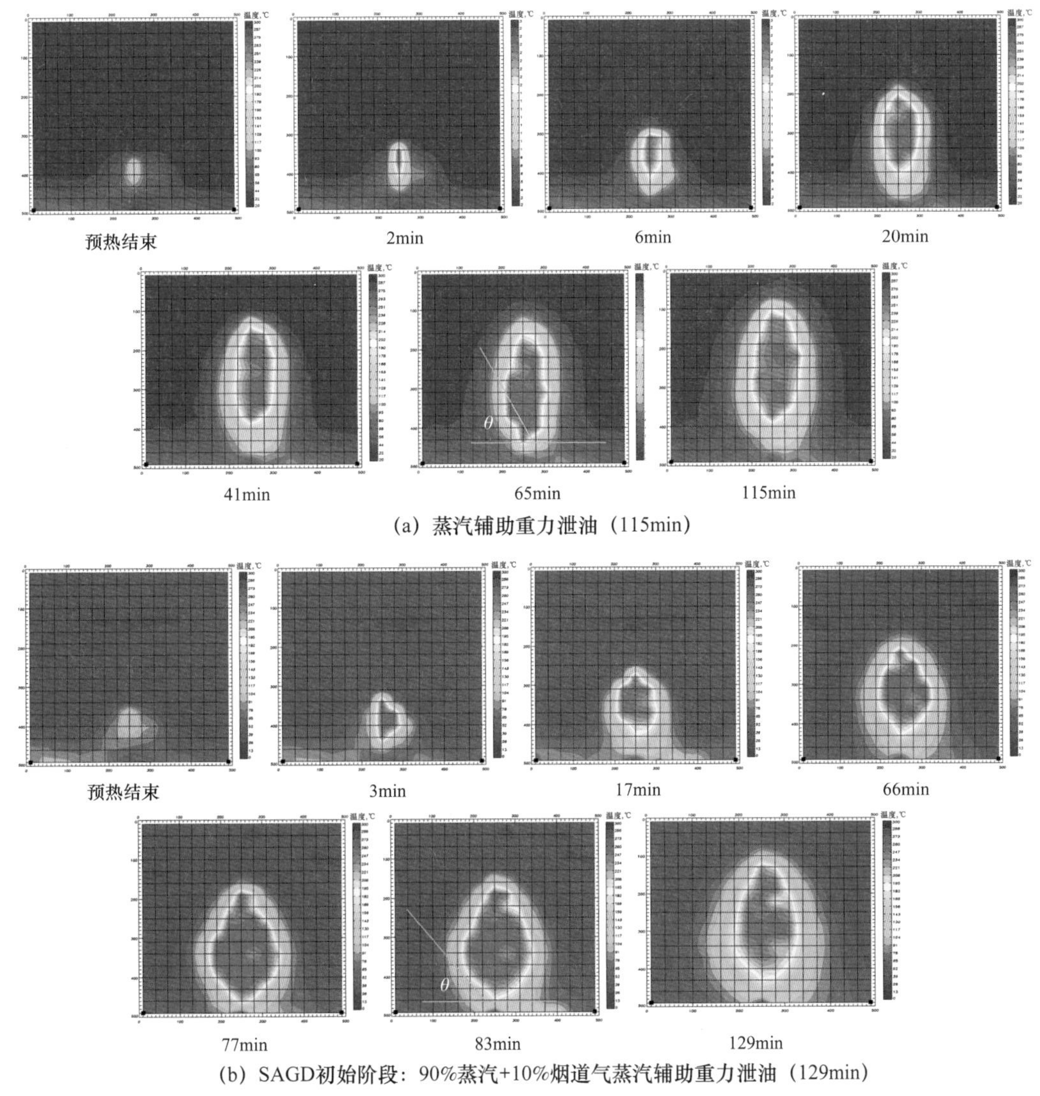

(a) 蒸汽辅助重力泄油（115min）

(b) SAGD初始阶段：90%蒸汽+10%烟道气蒸汽辅助重力泄油（129min）

图 3-20　N_2 辅助 SAGD 开采二维比例物理模拟实验蒸汽腔发育图（一）

图 3-22 是 SAGD 与 SAGD 后期当蒸汽到达油层顶部后添加 10% 的 N_2 蒸汽腔变化监测图。表明蒸汽到达油层顶部后添加 N_2，N_2 能够占据油层顶部位置，促使蒸汽横向运移，同时提高蒸汽热利用效率。

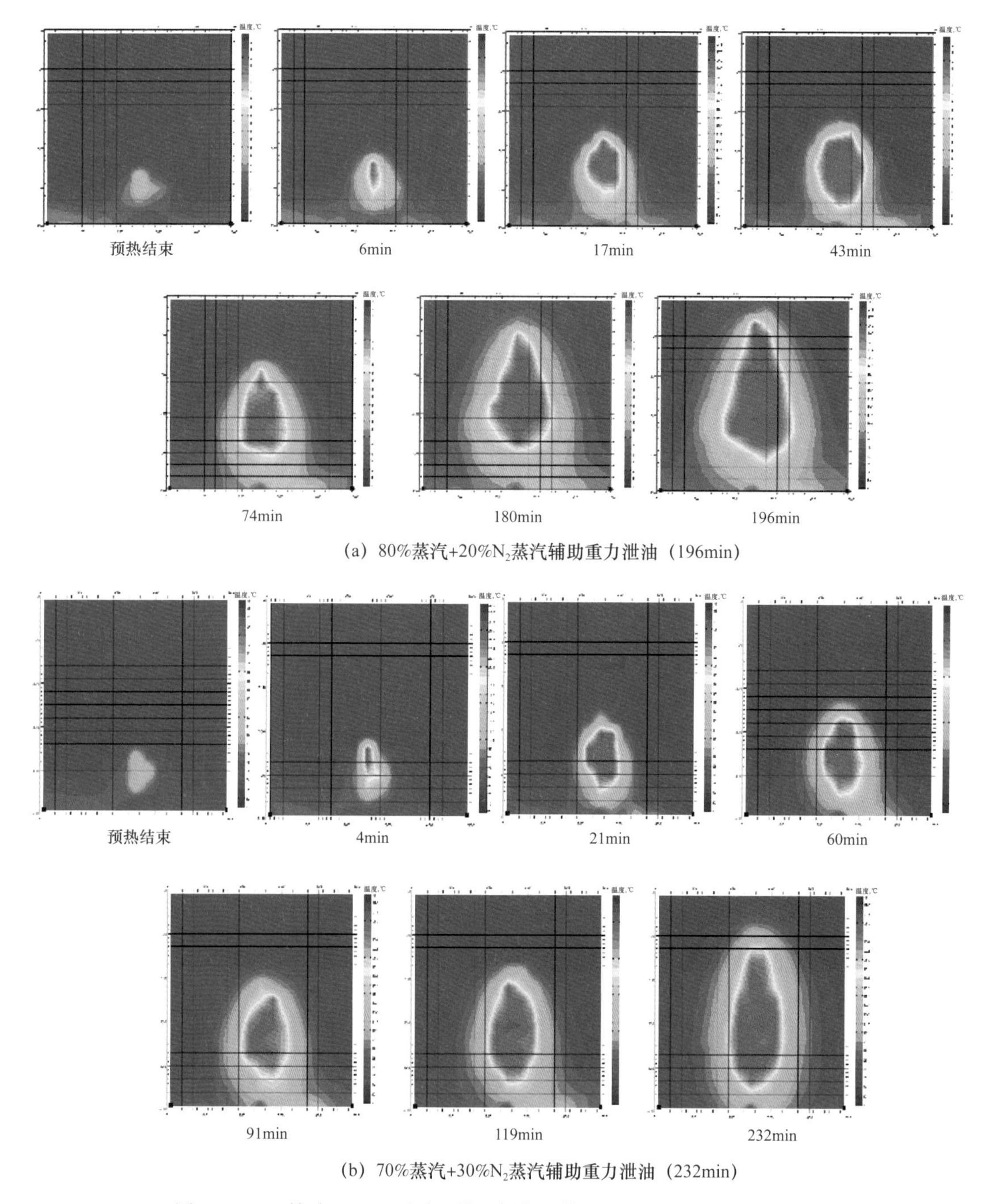

(a) 80%蒸汽+20%N_2蒸汽辅助重力泄油（196min）

(b) 70%蒸汽+30%N_2蒸汽辅助重力泄油（232min）

图 3-21　N_2 辅助 SAGD 开采二维比例物理模拟实验蒸汽腔发育图（二）

图 3-23 是添加不同氮气量的蒸汽腔变化对比图。表明添加 N_2 有一个合理的范围，不仅有效调整了蒸汽腔扩展形态和扩大波及体积，还可提高 SAGD 过程热效率及油汽比。

图 3-24 给出了不同注入氮气量 SAGD 采收率和油汽比随时间的变化曲线。随着生产时间的增加，采收率提高，油汽比下降。

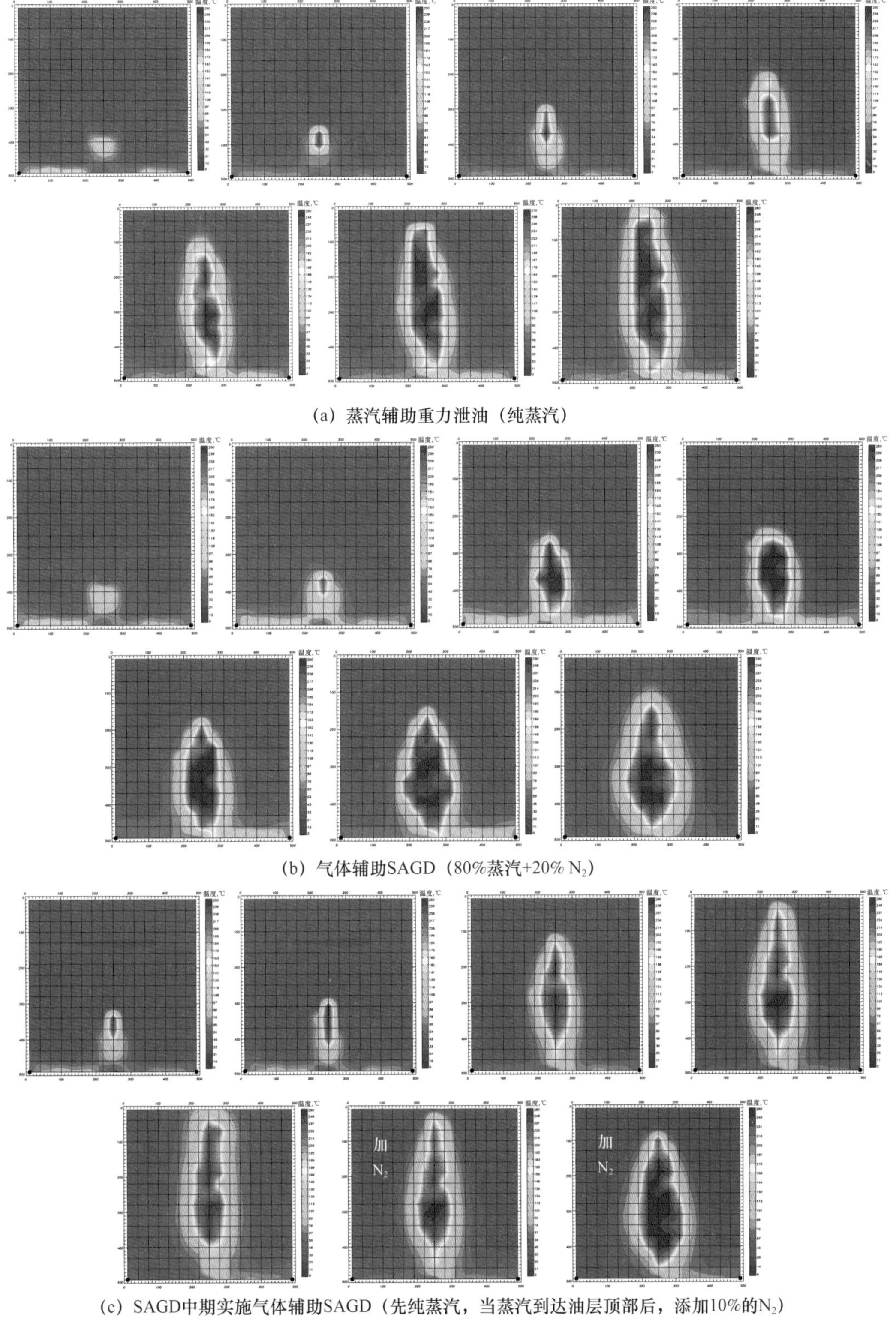

（a）蒸汽辅助重力泄油（纯蒸汽）

（b）气体辅助SAGD（80%蒸汽+20% N_2）

（c）SAGD中期实施气体辅助SAGD（先纯蒸汽，当蒸汽到达油层顶部后，添加10%的N_2）

图 3-22　N_2 辅助 SAGD 开采二维比例物理模拟实验蒸汽腔发育图（三）

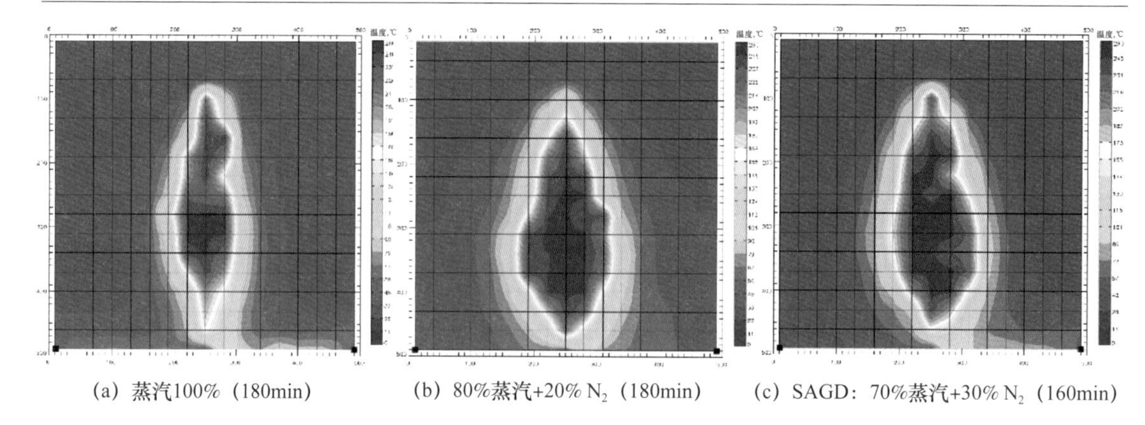
(a) 蒸汽100% (180min)　(b) 80%蒸汽+20% N_2 (180min)　(c) SAGD: 70%蒸汽+30% N_2 (160min)

图 3-23　N_2 辅助 SAGD 开采二维比例物理模拟实验蒸汽腔发育图(四)

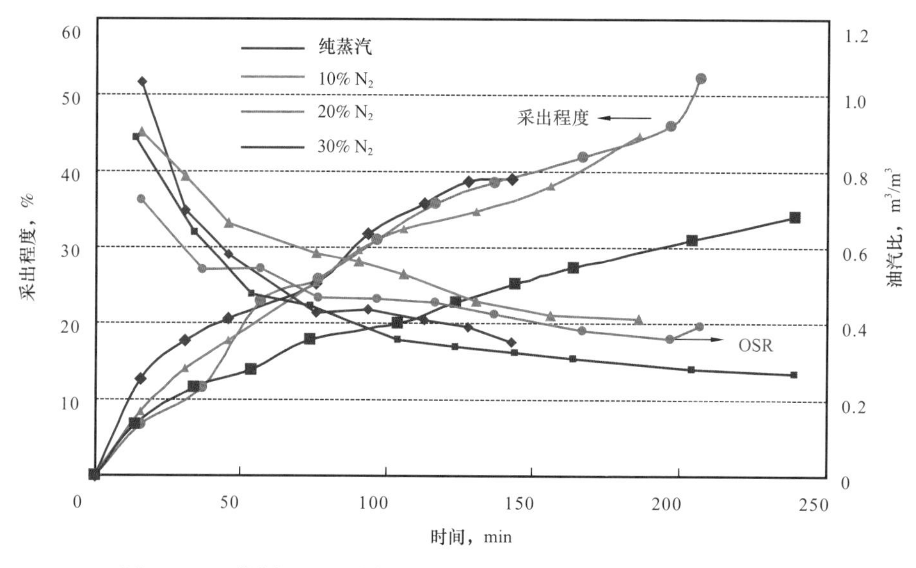

图 3-24　不同注入 N_2 量的 SAGD 采收率和油汽比随时间变化曲线

表 3-1 是实验结果汇总。随着添加 N_2 量的增加，蒸汽腔到达油层顶部的时间逐渐延长，采油量和油汽比增加，但 N_2 量超过 30% 后，采油量、油汽比、采出程度反而下降，添加 20% N_2 的采收率可以达到 52.3%，比纯蒸汽 SAGD 提高 13.4%，而比添加 30% N_2 的采收率提高 18.1%。究其原因，如果 N_2 注入过多，会占据部分蒸汽空间，使得蒸汽注入量降低，减少蒸汽腔的加热范围。因此，N_2 注入量是该项技术成功与否的重要参数，需要认真优化。最后需要说明的是，在实验中观察到的现象很重要，就是注蒸汽过程中添加 N_2 后，原油流动比纯蒸汽 SAGD 泄油连续、流畅。初步分析为 N_2 在上浮过程中，起到了疏通流动通道的作用。最后，推荐添加 N_2 的速度为蒸汽体积(CWE)的 20%。

由二维物模实验观察的现象及数据分析得出以下认识。

(1)蒸汽腔顶部压力：在 SAGP 过程中蒸汽凝结后的残余气就是非凝析气体，它可以维持蒸汽腔顶部的压力，并且有对原油向下的推动作用；而 SAGD 过程中，蒸汽腔顶部压力只有在保持饱和蒸汽温度的条件下才能保持稳定，当蒸汽腔冷却时蒸汽就会凝结成水，压力降低。

表 3-1　N_2 辅助 SAGD 二维物模实验结果

注汽 / 氮气比例	生产时间，min	采油量，g	油汽比，m^3/m^3	采出程度，%
100%蒸汽	143	1008.7	0.353	38.9
90%蒸汽 +10% N_2	186	1156.2	0.414	44.7
80%蒸汽 +20% N_2	207	1338.9	0.396	52.3
70%蒸汽 +30% N_2	239	890.3	0.269	34.2

（2）垂向驱油动力：在传统的 SAGD 中，蒸汽不仅用于加热油藏，使原油流动，还会在垂直方向上起到平衡压力，使液体向下流动的作用；在 SAGP 中气体向油藏上部运动，把压力和热量携带到上部，可以持续向下驱动原油。

（3）热量的传递方式：在 SAGD 中，潜热是由蒸汽携带到油藏顶部的，并且提供向下驱替原油的顶部压力；在 SAGP 中，是依靠非凝析气体的指进作用运移到蒸汽腔的上方提供压力的，而没有必要把蒸汽的潜热携带到油藏的顶部；并且在蒸汽凝析区之外、蒸汽腔侧面的热传导作用可以提供足够的热量，使蒸汽腔在侧向上得到较快扩展。

（4）上覆岩层的热损失：SAGD 过程中，在接近油藏顶部盖层时，蒸汽腔与盖层直接接触，会有大量的热量损失到盖层中；而 SAGP 顶部聚集了高浓度的非凝析气体，形成了气体隔层，显著减少了热量损失，延长 SAGD 生产时间，提高油汽比。

第四节　SAGD 的油藏优化设计技术

本节系统阐述双水平井 SAGD 油藏工程优化设计技术的理论与方法，重点阐述 SAGD 开发效果影响因素、技术应用界限、井网井型优化、循环预热阶段优化设计、生产阶段优化设计等内容。

一、SAGD 开发效果的影响因素

1. 地质因素

针对 SAGD 技术已开展了大量的室内模拟及现场试验研究，对于影响 SAGD 开发效果的主要因素已形成共识，即油藏埋深及温度压力系统、单油层厚度、渗透率及 K_v/K_h、原油黏度及热敏感性、物性夹层及非均质性、地层倾角、岩石润湿性等[23]。

1）地层深度及温度压力系统

太浅或者太深的油藏都不适合采用 SAGD 技术开发。油藏太浅时，可能顶部盖层封闭性不好，同时对钻采工程提出过高要求；油藏太深使得井筒蒸汽热损失加大，井底蒸汽干度降低，致使蒸汽腔的发育程度差。一般 SAGD 项目的油藏埋深都限定在 200～700m。

温度压力系统对 SAGD 开发效果有一定的影响。原始油层温度高，原油黏度低，加热油层所需的热量相对要少，SAGD 开发的油汽比就会高。

2）单油层厚度

单油层厚度是影响 SAGD 效果的关键因素。单层厚度太薄，顶部、底部盖层损失热量

就会很严重，SAGD 的油汽比低。另外，单油层太薄，井距又小，井控储量少，经济效益变差。单层厚度越大，峰值产油量和油汽比越高，开发效果越好，经济效益也越好。已在现场实施的 SAGD 项目，油层厚度一般为 20～40m，最薄的油层也为 10～15m。

3）渗透率及 K_v/K_h

渗透率是影响 SAGD 开发效果的重要因素。研究和实践结果表明，要使蒸汽腔扩展良好，K_h 应大于 200mD，最好达到达西数量级；渗透率越高，产量越高，且达到产量高峰期所需时间越短。K_h/K_v 决定了蒸汽腔的水平和垂向扩展速度，K_v/K_h 最少也要大于 0.2 才能实现重力泄油。

4）夹层及非均质性

夹层是影响 SAGD 井网部署和开发效果的重要因素。不连续分布的物性夹层对 SAGD 影响不大，蒸汽腔能够绕过夹层。对于渗透率高于 100mD 的物性夹层，高温、高干度的蒸汽最终能穿过夹层，使夹层失去封隔作用。但是对于夹层连续厚度大于 3m，尤其是夹层分布范围大于 1/2 水平井段长度时，对 SAGD 的效果会产生很大的影响。注汽井上部存在连续夹层，一定程度地延迟了对上部油层的动用，降低了 SAGD 井的上产速度和峰值产量，影响最终采收率和油汽比。

油层的非均质性变化同样对 SAGD 的开发效果有一定的影响。沿水平井段的渗透率的级差较小时，动用较均匀，生产稳定且产量高，油汽比也显著增高，生产效果很好。油层非均质性增强，生产稳定性变差，采收率也会显著降低。

5）原油黏度及其热敏感性

原油黏度不是 SAGD 成功与否的决定性因素，但原油黏度对温度的敏感程度对开发效果影响较大。当温度为 200℃时，原油黏度降低到 10mPa·s 的数量级，即小于 100mPa·s 时，SAGD 开发都可以取得较好的效果。

6）地层倾角

地层倾角对 SAGD 井网部署和生产效果均有较大影响，地层倾角大于 15° 时，如果水平井走向与地层倾向垂直，那往往过早地出现位于上倾方向的生产井被位于下倾方向的注汽井的蒸汽所超覆，发生汽窜，对 SAGD 的生产效果和采收率产生很大影响。如果对倾角大的地层，沿倾斜方向打水平井，“脚跟”在构造低部位，“脚尖”在构造高部位，则可避免这一不利因素。

7）岩石润湿性

油藏岩石润湿性研究表明：亲油性岩石的 SAGD 生产效果好，日产油量高，油汽比高，最终采收率高；亲水性岩石的生产效果差，因为亲水性岩石油水界面处的水膜较厚，影响蒸汽腔对原油加热效果，另外，水膜增厚使孔道变窄，影响了原油在重力作用下向生产井的流动。

2. 操作参数

SAGD 技术的操作参数主要分为预热启动阶段的操作参数和转入正常注采生产阶段的操作参数。

1）预热启动阶段操作参数的影响

预热阶段的操作参数主要有注汽速度、注汽压力、两井间施加的压差大小等，预热启动阶段的操作参数优化设计除了实现井间的热连通性外，最重要是为了保证水平段预热的均匀性，尽可能提高水平段的动用程度。影响预热阶段效果的参数主要有注汽速度和干度、循环压力及注采井间的压差等。

循环预热注汽速度和干度是影响预热循环效果的关键因素。热循环注汽速度较小时，预热热量不够，只有部分水平段能够得到有效加热，不利于提高水平段动用程度。热循环注汽速度过大时，蒸汽流速高，返回热量多，热利用效率低，压力损失大，容易在斜井段或直井段压力损失大的地方闪蒸，生成大量蒸汽，造成“汽堵”。根据数值模拟结果和现场应用经验，对于500m水平段的热循环速度应在80m^3/d左右，另外随着水平段长度的增加，循环预热注汽速度应该适度增加。预热过程中，注汽的干度越高，环空温度达到稳定的时间越短，井筒温度越均匀，井间油层加热越均匀，一般要求循环预热蒸汽干度大于70%。

预热循环压力和注采井间的压力差的操作和设计，也是影响SAGD预热效果的重要因素。注汽压力、注采井间的压差及施压过程的合理设计，能够加快SAGD的预热过程，减少注汽量，提高预热的均匀程度。预热阶段的注入压力要低于破裂压力。注采井间压差的设计是要在注汽井和生产井间产生一个压差，使井间的流体向生产井流动，加快井间对流换热，达到更快地加热油层的目的。根据实践经验，施加压差的时间与井对之间的距离、地层油形状及储层非均质性有关，一般选择在循环预热60天左右时施加压差，压差不应过大，以100kPa左右为宜。

2）SAGD生产阶段操作参数的影响

生产阶段的参数主要有操作压力、注汽速度、Sub-cool和注汽干度等，生产阶段的参数优化设计主要是为了保证其较高的油汽比和较高的采油速度，或者在两者之间取最佳的平衡。

蒸汽腔操作压力是SAGD生产技术的核心控制参数，操作压力低时，产油速度低、油汽比高，操作压力高时，产油速度高、油汽比低，优化出合理的操作压力，能够在产油速度和油汽比之间取得平衡，达到经济效益最大化。在一定的操作压力下，注汽速度主要取决于蒸汽腔操作压力，操作压力高，注汽速度高，反之亦然。因此对于SAGD技术来说，控制操作压力是SAGD的核心控制条件。

Sub-cool是指生产井井底流压对应的饱和蒸汽温度与流体实际温度的差值。Sub-cool大于0，表明生产井井底的实际温度低于饱和温度，蒸汽没有突破；Sub-cool小于0，表明实际生产温度大于饱和温度，蒸汽突破了。理论上认为，Sub-cool越大，生产井上方的液面越高，越有利于蒸汽突破的控制，但是泄油速度越低；反之，Sub-cool越小，生产井上方的液面越低，蒸汽腔越接近生产井，越容易造成蒸汽突破，控制难度越大，但泄油速度越高。SAGD经验表明，Sub-cool一般控制在10～15℃为宜。采注比大小和Sub-cool控制息息相关，Sub-cool越小，采注比越高，产油速度和油汽比也越高，反之亦然。

井底蒸汽干度是SAGD操作过程中的另一个关键因素。SAGD主要靠高干度蒸汽冷凝加热油藏，也就是说主要靠蒸汽的潜热加热原油，干度高，潜热高，能够用于有效加热油藏的热量高，SAGD井底蒸汽干度不应低于75%。

二、SAGD 应用技术界限

国内新疆油田双水平井 SAGD 先导性试验已经获得成功，已逐步进行大规模工业化开发，国内外储层条件、工艺技术条件和自然社会环境等与国外油田存在较大的差异，需要根据自身特点来制订 SAGD 开发油藏界限标准。综合对比国内外已实施 SAGD 项目的油藏和动态特征，考虑当前 SAGD 配套工艺的技术水平和适用条件，确定了国内超稠油 SAGD 开发的油藏筛选标准（表 3–2）。

表 3–2　SAGD 开采油藏筛选标准

油藏参数	SAGD 筛选标准
油层深度，m	150～1000
油层厚度，m	＞10
50℃温度下脱气油黏度，mPa·s	（1～15）$\times 10^4$
孔隙度，%	＞25
渗透率，mD	＞500
含油饱和度，%	＞50
$\phi \cdot S_o$	＞0.125

三、SAGD 井网井型优化

双水平井 SAGD 井网井型部署优化设计主要包括水平段长度、SAGD 水平井井距、水平生产井在油层中的垂向位置、水平井对垂向井距、水平井平面排距等。

1. 水平井段长度优化

对水平井水平段的优化设计中，主要考虑以下两个方面。

1）水平井段压降的影响

SAGD 开发过程中，均匀注汽非常重要，环控压力梯度即使很小，沿整个井筒的累计压降也比较大，会破坏泄油过程的稳定性。为了将水平段压降限制在 50kPa 的范围内，保持 SAGD 操作的稳定性，水平井水平段越长，所需井筒直径越大，相应的钻完井成本会越高。

2）不同水平井段长度对举升系统的要求

目前 SAGD 井所用的举升方式主要有管式泵、高温电潜泵和气举。气举受深度限制，一般不适合深度超过 600m 的油井；电潜泵的排量较高，但使用温度不宜超过 220℃，加拿大的一些 SAGD 井普遍在中后期应用电潜泵生产，排量为 150～1200m^3/d。

因此，油层厚度越大，重力泄油的能力越大，高峰产量也越高。在一定的操作条件和举升条件下，薄油层的水平井可以长一些，而厚油层的水平段应短一些。按当前新疆油田有杆泵的采液能力（一般不超过 500m^3/d），因此优选水平段长度时，应该和油层条件尤其是油层厚度紧密结合，还应该和当前举升技术相结合，避免出现油藏泄油潜力不能充分发挥的现象。

2. 水平井垂向位置的优化设计

在均质储层条件下，井对离油藏底部越近，越能使油藏得到充分的开发，也越能发挥重力泄油的机理，相应的油汽比越高，累计产油量越大。考虑钻井技术的影响和限制，将水平井井对布置在离油藏底部 2m 以内较好。如果油层越接近底部物性越差，或有底水影响，可适当考虑上移。

3. 上下井垂距优化设计

由于 SAGD 主要靠上下井间的液面来控制生产井的产液速度和采出流体温度，两井间允许的最大液面高度为上下井间的垂距。上下井间的垂距增加，井对中间区域温度会显著变低，循环预热时间呈指数增加，说明井对垂距的增加不利于循环预热和井间热连通，会大幅增加循环预热的成本。井间垂距太小，不利于生产井的控制，一方面蒸汽容易突破到生产井，另一方面液面又容易淹没注汽井，导致蒸汽腔发育受阻。井间垂距小于 4m 时，生产井液面接近注汽井，蒸汽腔发育不充分。综合考虑钻井技术水平、预热成本及便于控制，井间垂距在 5m 左右比较合适。

4. 井距的优化

井距是指相邻井对间的平面距离。井距增大，SAGD 稳产期变长，但是日产油量、采收率和油汽比降低，说明井距增大，重力泄油效率降低。综合考虑，推荐 SAGD 井距为油层厚度的 3～4 倍。

5. 排距的优化

排距指两排相邻井排间有效部署的水平井段端点的距离。排距增加，油汽比和采收率降低。一般情况下，排距应小于井距，为井距的 60%～80% 为宜。

四、双水平井 SAGD 循环预热注采参数优化

循环预热即双水平井注蒸汽进行循环，加热水平段周围储层，最终达到上下水平井段均匀热连通的目的。预热阶段一般步骤为：首先，在两口井中循环蒸汽，主要通过热传导向储层传递热量，该阶段要求蒸汽到达“脚尖”，保证全水平段有效热循环而均匀加热；随后，在两井之间施加合理压差 0.2～0.3MPa，一般通过降低生产井循环注汽压力实现注汽井对生产井施加压差，使井间原油往生产井流动，以对流传热方式加快井间的热连通，为转入 SAGD 生产阶段做准备。 循环预热阶段的目标是促进注汽井与生产井均匀热连通，加快井间沥青产出，建立注汽井至生产井的渗流通道，最终转入上注下采的 SAGD 生产阶段。

根据现场实践总结，双水平井 SAGD 蒸汽循环预热阶段，可分为初期的等压循环预热阶段和增压循环预热阶段[24-25]。循环预热阶段重点优化的参数包括注汽速度、环空压力、预热时间等参数。

1. 循环预热注汽速度优化

水平段长度取 500m 时，由井筒模拟结果可知：注汽速度为 50t/d 时，水平段 A 点附近无法有效加热；当注汽速度为 60t/d 时，水平段 A 点附近基本能达到有效加热。考虑到现场注汽压力、蒸汽干度及注汽量的波动，建议单井循环预热注汽速度 70～80t/d（图 3-25）。

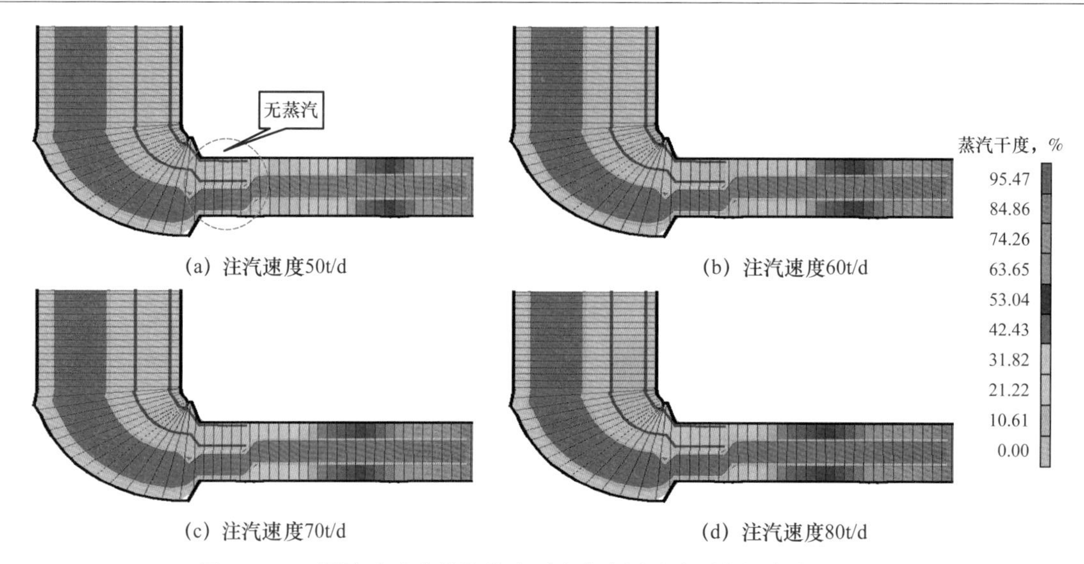

图 3-25　不同注汽速度井筒蒸汽干度分布图（水平段长度为 500m）

2. 均匀等压预热环空压力优化

以风城油田原油黏度较高的Ⅲ类油藏为例，由数值模拟结果可知，原始地层压力平均值为 4.5MPa，当环空压力保持与地层压力一致时，注汽井与生产井水平段井间温度均匀上升，但温度上升速度缓慢；当环空压力提升至 4.7MPa 时，注汽井与生产井水平段井间温度均匀上升，温度上升速度加快；当环空压力提升至 4.9～5.1MPa 时，注汽井与生产井水平段井间温度上升速度较快，但出现局部加热严重状况，容易形成“点窜”或“段通”。因此，均匀等压预热阶段的环空压力应与原始地层压力接近，以确保水平段井间油层加热相对较快且连通均匀。

增大循环注汽压力，水平井井底蒸汽饱和温度增高，有利于提高水平段井间中间区域的平均温度。随着环空压力增高，进入地层蒸汽量变大，导致水平段井间油层加热不均，尤其对于非均质性较强的油藏，将会对后期的 SAGD 操作造成影响。国外实际操作表明，预热阶段注入压力接近油藏压力或略高于油藏压力，井筒环空温度分布、水平井井间油层加热和蒸汽腔发育最稳定。为保证水平段温度上升平稳，注入压力略高于油藏压力，环空压力以不高于油藏压力 0.5MPa 为宜。

3. 均匀等压预热时间优化

等压循环时间确定原则：通过不间断的热传导逐步提高注汽井与生产井水平段井间温度，当油层温度达到 120～130℃时，原油黏度降至 500mPa·s 左右，原油具有一定的流动能力，可以转入均衡增压循环预热阶段。

在新疆风城重 45 井区进行的 SAGD 预热的模拟结果表明，水平段长度为 500m 时，等压循环预热 120 天以上，注汽井与生产井水平段井间温度达到 120～130℃，原油黏度降至 500mPa·s 左右，可以进行增压循环预热。当水平段长度进一步增加，同等注汽条件下循环预热时间加长，当水平段长度为 800m 时，等压循环预热时间延长至 150 天，水平段长度每增加 100m，时间约延长 10 天。

4. 均衡增压预热环空压力优化

均衡增压是通过提高注汽井和生产井的注汽压力同步提高井底蒸汽温度，通过控制循环产液量增加井间流体对流，加快热连通。如果增压过于明显，就会在水平段局部发生汽窜。一般均衡增压阶段的环空压力略高于地层原始压力 0.5～1.0MPa（图 3-26）。

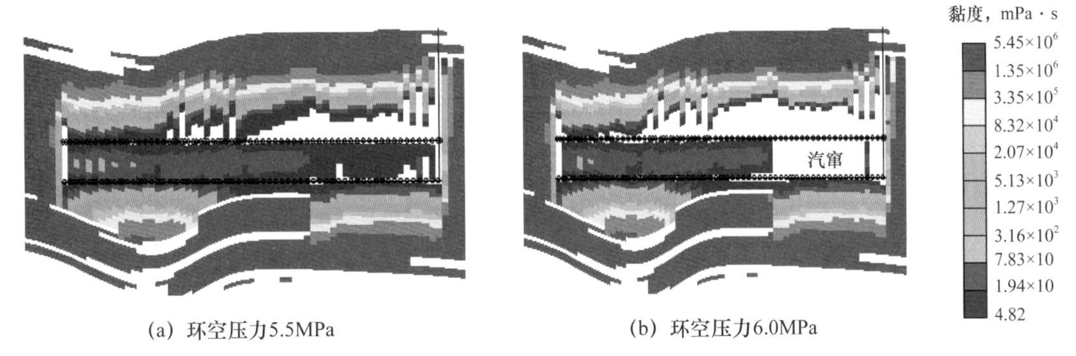

图 3-26　不同环空压力循环预热黏度场分布图（水平段长度为 500m）

五、SAGD 生产阶段注采参数优化

SAGD 生产阶段注采参数主要针对 SAGD 生产阶段操作压力、注汽速度、Sub-cool 及采注比等参数进行优化。

1. 操作压力优化

SAGD 生产操作压力调整策略为：SAGD 生产初期升压，SAGD 生产中后期降压（图 3-27）；以新疆风城油田重 45 井区 SAGD 设计为例，转 SAGD 初期操作压力控制在 4.7～5.0MPa；SAGD 上产阶段提升操作压力至 5.5～6.0MPa；当 SAGD 生产稳产阶段后，逐渐降低操作压力，将操作压力从 6.0MPa 下降至 4.5MPa；SAGD 生产末期为进一步降低操作压力，利用蒸汽凝结水闪蒸带来的潜热，将操作压力下降至 3.0MPa。

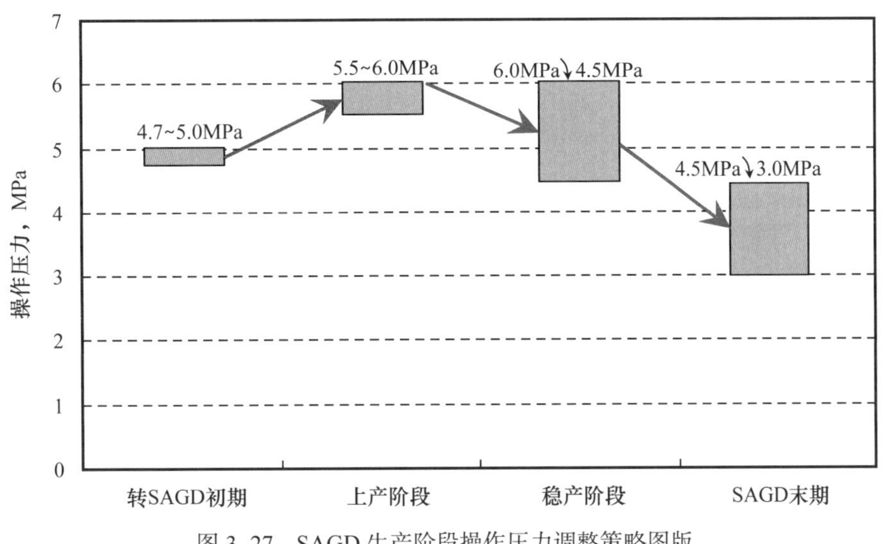

图 3-27　SAGD 生产阶段操作压力调整策略图版

2. 注汽速度优化

模拟对比了不同水平段长度对应的 SAGD 峰值注汽速度。随着水平段长度的增加，SAGD 生产阶段的注汽速度随之增加。新疆风城油田重 45 井区 SAGD 设计的水平段 500m 稳产阶段井组注汽速度为 150～170t/d，对应的产液量为 200～220t/d；当水平段延长至 600～900m 时，为保证全井段有效供汽，注汽速度相应增加，一般每延长 100m，注汽速度增加 30～50t/d，对应的产液速度增加 40～70t/d，最高单井组产液为 350～400t/d。

3. Sub-cool 优化

Sub-cool 是指生产井井底产液温度与井底压力下相应的饱和蒸汽温度的差值。为防止蒸汽突破到生产井，需要控制生产井井底温度，生产井井底温度要低于蒸汽的饱和温度。SAGD 生产过程中，一般要求 Sub-cool 稳定在一个适当的范围之内，来控制生产井的采出情况，以利于重力泄油。模拟结果表明，Sub-cool 越大，生产井上方的液面越高，越便于控制蒸汽突破，但是不利于蒸汽腔的发育（图 3-28）。从生产井的控制和蒸汽的热利用效率考虑，SAGD 稳产阶段 Sub-cool 以不超过 5～15℃为宜。

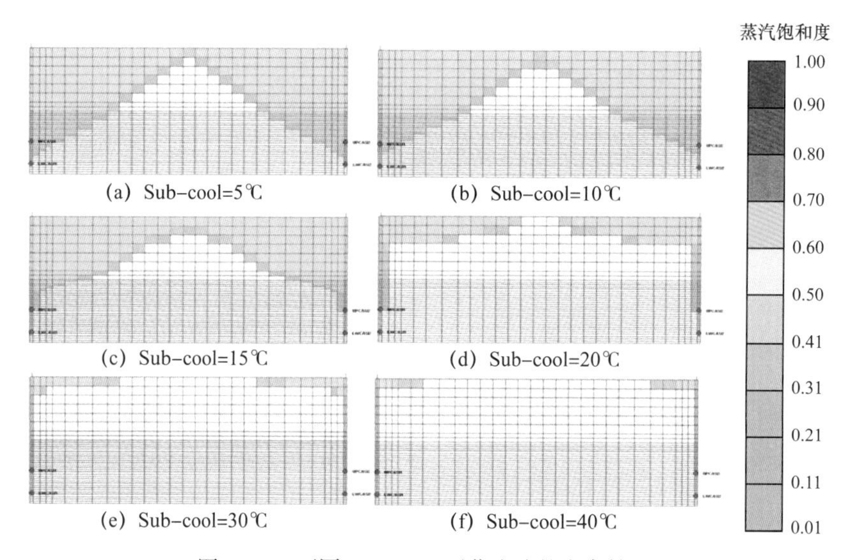

图 3-28　不同 Sub-cool 下蒸汽腔的发育情况

4. 采注比优化

在 SAGD 生产过程中，生产井排液能力对 SAGD 生产效果影响较大，生产井必须有足够的排液能力，才能实现真正的重力泄油生产。如果排液能力太低，就会导致冷凝液体及泄下的油在生产井上方的聚集，使注汽井与生产井间完全变为液相，甚至将注入井淹没，憋压，影响蒸汽腔的扩大，使得泄油速度下降，开采效果变差；如果排液能力太大，就会使汽液面进入生产井筒，一方面因蒸汽进入泵中，导致泵效降低，另一方面会因产出大量蒸汽，降低热利用率，开采效果也变差。

采注比小于 1.2 时，蒸汽腔得不到有效扩展，注汽井被大量的液体淹没，降低了热利用率，从而油汽比大幅降低；当采注比大于 1.2 时，蒸汽腔得到了较好的扩展。生产实践显示，采注比大小与生产效果直接相关，实际生产中应合理控制采注比，浅层 SAGD 设计的采注比一般要大于 1.2。

5. SAGD 生产阶段操作要点

通过以上注采参数的优化，SAGD 生产阶段主要通过控制注汽井的注汽压力和控制生产井的产液速度（采注比），平衡 Sub-cool，确保蒸汽能够顺利注入，排液相对顺畅，蒸汽腔相对均匀扩展。为达到以上目标，在转 SAGD 生产初期应遵守以下操作调控原则：

（1）转 SAGD 初期采用泵抽生产，严格控制采注比、Sub-cool 和生产压差以保持较高的液面（动液面 50m 以上）为基本原则，避免因采注比过大而造成局部汽窜，采注比小于 1.0。

（2）采用入泵 Sub-cool 监测与控制，为使转 SAGD 初期的操作稳定，保证连通井段均匀动用，初期的 Sub-cool 应严格控制在 10～15℃的范围内，SAGD 稳定生产阶段 Sub-cool 控制在 5～10℃的范围内。

（3）初期供液有限，应严格控制生产压差，降低点窜风险，使转 SAGD 生产初期操作自然过渡为正常的 SAGD 生产操作。

第五节　SAGD 开发工艺技术

SAGD 开发工艺技术作为 SAGD 技术的重要组成技术，是成功实施 SAGD 开发的基础保障，SAGD 连续注汽、连续生产、长期高温的开发特点对工艺技术提出了更高的要求。自 2000 年以来，SAGD 工艺技术重点围绕钻完井、注汽系统、采油系统、地面集输、监测等核心工艺进行国产化技术攻关，并结合国内 SAGD 开发实际进行技术升级换代，突破了国外技术封锁，部分产品已成功出口国外，整体技术进展显著，技术水平达到国际先进水平。

一、钻完井工艺技术

SAGD 钻完井整体设计原则：满足油藏工程、采油工艺方案设计要求；采用成熟工艺技术，低成本投入，以减少投资；由于水平井打在老井井间，采取低密度钻井液，实施稳定井壁措施；保证钻井安全施工，且无环境污染。

1. 井身结构设计要求

1）常规 SAGD 水平井井身设计

由于 SAGD 开发目标区域埋藏较浅（小于 1000m），地层成岩性差、松散，故表层套管采用的是 ϕ339.7mm 的套管，为了确保大斜度井段的施工安全，用表层套管封隔平原组松散易漏、易塌地层，设计表层套管下入深度为 200m。

技术套管尺寸设计采用 ϕ244.5mm 的套管，下入窗口 10～15m、井斜为 90° 的位置，以技术套管封隔造斜段，将目的层与上部地层隔开，技术套管固井时，为了防止压漏地层和满足热采要求，需采用耐高温、低密度油井水泥，水泥返至地面。

水平段采用 TP100H ϕ177.8mm 割缝筛管完井，并坐封在 ϕ244.5mm 技术套管内（图 3-29）。

2）大尺寸 SAGD 水平井井身设计

为满足高产井生产需求，在常规 SAGD 水平井基础上进行了优化设计，采用五段式轨迹设计、四开完井，技术套管采用 $13^3/_8$in，水平段筛管采用 $9^5/_8$in；对割缝缝长、缝宽进行了重新设计，采用梯形激光割缝，外缝长 0.54mm，内缝长 0.8～1.0mm，整体缝长 35mm，周缝 55 条，以满足大排量排液需求（图 3–30）。

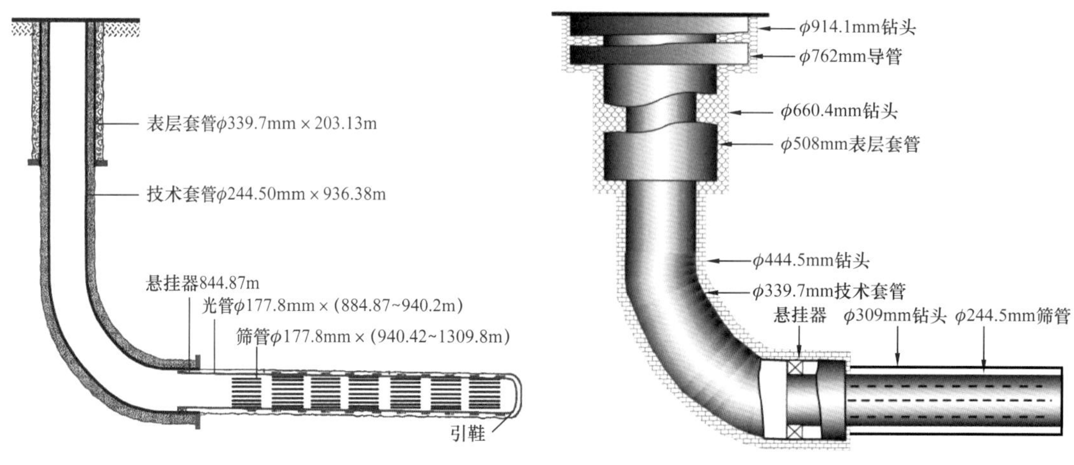

图 3–29　常规 SAGD 水平井井身结构图

图 3–30　大尺寸 SAGD 水平井井身结构图

2. 钻井轨迹控制技术

SAGD 钻井轨迹控制技术普遍采用 MWD 等随钻导向技术，技术现已基本成熟，近年来主要在钻井轨迹对 SAGD 开发影响认识上取得了部分突破，从而对钻井轨迹有了进一步的设计要求。

1）SAGD 动态调控对钻井轨迹设计要求

操作实践证明，水平段钻得越水平越有利于生产控制，重力泄油阶段，为防止蒸汽腔的蒸汽进入到生产井，在生产井的上面一定要维持一定高度的液面。但液面又不能过高，否则会影响采注比和重力泄油的有效高度。生产井上面的液面过高，意味着井下液体堆积，生产井井底的温度会大大低于蒸汽腔中蒸汽的饱和温度，井底附近原油黏度上升，影响原油向井筒内的流动，而水的流度比原油的流度高，从而造成含水率上升。重力泄油过程中水平生产井以上的液面一般应保持在 3.0～5.0m。而 3.0～5.0m 液面是以水平筛管段的最高点来确定的，因为水平段的任何位置出现汽窜（当然容易在筛管的高点处发生），液体将很难进入井筒，油井会大量产汽，泵效急剧下降。若水平段的上下起伏比较大的话，为防止汽窜，就必须在筛管段的最高点处保持 3.0～5.0m 的液面，这样将导致水平段低点处大量积液，从而影响生产效果。

所以在钻井控制时，应尽可能减少水平段轨迹的上下位移，在可能的情况下，应将水平段轨迹的上下位移控制在 1.0～2.0m 以内。对在像杜 84 块兴隆台油层这样的降压以后并已部分枯竭的疏松油层中钻井，由于钻杆的自重，在扩眼时容易引起钻头下沉，而导致实际轨迹比设计轨迹低，在钻井设计时应充分考虑到这一因素的影响。另一方面就是随钻测试仪器（MWD）一般距钻头 5.0m 左右，MWD 所指的倾斜角与钻头处的实际倾斜角有一定的滞后，这一滞后容易造成在从造斜段进入水平段的交界点偏低。建议在完钻水平段后，应对 MWD 的轨迹数据进行核实。如出现水平段实际轨迹上下波动比较大的情况，建议在轨迹较高的井段下入盲管（即不下筛管），防止蒸汽下窜。

2）SAGD 大排量举升对钻井轨迹的要求

在轨迹设计上为保证大排量举升的要求，应考虑以下三点：泵的沉没度大于 200m，目的是为了保证高温产出液入泵不闪蒸；大直径（大于 120mm）、长泵筒（大于 10m）管式泵、耐高温电潜泵等在套管内不发生弯曲、偏磨；井斜角小于 60°。

通过优化设计，采用中曲率钻井轨迹设计，造斜率一般控制在小于 8°/30m，在水平井段垂深以上 50m 处有一稳斜段，长约 20m，全角变化率控制在 3°/30m 以内，如图 3–31 所示，以保证耐高温电潜泵的顺利下入和稳定生产。对于管式泵，造斜率和全角变化率要求略宽松。

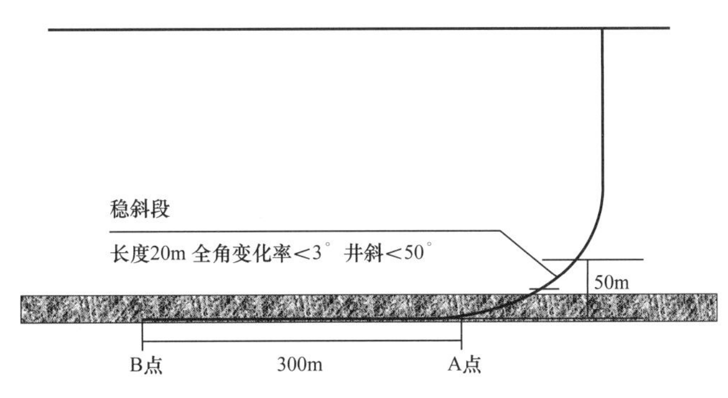

图 3-31　水平井稳斜段轨迹设计示意图

3）储层边顶底水对钻井轨迹要求

辽河油田馆陶组油层由于存在边顶底水，在钻井轨迹设计时除稳斜段设计外，同时采取 J 形轨迹，先从油层油水边界外部钻入稳定泥岩层，然后再上移进入目标油层底部入靶，如图 3–32 所示。这种设计可以避免顶水过早沿套管周围下泄，同时进一步加深下泵深度，更适合于埋藏浅油层的 SAGD 操作，在钻井过程中可避开 SAGD 区内的蒸汽波及带，同时两次穿越兴下部泥岩，可显著提高固井质量。

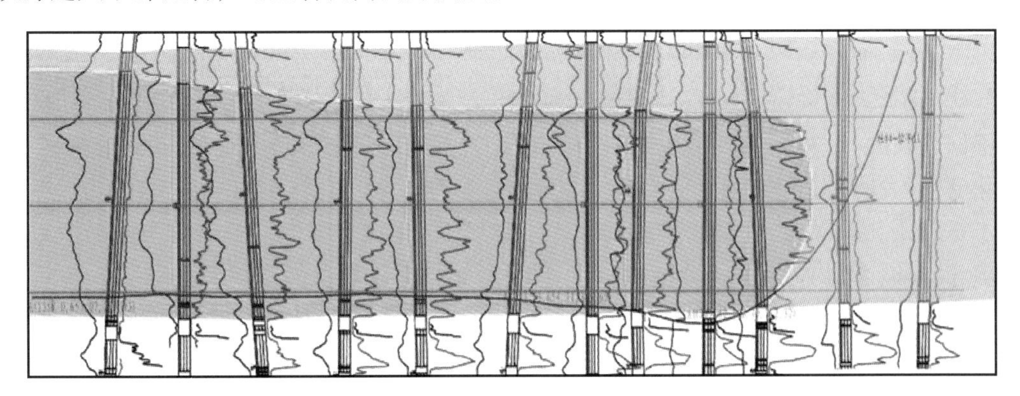

图 3–32　水平井 J 形轨迹设计示意图

3. 完井技术

国外水平段的完井以割缝筛管最为普遍，其主要原因是割缝筛管与绕丝筛管相比，其下井阻力小、成本低，并且防砂效果也能达到要求，使用寿命也较长。割缝的大小是根据油层砂粒大小的累计分布曲线和粒度中值来确定。在 SAGD 阶段由于操作压力比较稳定，容易在筛管外形成砂桥效应，所以割缝的尺寸一般以粒度中值的 1～1.5 倍进行设计，并且让 50%～85% 的砂粒直径小于所选择的割缝大小。以辽河油田馆陶油层为例，平均粒度中值为 0.42mm，因此采用 TP100H 钢级，ϕ177.8mm，壁厚 9.19mm 激光割缝筛管，缝宽为 0.3mm，误差为 ±0.05m，缝长 45mm，缝间距 30mm。外螺纹以上 0.5m 和内螺纹以下 0.3m 不割缝，并用悬挂器坐封在 ϕ244.5mm 技术套管内。部分大尺寸高产井采用水平段筛管采用 TP125H、$9^5/_8$in 筛管，以增加筛管强度；采用梯形激光割缝，外缝长 0.54mm，内缝长 0.8～1.0mm，整体缝长 35mm，周缝 55 条，增加筛管过流面积，提高日产量水平。

二、采油工艺技术

根据 SAGD 的工艺原理和油藏工程研究结果，其工艺设计的总体要求为：在直井（或水平井）连续（多井同时）注入高干度（大于 95%）蒸汽，水平井大排量（300～350t/d）采出高温（200℃）、含水（70%～90%）原油。根据工艺设计的总体要求，设计 SAGD 注采工艺技术路线是：高干度注汽锅炉产生干度为 75%～80% 的饱和蒸汽，经汽水分离器分离，干度为 95% 以上的蒸汽通过球形分配器分配计量，再经注汽井注入地层；过热蒸汽发生锅炉产生干度大于 100% 的过热蒸汽，分配计量后经注汽井注入地层。蒸汽加温地层原油，变成冷凝水与原油一起流入水平井，经大泵抽出地面。产出液换热后再经计量，最后进入中心站外输。注汽锅炉用水与汽水分离器分离出的高温水换热后，最后进入注汽锅炉，完成热量回收利用，分离水排放。油井产出液与注汽供水总管网换热，完成热量回收利用。因此，采油工程注汽系统要求蒸汽干度在注汽站出口不小于 95%、在井底不小于 70%；单水平井需注汽量 250～350t/d（根据水平井产出液量变化）。采油系统水平井单井产液量 300～500m^3/d，采注比大于 1.2；井下流体温度 200～230℃，井口产出液温度 150～180℃。

近年来，为满足 SAGD 工业化推广应用的技术需求，在蒸汽发生、蒸汽集中输送计量、注汽井口、井下高效注汽管柱、高效举升工艺、产出液密闭集输、污水精细化处理等方面取得了长足进展，全部设备实现了国产化，主要技术指标达到或超过世界同类产品指标，满足了 SAGD 工业化推广应用的技术需求。

1. 注汽工艺

根据 SAGD 工艺原理，高干度注汽是 SAGD 成功的关键。因为原油加热依靠的是蒸汽的汽化潜热，所以蒸汽中的饱和水不能与原油进行热交换，对 SAGD 生产毫无帮助，反而增加了举升系统的无效工作量，且要避免饱和水占据地层孔隙体积以确保蒸汽腔扩展，因此要求注入蒸汽干度越高越好。根据不同的油藏埋深要求，注汽系统注汽站出口蒸汽干度要求不小于 95%，井底蒸汽干度不小于 70%。

1）高干度注汽工艺

根据 SAGD 开发对于蒸汽干度的技术要求，自主创新研制了球形汽水分离器（产生高干度蒸汽）、过热蒸汽发生锅炉、高效注汽隔热管柱等。

（1）球形汽水分离器。

球形汽水分离器是综合利用离心分离、重力分离及膜式分离作用来实现汽水分离，其工作压力 3～10MPa，流量小于 20t/h，出口干度 99%，球体直径 900mm，壁厚 60mm，额定工作温度 360℃。经分离后蒸汽干度达到了 95% 以上，能够满足 SAGD 操作要求（图 3-33）。

（2）过热蒸汽发生锅炉。

针对蒸汽吞吐存在蒸汽携带热量低、热量损失相对较大等缺点，采用过热注汽锅炉，把过热蒸汽注入油井，使热损失相对减少，从而更有效地加热原油，提高稠油采收率。风城油田重32井区自2008年引进全国首台过热注汽锅炉以后，已经先后有93台过热注汽锅炉投入现场。经近年来的调试运行及适应性研究、改进，使过热注汽锅炉更加能够满足风城油田稠油开采的需要。

图 3-33　球形汽水分离器实物图

该锅炉是卧式直流水管锅炉，它的辐射段、对流段、过热段均为单路直管水平往复式排列结构。设计为液体燃料火室燃烧锅炉，炉膛烟气压力为微正压。系统中给水经过柱塞泵增压后，利用燃料的热能，把一定量的软化水加热成为一定压力、温度的湿饱和蒸汽后，经过汽水分离后的高度干蒸汽在过热段加热为过热蒸汽，过热度可以超过80℃，后期可以根据需要再与分离出的水充分混合得到低过热度的蒸汽。其流程图如图3–34所示。

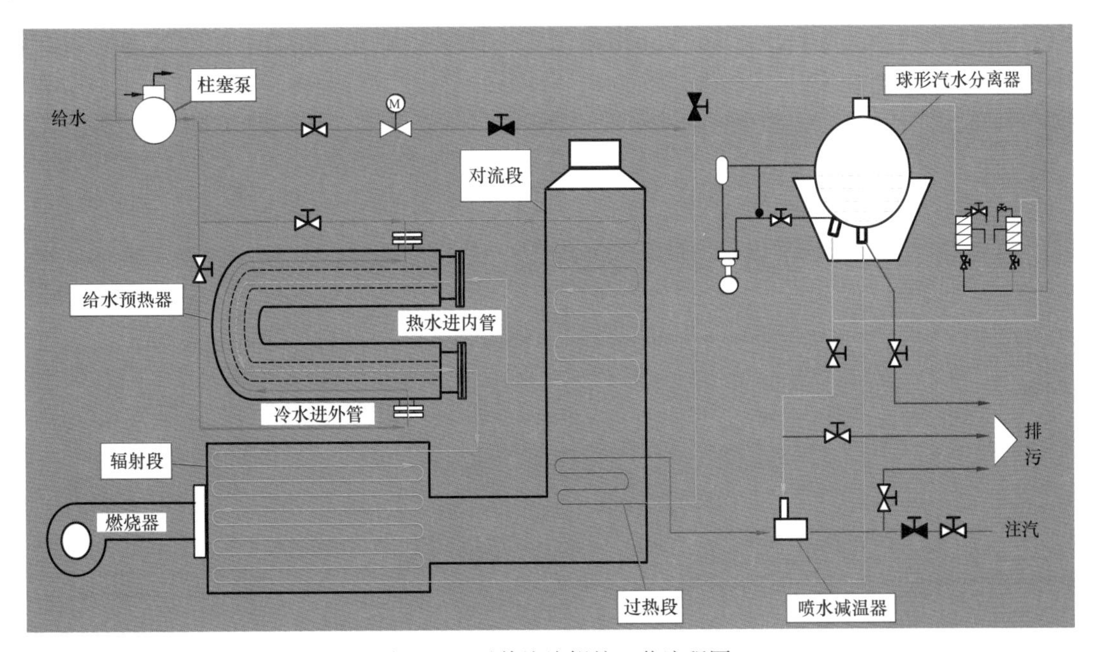

图 3–34　过热注汽锅炉工艺流程图

（3）井下高效注汽管柱组合。

SAGD注汽水平井生产阶段井身结构和循环预热阶段一致。长管：$3^1/_2$in内接箍油管（下至悬挂器前约5m）+$2^7/_8$in内接箍油管（至B点约10m）；短管：$3^1/_2$in内接箍油管（下至悬挂器前约5m）+$2^3/_8$in内接箍油管（下入至A点后100m）。在SAGD生产阶段，单点泵抽生产时更易于控制。按短管进水平段100m考虑，在同一注汽压力下，两管注汽量基本相同，井筒内的压力降更均衡，有利于SAGD生产阶段注汽调控（图3–35）。

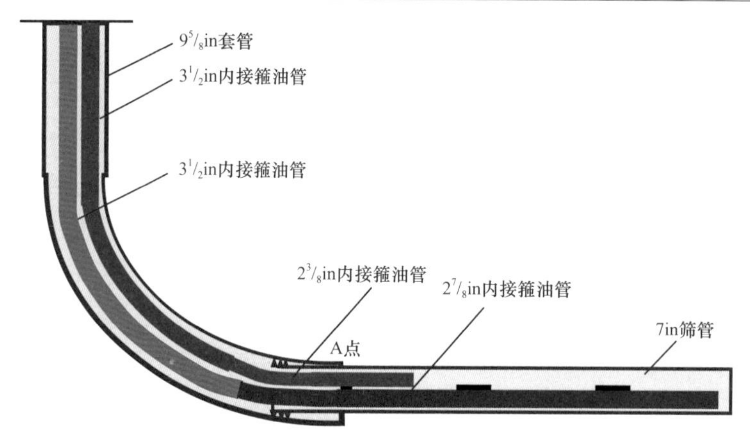

图 3-35　SAGD 注汽水平井井下管柱结构

SAGD 注汽井需要长期连续注汽，同时还需要监测井底蒸汽参数，井口阀门多次开闭后可能会出现关闭不严现象，为解决此问题，设计水平井注汽井口采用 KSR-21/370 型双管井口，即在直井注汽井口结构的基础上设计增加一个大四通，满足悬挂双管的要求。双悬挂注汽井口装置在现场注汽压力 5～11MPa、温度 300～320℃运行条件下，密封性良好，未发生井口刺漏的情况，既保证了 SAGD 注汽安全，又满足了双管悬挂需求。

辽河油田中深层超稠油 SAGD 注汽水平井设计一般采用同心双管注汽，即“ϕ114.3mm 保温外管（内径 76mm）+ϕ48.3mm 无接箍内管 + 环空注氮气”隔热。通过配套地面流量分配智能调控系统，并根据动态监测结果，对内管、外管注汽速度进行调整，减缓水平注汽井水平段动用程度不均匀的问题。水平注汽井注汽工艺通过地面流量分配智能调控系统，依据测试结果，对不同管柱组合注汽速度进行调整，实现水平段均匀注汽。通过对比 12 口水平井常规注汽和双管注汽井温测试资料，结果显示，水平井段动用程度由原来的 42.3% 提高到 61.6%，水平井段动用程度得到明显提高。

2）循环预热工艺技术

为实现双水平井组合 SAGD 井组的高效预热启动，在国外循环预热的基础上，针对辽河油田中深层超稠油无法实现自循环的技术难题，攻关中深层油藏双水平井等温差强制蒸汽循环预热技术。

循环预热管柱组合国外应用较早，新疆油田浅层超稠油 SAGD 开发循环预热方式与国外基本一致，采用自循环方式实现冷却液举升，此处不做重点介绍。辽河油田超稠油由于埋藏较深，无法实现循环预热自循环，因此采用机械举升的方式实现产出液举升，这里重点介绍辽河油田强制循环预热井下注汽管柱组合。

辽河油田 SAGD 水平井循环预热需要在井筒内下入注汽管柱、采油管柱、监测系统，因此首先根据采油工艺设计规范，机械举升油管选择 2.875in 油管，外径 73mm，其接箍外径 89mm，内径 62mm。循环预热注汽管柱分为两种，一种为不下入井下测试系统，另外一种为下入井下测试系统（图 3-36 和图 3-37）。

2. 举升工艺技术

辽河油田与新疆油田由于油藏埋深不同，对于举升工艺技术要求也截然不同，因此，举升工艺技术分辽河油田中深层超稠油 SAGD 举升工艺技术和新疆油田浅层 SAGD 举升工艺技术两部分进行介绍。

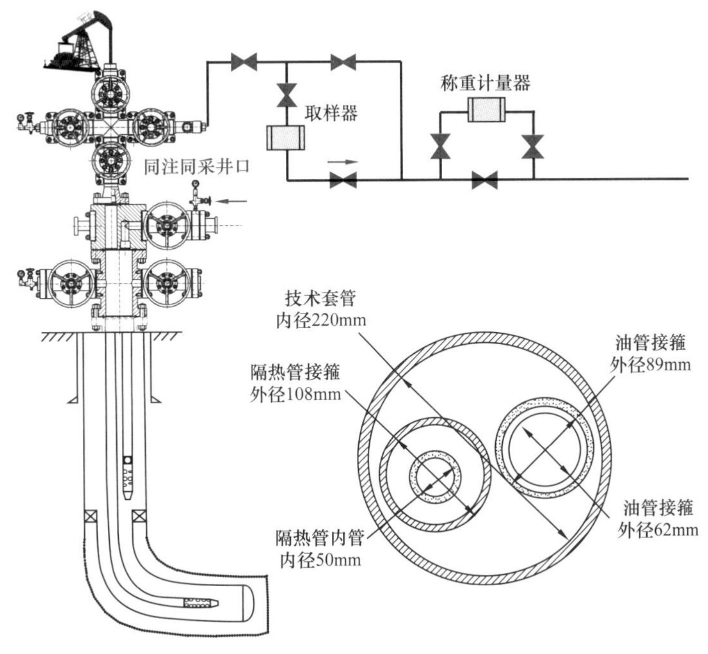

图 3-36　中深层油藏双水平井等温差强制蒸汽循环预热不下监测系统井下管柱图

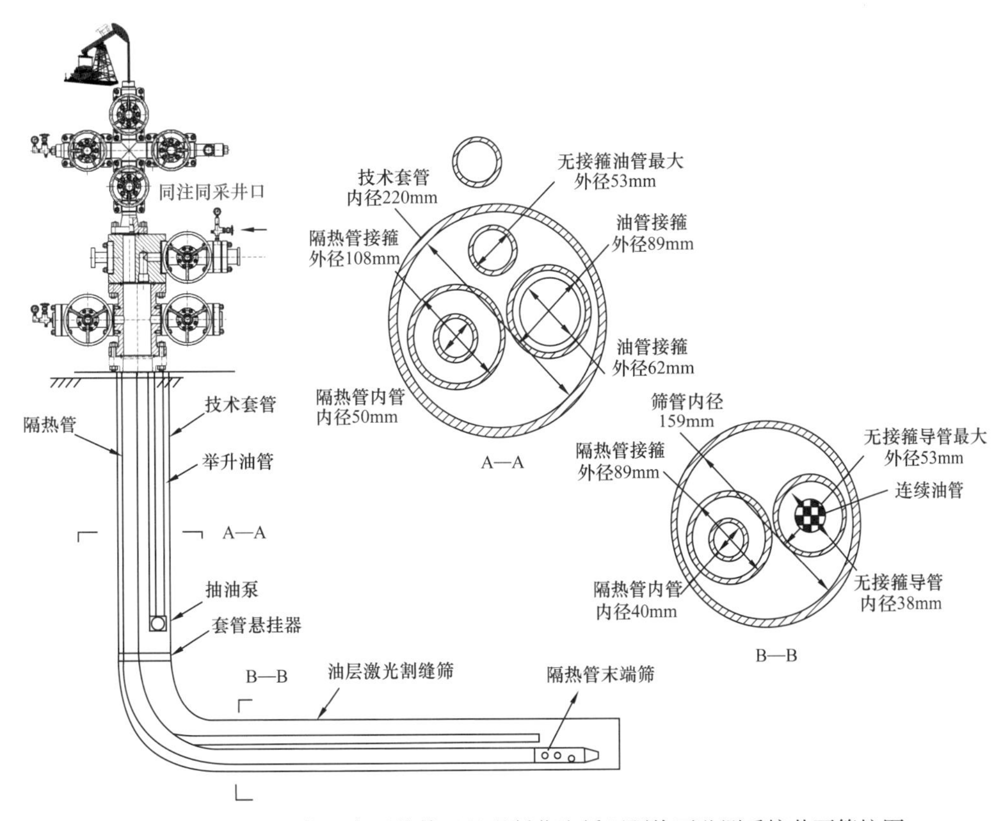

图 3-37　中深层油藏双水平井等温差强制蒸汽循环预热下监测系统井下管柱图

1）辽河油田中深层超稠油 SAGD 举升工艺技术

举升系统要满足 SAGD 阶段高温、高排液量需求。由于 SAGD 阶段注入蒸汽量的

90%以上都会被回采出来，只有少部分的蒸汽在地层中用于蒸汽腔的扩展和填补油层的亏空体积。因此要求采注比必须大于1.20，以保持蒸汽腔压力不上升和蒸汽腔的不断扩展。根据单水平井组注汽速度要达到250～350t/d的设计要求，单水平井排液能力需要达到300～400t/d。另外，由于是依靠重力泄油，所以水平生产井的生产压差小，约为水平井上部可流动液体的液柱高度，一般保持在5～15m，压差过大易造成汽窜。预测蒸汽腔压力2～3MPa、温度210～230℃，按上述生产压差推算生产井井底温度为200～220℃，井口产出液温度为150～180℃。这就要求井下抽油泵需适应200～220℃的工作温度要求，采油井口需适应150～180℃的工作温度要求。

（1）有杆泵举升工艺技术。

SAGD有杆泵举升系统基本满足了排液量250～400t/d、最高耐温250℃的油藏指标要求。塔式抽油机最大载荷22tf，最大冲程8m；抽油泵最大泵径ϕ160mm，系统最大理论排量可达693t/d，最高耐温260℃，平均泵效达65%，平均检泵周期为374天，最长达1695天，最高产液量524t/d，满足了油藏对举升系统的要求。

① 大型长冲程抽油机。

图3-38 塔架式长冲程抽油机外观图

实现参数优选结果的首要条件是大型长冲程抽油机，根据抽油杆校核的计算结果，采用ϕ120mm泵时，抽油机悬点载荷最大达到149.9kN，考虑到使用的安全性和今后的扩展性（使用ϕ140mm泵悬点载荷最大将达到178.9kN），抽油机最大载荷选择为22tf。通过国内抽油机技术状况的广泛调研，确定将塔架式长冲程抽油机作为研究目标，并在吞吐井上进行16型机现场试验，通过近两年的现场试验和不断改进，最终开发出用于SAGD生产的22型塔架式长冲程抽油机，其型号为CCJ22–8–48HF，其悬点最大载荷为22tf，冲程8m，最大冲次4.2min^{-1}，减速箱输出扭矩为48kN·m，电动机配备功率为110kW，并配备变频调速器，实现无级调速（图3–38）。

这种结构的抽油机具有以下特点：有利于实现长冲程。减速器的实际输出扭矩几乎与冲程长短无关，增加冲程对结构设计改变不大，对机器重量增加也不大；承载能力强。运行平稳，节能效果显著。该型抽油机是集团公司1999年重点推广应用的节能型抽油机之一。从现场使用情况来看，整机运行平稳可靠，未出现重大机械故障。

② 耐高温大直径抽油泵。

针对SAGD不同开采阶段与不同见效程度的举升需求，通过大泵的引进、消化吸收、创新完善，从泵筒处理工艺、柱塞及脱接器结构等方面优化研究，历经五代技术升级，形成了具有自主知识产权的高温大排量有杆泵举升技术，泵径增加到ϕ140mm，平均泵效65%（国际产品平均泵效为62.5%），平均检泵周期374天（国际产品376天），脱接器成功率

98%（国际产品脱接器成功率平均值为 62%），最长检泵周期 1695 天，最高理论排量 693t/d，各项技术指标均达到和超过国际同类产品水平，实现国产化应用填补了国内空白，节约成本 90%（以 ϕ120mm 泵为例，国际产品价格为 30 万元 / 台，国内产品价格为 3 万元 / 台），为 SAGD 开发提供了有力的技术支持。

通过近几年举升技术持续研究与试验，一方面通过高温大排量有杆泵举升技术完善，从泵筒加工工艺、柱塞结构优化设计、游动阀组与固定阀组材质改进、配套脱接技术完善、大泵举升优化设计等方面开展研究，以满足Ⅰ类油藏 SAGD 产液量日益增长的生产需求，同时解决Ⅱ类油藏 SAGD 举升难题（图 3-39）。

图 3-39　大直径管式抽油泵实物图

（2）电潜泵举升工艺技术。

辽河油田 SAGD 耐高温电潜泵根据辽河油田 SAGD 井的工况，确定了电潜泵主要技术参数：扬程 800m，耐温 250℃，井下压力 2～3MPa，排量 250m^3/d。根据环境条件和收集掌握的现有资料，研发重点为高温潜油电机和高温保护器（图 3-40）。

图 3-40　高温电潜泵室内试验实物图

根据电潜泵主要工作参数选择试验井，包括电潜泵排量、电机耐温性、扬程、下泵位置、腐蚀性等，根据这些参数要求，选择杜 84- 馆平 K58-1 为试验油井。

2015 年 7 月 15 日，在杜 84- 馆平 K58-1 井进行了电潜泵现场试验，泵深 672m，机组一次性启动成功，设备运行状态良好，井下工况参数平稳，各项性能指标均达到了方案设计要求。至次年 4 月 15 日，累计运行 271 天，累计产液量 6.1×10^4t，累计产油量 0.83×10^4t，平均日产油量为 30t，较采用有杆泵举升日产油量提高 6t。电潜泵泵效始终稳定在 50% 以上，平均泵效为 63%，达到了预期考核指标（图 3-41）。

2）新疆油田浅层超稠油 SAGD 举升工艺技术

（1）SAGD 生产井可带压作业井口。

为实现生产井的带压作业，生产水平井试验采用 SAGD 平行双管井口 KRS14-337-79×52-P，与 ϕ339.7mm 套管配套，悬挂平行双管，井口耐压 14MPa，耐温 337℃，可实现主管、副管分别带压作业。由于该井口油管挂主管通径为79mm，同时为配合带压作业，要求配套ϕ95mm、ϕ120mm抽油泵全部采用脱接工艺，配备脱接器。为实现连续油管带压提下，要求井口配备连续油管带压提下配套装置（图3–42）。

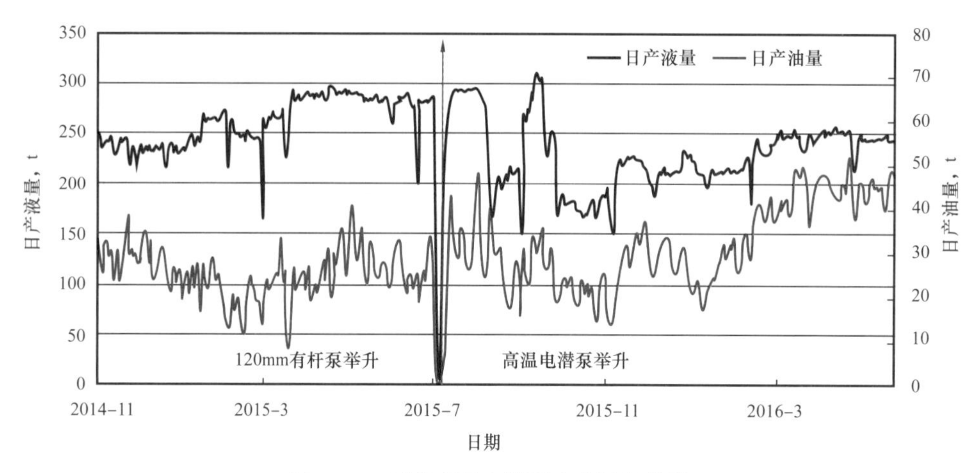

图3–41 国产高温电潜泵生产运行曲线

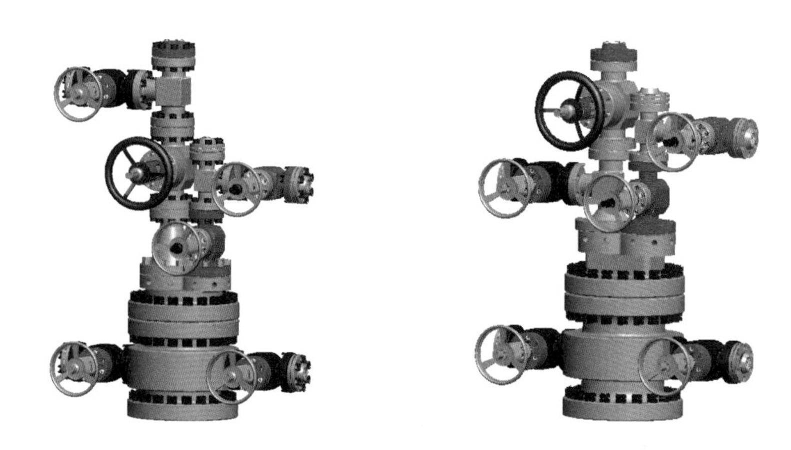

图3–42 SAGD可带压作业井口示意图

（2）SAGD生产井井下举升管柱。

新疆油田SAGD水平生产井转SAGD生产阶段进行修井作业，下入有杆泵举升管柱，进行有杆泵举升。

一般SAGD生产井采用常规有杆泵抽油管柱结构，适用于水平段加热均匀或动用程度长的井，在转入SAGD生产阶段即可下入。管柱结构为：生产管柱为$4^1/_2$in油管，连接抽油泵下至稳斜段，泵下接打孔管与丝堵。测试副管采用$2^3/_8$in内接箍油管，下至水平段后端，距水平段末端约10m。采用这种方案，管柱结构简单，但由于水平井进液点位于水平段前端，长时间生产有可能造成前端连通性更好或汽窜，后端动用程度逐渐变差（图3–43）。

根据水平段测温数据分析水平段热连通状况，为改善SAGD生产水平井段动用程度不均，提高水平井段利用率，减缓井间汽窜对SAGD井组生产影响，研制了水平段控液管柱，包括两种结构。

① 水平段下入衬管有杆泵抽油管柱结构：在水平段筛管内下入衬管，适用于水平段前端汽窜的生产水平井。在 SAGD 井生产一段时间后、出砂量少时下入。衬管长度根据水平段连通状况设定，迫使水平段两端的流体向衬管尾端处流动，调整生产井产液剖面，提高水平段后端动用程度，从而提高井组产量。根据国外 SAGD 资料调研及与国外 SAGD 专家交流，国外在长水平段加入衬管结构已经越来越普遍，加入衬管后可避免泵抽时 A 点汽窜，同时增加井下 Sub-cool，产出液沿衬管与筛管环形空间绕流至衬管管鞋的过程，还可以加热井间水平段，使井筒热量分布均匀化（图 3-44）。

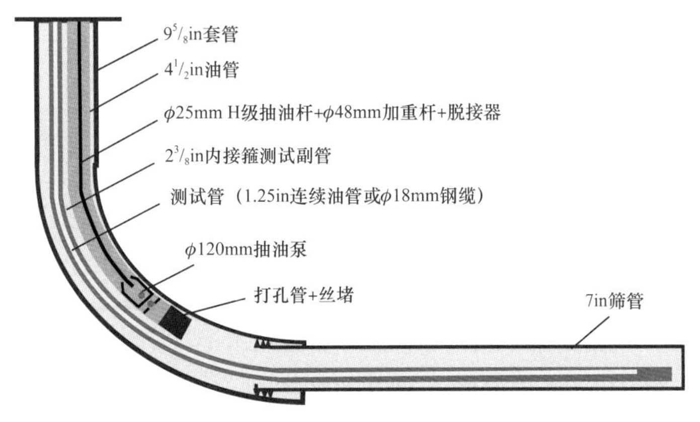

图 3-43　SAGD 生产水平井举升管柱结构示意图（一）

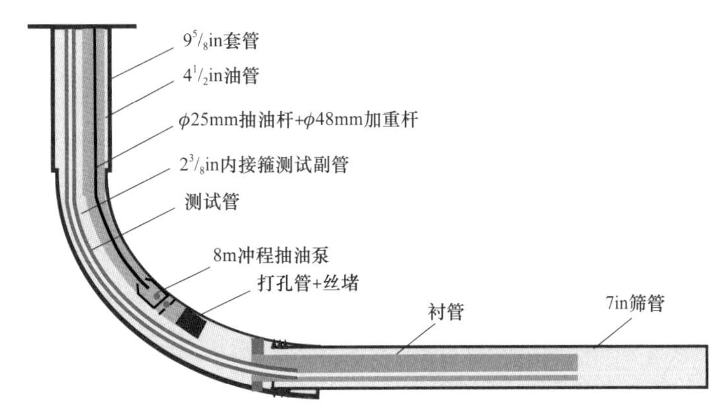

图 3-44　SAGD 生产水平井举升管柱结构示意图（二）

② 泵下接尾管入水平段有杆泵抽油管柱结构：在泵下端接尾管下入水平段，适用于水平段前端连通段短、前端汽窜或者筛管悬挂器密封失效的生产水平井。在 SAGD 井生产一段时间后、出砂量少时下入。管柱结构：举升管柱采用双管结构，生产主管为 $4^1/_2$in 油管 + 抽油泵 + 安全丢手接头 + 尾管 + 尾管导向头，下入水平段 A 点后 100m；测试副管采用 $2^3/_8$in 内接箍油管，预置温压监测系统至距水平段末端约 10m。根据前期 SAGD 泵下接尾管试验，泵下尾管可采用 $2^3/_8$in 内接箍油管，但为了流动更通畅，避免尾管内沉砂降低产量，泵下尾管采用 $2^7/_8$in 内接箍油管更为适宜。采用此种管柱结构，管柱结构相对简单，管柱下入可靠，但尾管进入水平段长度有限，对改善水平段动用程度所起效果可能不佳，而且在泵后直接加尾管，流体在尾管内易产生压降，降低入泵处流体的 Sub-cool，易发生闪蒸，影响泵效。尾管在水平段易出现砂埋情况，因此要求在尾管与泵的连接处下入安全丢手接头，在尾管砂埋不能提出的情况下，从安全丢手接头处脱开，使生产油管及泵能够提出。由于注汽水平井短

管下至 A 点后 100m，因此采用该种管柱结构时，应注意设计生产水平井尾管下入深度及调整注汽水平井注汽点，避免注汽位置与进液位置过近，造成窜通（图 3-45）。

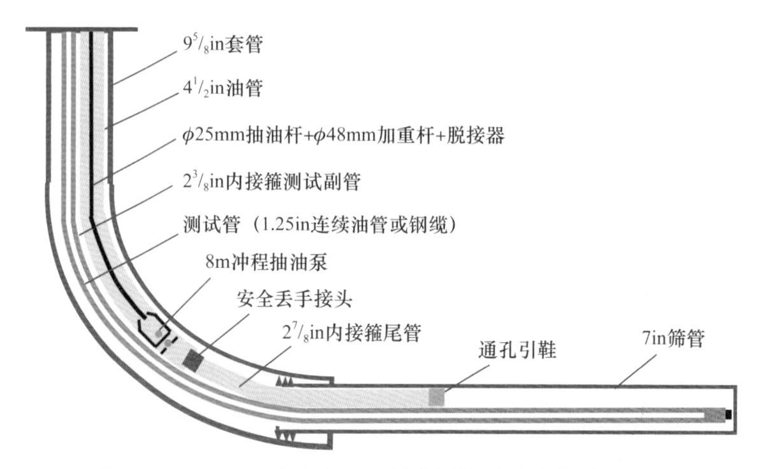

图 3-45　SAGD 生产水平井举升管柱结构示意图（三）

针对使用不压井作业泵的 SAGD 井，同样可采用水平段下入衬管结构，提高水平段动用程度。方案二是水平段加入衬管的，适用于水平段前端连通性好或前端汽窜的生产水平井，在 SAGD 井生产一段时间、出砂量少时下入。管柱结构：生产管柱为 $4^1/_2$in 油管，连接抽油泵下至稳斜段，泵下接打孔管与丝堵。在水平段下入衬管，使液流绕流至水平段后端由衬管中采出。方案三是泵下接尾管入水平段的，适用于水平段前端连通性好或前端汽窜的生产水平井。在 SAGD 井生产一段时间后、出砂量少时下入（图 3-46）。

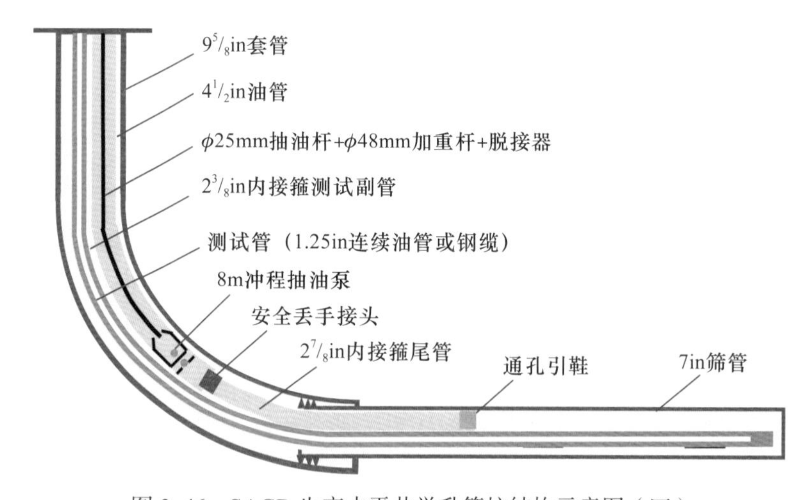

图 3-46　SAGD 生产水平井举升管柱结构示意图（四）

（3）特殊有杆泵抽油工艺。

① SAGD 注采两用泵。

为解决风城 SAGD 修井转抽作业存在的修前排液降压时间长、压井作业操作复杂、转抽作业费用高等问题，风城 SAGD 生产水平井进行了注采两用泵试验，循环预热前生产水平井下入注采两用泵，带泵循环，循环预热结束直接起抽。管柱结构如图 3-47 所示。

其工作原理为：循环预热阶段，柱塞坐至泵底，露出连通孔，由长管注汽，连通孔返液，保证循环预热通道；转 SAGD 生产阶段，调整至合适防冲距，直接启抽，实现机抽生产。

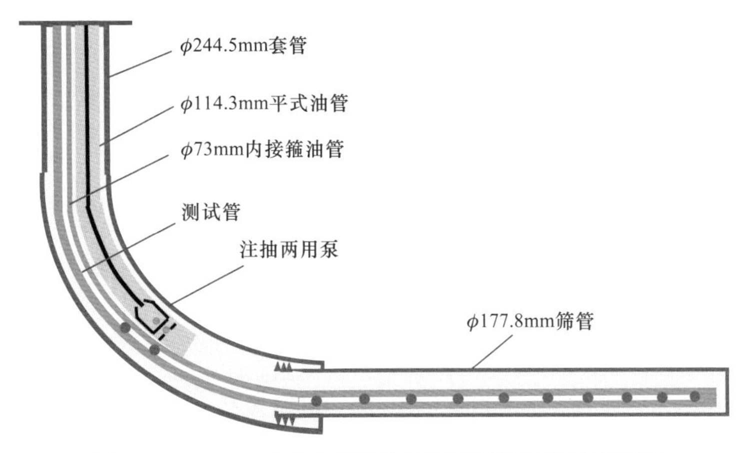

图 3–47　SAGD 生产水平井注抽两用泵管柱结构示意图

采用 SAGD 注采两用泵之后，转抽作业将不受冬季气温、井场作业空间等因素的影响，使 SAGD 井在满足转抽条件后能及时转抽。

② SAGD 不压井作业泵。

为解决 SAGD 生产井常规检泵作业（排液压井）中存在的排液降压时间长、产量影响大、储层伤害等问题，风城 SAGD 区成功开展了带压检泵技术试验，利用已研发的可带压作业采油井口配套不压井作业泵以及地面配套高温带压修井设备实现了 ϕ70mm 杆式泵、ϕ95mm 管式泵和 ϕ120mm 管式泵的高温带压检泵作业，最高试验温度为 203℃，最高试验带压压力为 2.7MPa。

其工作原理为：利用抽油泵与泵下封堵器相结合的方法，以脱接器为连接纽带，通过上提抽油杆柱关闭封堵器封隔井下压力，下泵时通过脱接器对接，推动封堵器下移实现解封，打开油流通道再次生产，从而实现 SAGD 带压检泵。这样既可在转生产阶段直接启抽，又可实现带压检泵，减少生产井常规检泵作业带来的影响。管柱结构如图 3–48 所示。

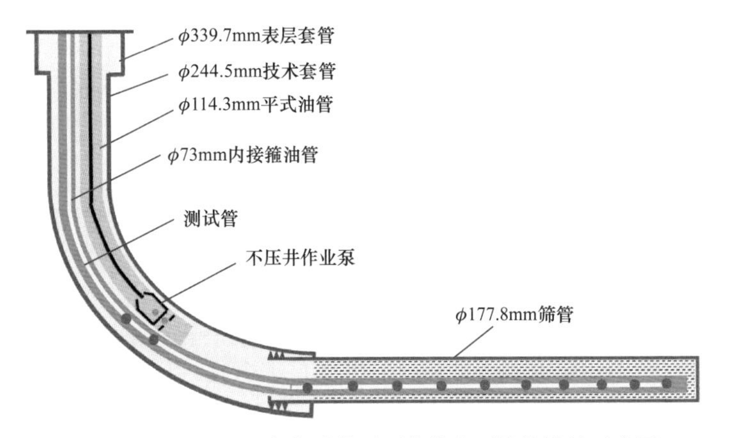

图 3–48　SAGD 生产水平井不压井作业泵管柱结构示意图

通过采用不压井作业泵，转抽作业将不受冬季气温、井场作业空间等因素的影响，使 SAGD 井在满足转抽条件后能及时转抽；可将 SAGD 检泵时间缩短 90% 以上，避免了排液降压对产量造成的影响，同时有效地保护了蒸汽腔，提高了热能利用率，避免了高密度压井液对储层造成伤害，有利于 SAGD 长期高产、稳产。

三、监测工艺技术

SAGD 开采过程中监测系统的建立和完善是保证开采效果和成功的关键。现场监测的关键参数包括：蒸汽腔的温度和压力及在横向上、纵向上的扩展，生产井温度和压力的监测（水平段、泵下、井口），注汽井的测试（压力、干度、流量、吸汽剖面），产出流体分析（油、水），饱和度的变化。在 SAGD 开发过程中，最重要监测对象为 SAGD 蒸汽腔、生产井动态资料等，因此，近年来针对蒸汽腔的监测、水平生产动态资料监测进行了技术攻关，下面重点介绍近年来取得的技术成果。

1. 水平生产井温度压力监测技术

生产系统动态监测主要分井下和井口两部分。水平井井下温度监测采用热电偶测温，共布置四个点，自上而下分别为抽油泵附近、水平段入口点（A 点）、距端点前 1/3 处、端点（B 点）；压力监测采用毛细管测压，共布置两个点由上至下分别为抽油泵附近、距端点前 1/3 处。所有热电偶和毛细管均装在 ϕ25mm 连续油管内，将连续油管下在 ϕ48mm 导管内，以保证起下抽油泵时不会损坏连续油管（图 3–49）。

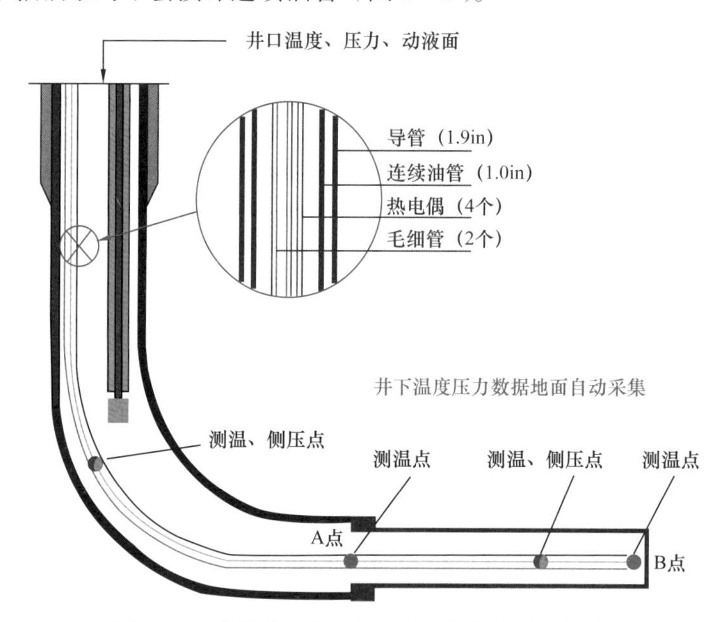

图 3–49　水平井井下温度、压力监测设计示意图

经过大量工作，采用新的测温、测压解决方案，研制出了 ϕ18mm 不锈钢测试电缆，经循环预热井组杜 84– 馆 H23–1CH 现场实际使用，证明方案可行、运行可靠，达到了预期的目标。该系统采用 18mm 的不锈钢管作为护管，其经济性好、耐腐蚀、强度高，内部热电偶采用氧化镁充填方式，耐温可到 450℃以上，并且寿命长，比以往绝缘管方式的热电偶有明显的优势。

2. 蒸汽腔监测技术

由于 SAGD 蒸汽腔的扩展直接决定了 SAGD 开发效果，针对 SAGD 蒸汽腔扩展的监测技术成为重点攻关方向，除了传统的数值模拟跟踪、直井观察井监测外，微重力、四维地震等监测技术逐渐进入现场应用。

1）直井观察井监测技术

观察井是专门进行压力、温度和含油饱和度动态监测的井，均为套管完井，不进行注汽和采油生产。温度观察井不进行射孔，压力观察井则射开油层，射开油层的观察井还可同时观察温度，因此目前多采用射开油层的观察井。观察井监测资料的录取主要采用热电偶来测取温度，可采用固定式，也可采用活动式。由于热电偶可设置多个监测点，因此可同时测取多个点的温度，也即可获得不同时间的井筒温度剖面。压力的监测主要用压力计来测取，可测取不同时间的井筒压力剖面。含油饱和度的监测需采取套管测井方法，现主要采用 C/O 比能谱测井，可测得不同时间观察井所在井点的含油饱和度剖面的变化情况（图 3–50）。

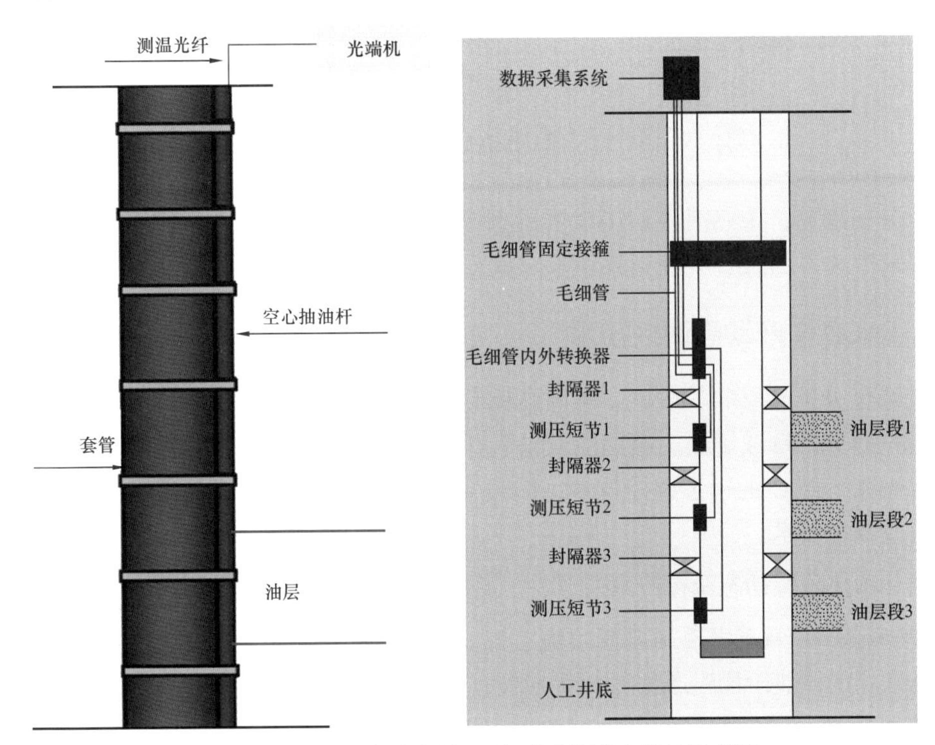

图 3–50　直井观察井光纤 / 毛细管监测井身结构示意图

2）微重力监测技术

微重力是利用地层由于稠油被采出而发生的微小重力变化来监测 SAGD 蒸汽腔的一种监测手段，具有监测范围广的特点，但是受限于目标区域多层同时开发，微重力变化干扰因素较多，目前仅应用于辽河油田馆陶组先导试验区（图 3–51）。

3）四维地震监测技术

蒸汽腔的监测以高精度四维地震重复测量为主，辅以精细数值模拟研究和常规井点温度标定等技术组合。主要技术原理：根据地震波在地下传播速度和能量变化与岩石性质、流体成分、岩层温度等密切关系，以及油藏含油饱和度、温度、孔隙结构及流体性质的改变导致地震波场相应变异这一地球物理原理，监测分析研究注蒸汽热采过程中，不同时期、不同开发状态下油藏地震响应信息的变化，实现对蒸汽腔发育的监测了解（图 3–52）。

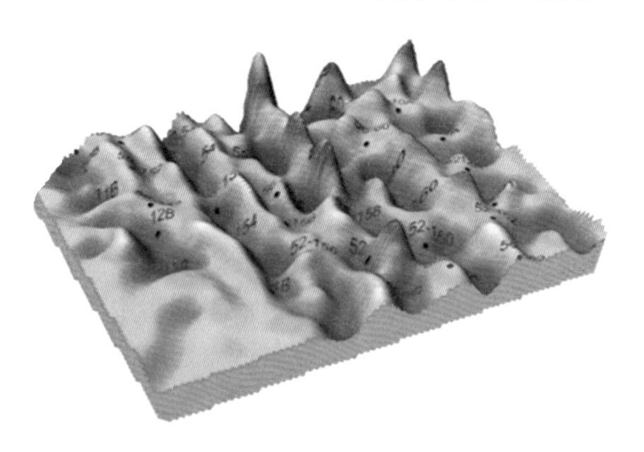

图 3-51　微重力解释馆陶先导试验区重力变化立体图

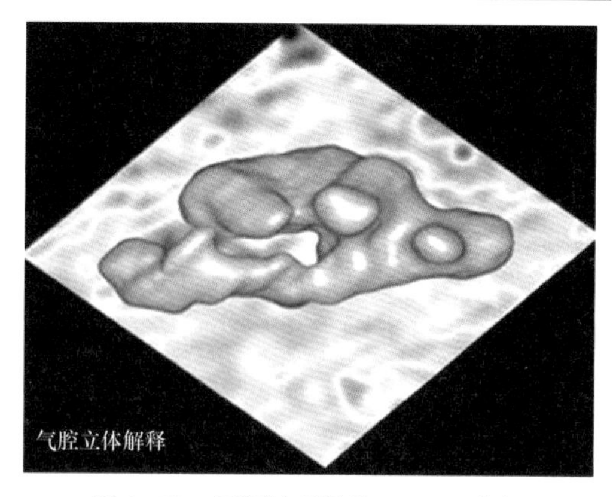

图 3-52　辽河油田馆陶 SAGD 井组蒸汽腔四维地震立体解释图

第六节　改善 SAGD 开发效果技术

本节分三部分，重点阐述 SAGD 的动态调控技术、加密井辅助 SAGD 技术和气体辅助 SAGD 技术等改善 SAGD 开发效果技术的重要研究进展。

一、SAGD 生产动态调控技术

通过综合分析储层非均质性、管柱结构和注采参数等影响因素，结合先导性试验区跟踪数值模拟研究，形成了浅层超稠油双水平井 SAGD 优化调控技术，并成功应用于现场试验。双水平井 SAGD 的动态调控技术，按照生产特点分为循环预热阶段动态调控技术和正常生产阶段调控技术。

1. 循环预热阶段动态调控技术

1）循环预热阶段的热连通判断方法

现场采用的预热阶段连通程度判断方法，主要有数值模拟合法和现场试验法。

数值模拟拟合法，根据实际 SAGD 循环预热阶段的管柱结构以及实际注采数据，通过数值模拟可以比较准确地预测注采井之间的连通情况。新疆风城 SAGD 试验区注采井连通的两个主要指标为：注采井井间温度达到 100℃以上；注采井井间原油黏度降低至 1000mPa·s。如 FHW103 井组模拟结果显示（图 3-53），经过 100 天的循环预热，基本实现热连通，具备了转 SAGD 生产的条件。

现场试验法是现场操作管理人员掌握循环预热阶段注采井间热连通判断的有效技术。现场实际操作中，通过短期焖井操作，建立上下井间的压力波动，期间观察温度和压力的干扰作用，捕捉温度和压力数据拐点，从而判断井间热连通状况。

2）循环预热连通的主要影响因素

均匀热连通的形成是循环预热阶段的最终目标，但在实际生产中可能受很多因素的影响。

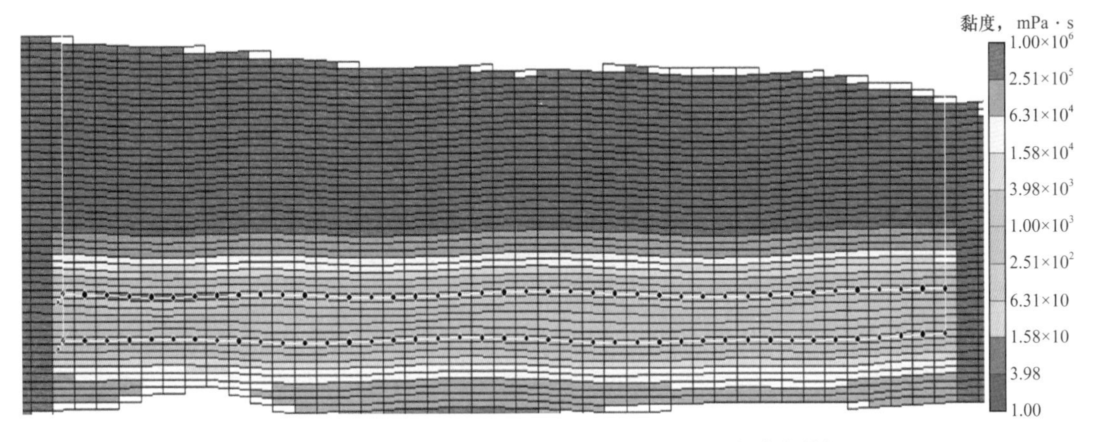

图 3-53 FHW103 井组循环预热 100 天原油黏度分布特征

（1）油藏非均质性。

井间存在岩性或物性夹层容易形成热连通不均匀。

（2）管柱结构。

采用全井段或较长的均匀配汽管柱注汽，在循环预热阶段由于注汽速度达不到设计要求，容易造成水平段尾端不见汽，难以形成有效热循环达到井间均匀加热的目的。

（3）注汽速度。

注汽速度偏小时，井间温度场发育不均匀，容易造成水平段前段温度高，后段温度低；注汽速度偏大时，对井间区域温度升高影响较小，而返出液热量高，热利用效率低，同时易在斜井段或直井段压力损失大的地方发生闪蒸而造成“汽堵”。

（4）注汽干度。

从 SAGD 地质油藏工程设计与优化中的数值模拟与试验区生产实际均可得出以下结论：井底蒸汽干度应大于 75%。在同样的注汽速度下，干度越高，温度场分布越均匀，井间温度升高得越快；因此，蒸汽干度越高越好。

（5）注采井垂向平行程度。

注采井垂向平行程度对 SAGD 循环预热有极其重要的影响。注采井间部分井段由于垂向距离偏小，循环预热阶段出现点连通，蒸汽突破，导致水平段连通不均匀，对转 SAGD 生产产生不利影响。

（6）压差大小。

施加压差偏小会延长循环预热时间，但压差过大则容易形成井间优先渗流通道。因此施加压差不应过大，以 0.2～0.3MPa 为宜。

（7）循环预热时间。

循环预热时间偏少，井间油层还不具备充分的流动性，若仓促地转 SAGD 生产，易造成局部窜通，后期连通改善非常困难。循环预热分 3 个阶段：第一阶段，保证水平井筒周围均匀加热，初期注汽速度为 80～120t/d，蒸汽干度大于 75%，预热时间为 30～40 天，要求水平段全井段见汽；第二阶段，注汽井对采油井施压，注汽速度为 80t/d 左右，采用合理的设备控制注汽井对生产井的压差在 0.2MPa 左右，时间为 30～90 天；第三阶段，弱采及连通试验，在点通或连通段低于 50% 水平段时，不要急于转 SAGD 生产。

3）调控方法

基于预热阶段热连通的影响因素和监测资料分析，可以初步确定预热阶段的连通效果和问题，并根据实际情况采取一定的调控措施，来改善和促进热连通的效果。从本质上说，预热阶段的调控技术应主要从管柱设计、注采方式、注采参数的优化上来做工作。

（1）注汽管柱采用更好的隔热措施。

注汽管柱的隔热性能对预热阶段情况影响较大。循环阶段管柱采用普通油管时，受井筒热损失的影响，当蒸汽到达 B 点时，环空内的蒸汽干度值接近于零。长油管筛管悬挂器以上采用隔热管，水平段的干度可提高 14%～24%，从而可确保 SAGD 全井段均匀受热。

（2）调控注采管柱的组合方式及设计参数。

因为打孔管结构在预热阶段和正产生产阶段的效果都不能满足要求，现场一般推荐采用双管结构的连续注汽与循环排液的方式。采用长管注汽、短管排液的注汽方式，通过管柱结构的设计，也可在一定程度上改善预热和正常生产效果。

（3）动态调整注汽点位置。

现场试验认为普通的平行双油管预热管柱是比较适合的预热管柱。但是不同的注汽点位置，也会影响水平段的连通状况。通过注汽点调整，可以明显改善热连通状况。但从注汽点的调控和优化选择来看，国外的经验和国内的实践都建议长管在 B 点，即“脚尖”位置注汽，短管在 A 点附近，即“脚根”部位采液的循环预热方式。

（4）精细化循环预热的操作程序及优化各个阶段的注采参数调整。

根据新疆油田双水平井 SAGD 实践经验，循环预热阶段可以进一步细分为 4 个次级阶段，即井筒预热阶段、均衡提压阶段、稳压循环阶段、微压差泄油阶段。以上述阶段划分为基础，重点合理优化与调控各个阶段的注汽速度、环空压力及合理的增压时间。以新疆风城 SAGD 先导性试验井组为例，阐述预热阶段 SAGD 的注采参数调整策略。初期，注汽速度为 60～80t/d，井对间的温度平稳上升，脚尖与脚跟蒸汽局部进入油层少，有利于均匀加热。井筒预热阶段，注入压力略高于油藏压力，环空压力应不高于油藏压力 0.5MPa，可以保证水平段温度上升平稳。当循环预热 100～120 天时，整个水平段井间原油黏度下降到 500mPa·s 以下，适合转入增压循环预热阶段。进入增压预热阶段后，需要在注采井间施加一定的压差，加快井间对流传热，达到更快加热井间油层的目的。环空压力同步升高 0.4MPa 左右时，井间对流加强，井间原油黏度均衡下降；超过 0.6～0.8MPa 以后，井间对流过强，汽窜风险加剧。推荐环空压力升高 0.4MPa 左右，即环空压力提升到 2.6MPa 左右。增压完成后，进入稳压循环预热阶段，在注采井间施加一个小压差（不能大于 0.2MPa），以促使井间原油向生产井流动，进入微压差泄油阶段。在微压差泄油阶段，通过施加微压差可以加快井对间的热交换，更快地加热油层，使注采井间形成事实上的水力连通，这时可以转入正常生产阶段。

2. 正常生产阶段的调控技术

下面从生产阶段划分、SAGD 效果分类及调控策略三个方面，阐述正常生产阶段调控技术的进步和应用进展。

1）正常生产阶段划分

当 SAGD 井组完成预热，转入上注下采的模式后，就进入了正常生产阶段。因为 SAGD 的生产阶段的时间较长，在各个时间点的生产特征也有较大的差别，且各个阶段的问题和矛盾也不一样。国外及国内的专家学者根据 SAGD 整个生产过程的特征，将 SAGD 生产过程划分为蒸汽腔上升、蒸汽腔横向扩展、蒸汽腔下降三个阶段。

2）SAGD 的生产效果分类

SAGD 的生产管理是一项系统工程，为提高 SAGD 项目的整体开发效果，可以根据 SAGD 的阶段生产特征，对 SAGD 的生产开发效果进行科学的分类。根据分类，确定不同类别 SAGD 井组的效果好坏、潜力大小及可能存在的问题，制订相应的调控和管理措施、政策，以改善 SAGD 的开发效果。对于 SAGD 开发效果分类，不同专家的侧重点有一定的差别。李秀峦、席长丰等在进行新疆油田 SAGD 技术分类研究的过程中，重点采用了采油速度和油汽比两个参数进行分类。应用采油速度这个参数，可以去除 SAGD 井对控制储量大小对开发效果的影响，但在现场操作上、评价上不够直观。油田现场一般采用最直观的日产油量和油汽比进行分类，也有一定的意义。通过对生产一段时间的 SAGD 井组进行归类分析发现，水平段的动用程度与生产效果有密切关系。基于改善开发效果的目的，建议采用水平段动用程度和连通模式对 SAGD 进行分类。对水平段动用程度和蒸汽腔发育状况的分析研究，也如在预热阶段一样，主要依据的温度、压力监测、数值模拟、水平井测试，以及观察井等获取的资料来综合判断。

（1）Ⅰ类，高产井组，均匀的箱形连通模式。

沿水平井段的各部位的渗透率较高，预热后沿水平段各部位温度为比较均匀的平直箱型特征，对应网格点的流体流动速度也基本均匀，代表各个井段对产液的贡献差别较小。该类型井水平段的动用程度 100%，开发效果好，采油速度快，油汽比高，这类井占比 15% 左右。图 3-54 和图 3-55 为Ⅰ类井的吸汽产液剖面和温度剖面示意图和不同时间井筒温度实测结果。

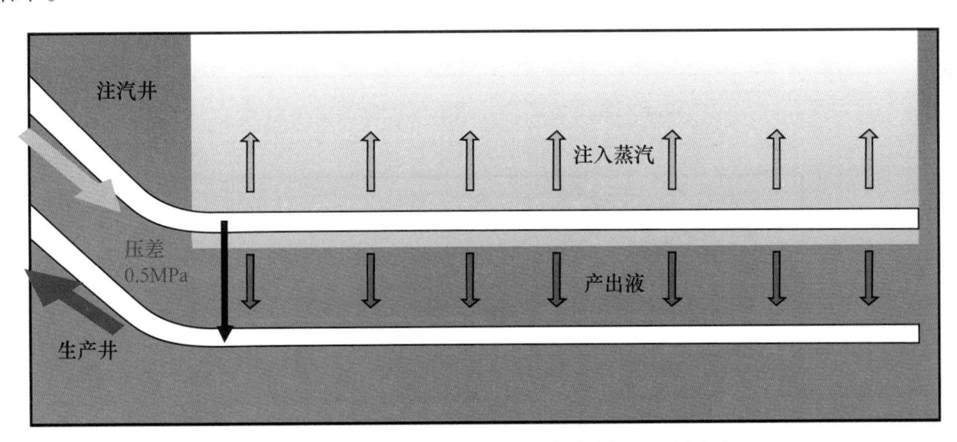

图 3-54　Ⅰ类高产井组吸汽产液剖面示意图

（2）Ⅱ类，中产井组，半均匀的箱形连通模式。

沿水平段的测温呈比较均匀的箱形，但沿水平段的各个部位的渗透率有一定差异，预热后流动速度一般呈现“脚跟”部位速度快，向“脚尖”部位逐渐降低。初期评价水平段的动用程度虽然也达到 100%，但贡献率在水平段的“脚尖”部位却很低。该种连通模式是一种不稳定的连通模式，随着开发进程的推进，有必要限制“脚跟”部位的流动压差，增加“脚尖”部位的热连通程度，改善开发效果，使其逐渐变为高产井组。但也若任其发展，原有的已经连通的部分，因为长期不流动而逐渐冷却下来，连通率也随之降低，产油量和油汽比也变得更差，Ⅱ类井组占比 30% 左右。图 3–56 和图 3–57 是Ⅱ类高产井组吸汽产液剖面和温度剖面示意图。

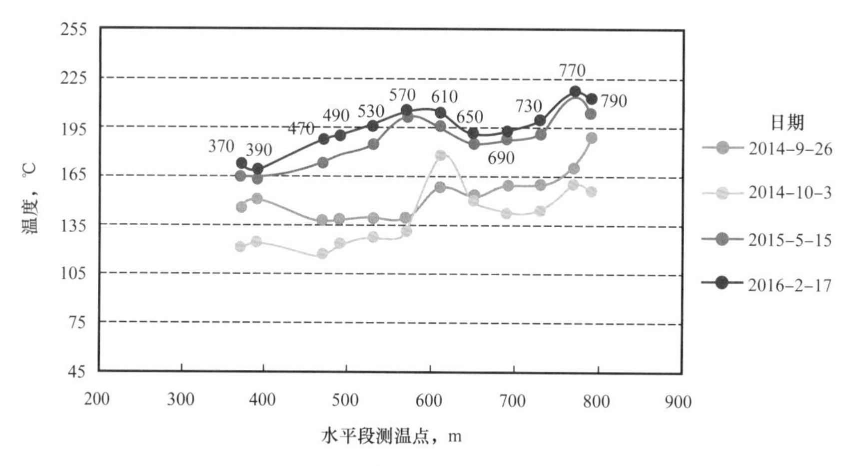

图 3–55　Ⅰ类井组温度剖面示意图

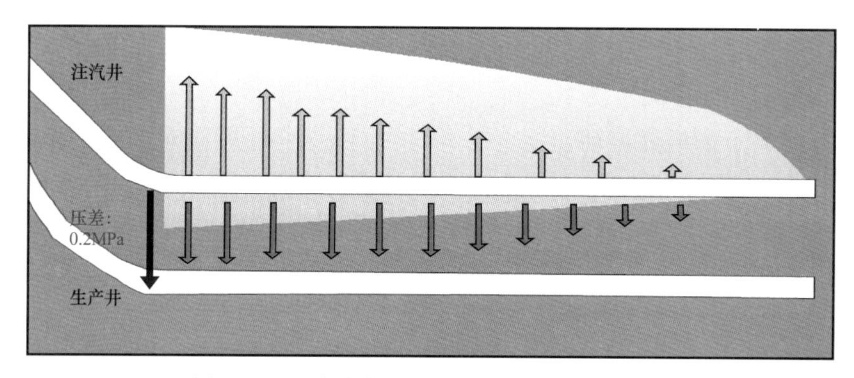

图 3–56　Ⅱ类中高产井组吸汽产液剖面示意图

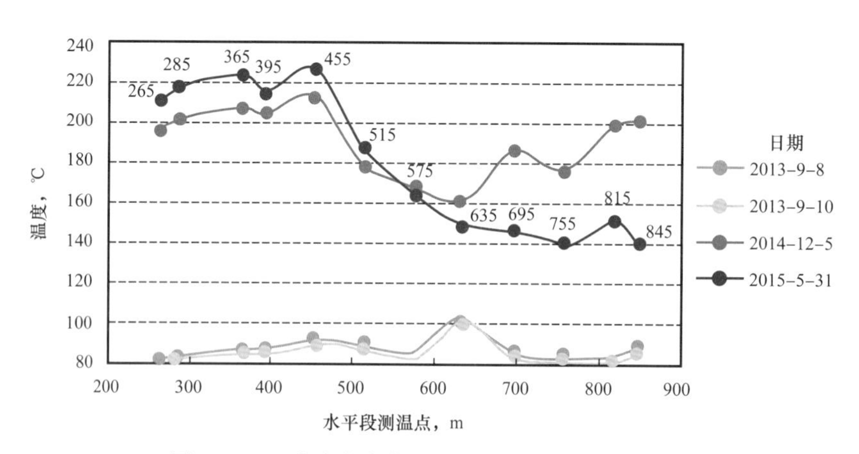

图 3–57　Ⅱ类中高产井组沿水平段温度剖面示意图

（3）Ⅲ类，中产、低产井组，不均匀的热连通模式。

在开发过程中，很多井表现为点状连通的特征，即在温度测试曲线上表现出局部有热点。热点现象不是在预热阶段就有的，而是随着从预热转入 SAGD 的进程而逐步发展出热连通点。热点一般位于水平段的“脚跟”位置，长度不足水平段长度的 30%。这种模式连通状况的井对，一般表现为蒸汽腔的体积比较小，注汽速度低，产液量也相对较低。这类井汽液界面的控制难度较大，经常发生汽窜或产液温度过高的现象，影响正常生产时率。统计Ⅲ类井组的日产油量低于平均水平，油汽比也相对较低，Ⅲ类井组占比 55% 左右。图 3-58 和图 3-59 是Ⅲ类井组吸汽产液剖面的示意图和不同时间实测的温度剖面图。

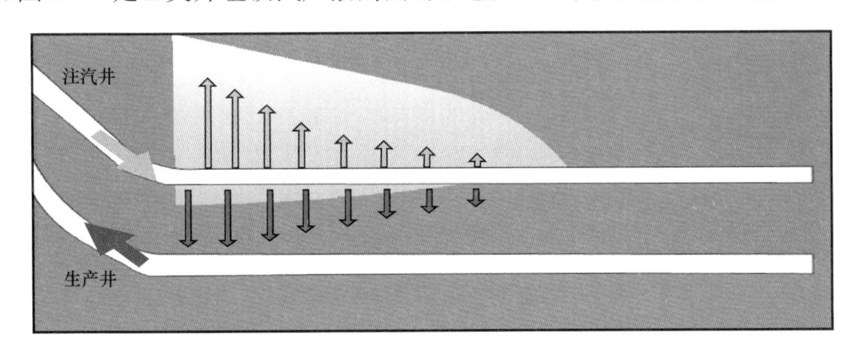

图 3-58　Ⅲ类井组吸汽产液剖面示意图

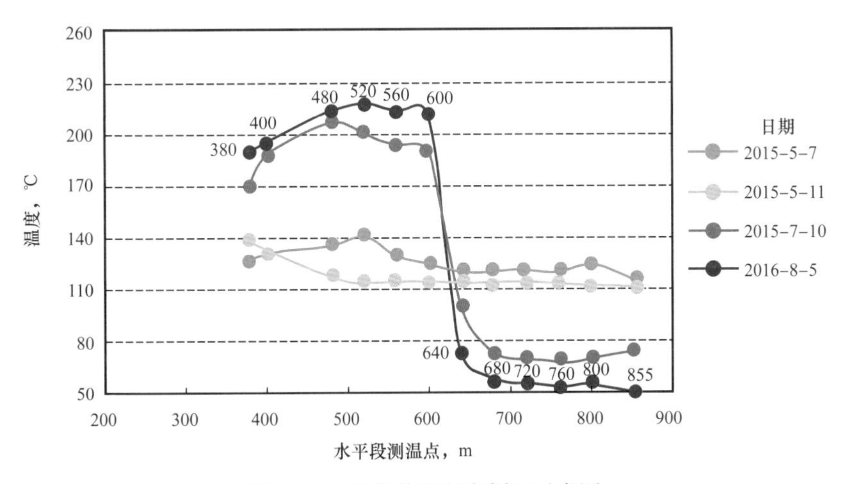

图 3-59　Ⅲ类井组温度剖面示意图

3）SAGD 生产阶段的调控策略

当水平段长度一定时，要想提高 SAGD 井组的产量，就必须千方百计地扩大水平段动用长度和动用效率。根据统计，新疆风城地区 SAGD 井组，约有 2/3 的井对存在“脚尖”部位动用较差的情况。针对预热阶段井间连通程度较差或者动用程度较差的现象，最合理、最直接的调控方法是采用更换井下管柱及优化操作参数两种方法。

（1）调整注采管柱。

生产阶段的注采完井管柱的调整。一般可从以下 4 个方面入手：

第一是注汽井的主副管注汽量的分配与调整。对于 A 点附近小段连通或 A 点串通的井组，从 B 点着手改善连通状况。主要措施以生产井 B 点注采为主，其中包括 B 点采取吞吐措施，从阶段操作结果来看，B 点采油对于强化后端连通有一定作用。

第二是生产井的主副管产能的分配调控。为了改善井间连通程度，生产井可以采取主管、副管同排的措施，重点加强 B 点的排液速度，可以达到稳压注汽、扩大蒸汽腔、产液量稳定上升、连续生产的目的。

第三是生产井举升管柱的优化与调整。在 SAGD 生产阶段，如果采用杆式抽油泵，因入泵闪蒸量大、泵效低等情况而影响生产，可以在泵下挂尾管至水平段，泵控程度会得到显著提高。如对于在 A 点附近汽窜的生产井，可以考虑筛管加内衬管，提高 A 点附近的流压，并使热流体流经 B 点采出，使井筒受热更均匀，从而改善开发效果。

第四是用井筒的 ICD 和 OCD 流动控制装置调控。国外基于 SAGD 水平段的非均质性研究设计了注汽井和生产井不同的控汽、控液管柱，分段、智能、精确地控制水平段各个部分的注入和采出强度，有效抑制汽窜点的发生，并提高低贡献井段的吸汽与产液能力。据调研资料，Suncor 公司对该类控液管柱在多个 SAGD 井对上进行了现场试验，效果显示在一定程度上改善了 SAGD 热点汽窜现象，实现了 SAGD 井组的稳定生产。该类装置的长期效果和潜在的问题等内容，但因为资料有限，无从知晓。不过，随着技术的发展，该系列装置有可能是 SAGD 精细调控的一个重要发展方向。

调整注采管柱在实际应用取得了显著的效果。FHW207 井组 2010 年 4 月 5 日转 SAGD 生产（图 3-60），至同年 6 月 26 日，为了改善井间连通程度，采用水平井“脚跟”“脚趾”两点注汽和生产井主管、副管同排的措施，生产井 A 点后 300m 井段温度升至 235℃，连通效果变好。随后采用“脚趾”单点注汽，注汽压力控制在 3.7MPa 左右，日产液量由初期的 88t 逐渐上升到目前的 140t 左右，日产油量由初期的 15t 上升至 30t 以上，达到了稳压注汽、扩大蒸汽腔、产液量稳定上升、连续生产的目的。

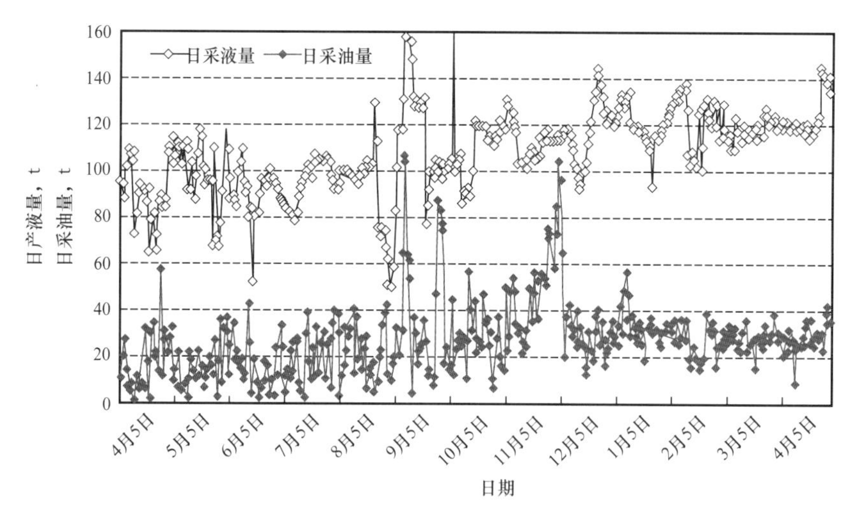

图 3-60　FHW207 井组转 SAGD 生产曲线

（2）调整注采参数。

注采参数的优化与调整是生产阶段调控的另一个方面，重点考虑生产过程中对注汽速度、压力、Sub-cool 等参数的调整。

由于 SAGD 循环预热结束后都不同程度存在点通或连通段短的问题，转生产后的突出矛盾是汽液界面难控制，易汽窜，注汽量无法提高，产液量较低。因此，改善井间连通状况是转 SAGD 初期的首要任务。在转 SAGD 生产初期，根据各井组热连通状况确定不同的调控方法，以改善连通、扩大蒸汽腔、阻汽排液、提高采注比为原则进行注采参数优化、管柱优化，实现 SAGD 生产平稳操作。

第一是对操作压力的优化调整。国内外 SAGD 生产实践表明，操作压力影响规律为转 SAGD 初期（上产期）：操作压力影响上产速度与峰值产量，操作压力越高上产越快；稳产期—末期：操作压力影响油汽比，操作压力越高油汽比越低。因此，SAGD 生产操作压力调整策略是：初期升压，中后期降压。但是需要针对不同井组进行单独的 SAGD 操作压力水平优化。初期采用高压定压操作方式，促使一定量蒸汽通过水平井段而不断加热井间地层，逐步改善井间热连通。通过这一措施，井对的井间连通性得到了明显改善，连通压差分别由最初的 0.7～1.0MPa 降为稳产期的 0.3MPa 左右。通过操作压力的调整，提高了蒸汽腔扩展速度，增强了导流能力，进一步改善了井间的热连通状况。

第二是注采压差优化与调整。由国内外 SAGD 生产实践可知，注采井间压差越小，汽窜的概率越小，但泄油能力越小，有效生产时间越长，注汽速度越慢。注采井间压差越大，泄油能力越强，但汽窜概率越大，有效生产时间越短。水平段动用程度越高的井组，井间生产压差可以适当放大，反之，则要严格控制。随着注采井间压差的不断增加，有效生产时间不断缩短，峰值注汽速度和峰值产油不断提高，最终油汽比呈现下降趋势，最终采收率呈现先上升后下降的趋势，在注采井间压差为 0.5MPa 时达到最大值。所以，推荐 SAGD 井组合理的注采井间压差为 0.5～0.8MPa 控制注采压差。正常生产时，注采压差（注汽井套压与生产井井底压力之差）尽量保持在 0.2MPa 左右。现场操作中，通过关生产井或降低采液速度来实现。操作方式以调整注汽速度和生产压力或抽油机冲次为主，必要时可短期关闭生产井。

第三是对 Sub-cool 监测与优化调整。SAGD 生产过程中，一般要求 Sub-cool 稳定在适当的范围内，以控制生产井的采出液量和汽液界面，以利于重力泄油、控制汽窜、提高采收率与油汽比。实际生产中，需要根据生产井内的温压监测资料，计算 Sub-cool 范围，并适时调整注采关系，使 Sub-cool 处于合理区间。实际调控经验表明，Sub-cool 太小易发生汽窜，难以控制；Sub-cool 太大，则生产效果会变差，推荐的 Sub-cool 范围为 5～10℃。

第四是注汽速度的优化与调整。在生产动态历史拟合的基础上，对 SAGD 井组的注汽速度进行了预测对比。结果表明，峰值注汽速度越高，汽窜概率越大，有效生产时间越短；峰值注汽速度越低，蒸汽腔扩展速度越慢，注汽质量越低，生产时间越长。实际在 SAGD 的生产阶段，根据蒸汽腔的发育阶段，不同的操作压力、注采压差、Sub-cool 设计需求，对注汽量进行调整和优化。

二、加密井辅助 SAGD 技术

在新疆油田超稠油油藏油层连续厚度大，储层条件最好的部位实施加密井辅助 SAGD，以便获得最佳的泄流速度，从而提高 SAGD 生产效果。由于 SAGD 开发效果受夹层和渗透率非均质性影响较大，因此需要针对不同储层条件进行布井方式研究。为了提高 SAGD 开发效果，确定了 3 种井网开采方式：SAGD 双层立体井网、直井辅助 SAGD 井网、水平井辅助 SAGD 井网。

1. SAGD 双层立体井网

该区齐古组 $J_3q_2^{2-1}$+$J_3q_2^{2-2}$ 层于 2012 年起采用双水平井 SAGD 方式开发，生产实际表明，双水平井 SAGD 常规井网在夹层普遍发育时蒸汽腔上升受阻，采油速度低（初期不到 3%）；

与此同时，夹层下部或上部油层实际储量动用率大幅减少，仅有效动用 50%～70%，降低了整体开发效果。针对连续油层厚度大、夹层较发育的 SAGD 开发油藏，当夹层闭合度大于 60% 时，提出一种双层 SAGD 井网、立体叠置部署的开发模式[26]。SAGD 井网部署采用上、下两层平面等距交错方式，最大限度地动用了油层。下层井网部署在油层底部，距离底部 1～2m，井距为 80m。上部井网夹层不发育部位部署在油层中部，夹层发育部位部署在距离夹层底界 1～2m 处，井距为 80m，上层井网与下层井网构成平面 40m 井距的立体井网。上层井网与下层井网平行交错部署，可最大限度地提高蒸汽腔波及效率和扩展均匀性，也便于上部井网在后期被蒸汽腔淹没后继续注汽，发挥蒸汽驱辅助和重力泄油相结合的驱泄复合作用（图 3-61）。

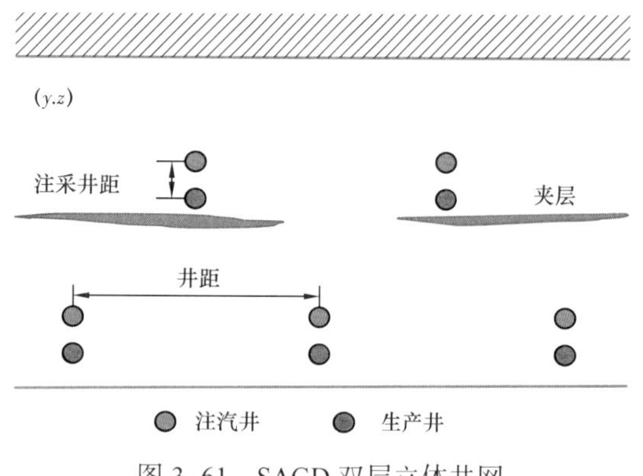

图 3-61　SAGD 双层立体井网

从模拟结果看，立体井网有效降低了夹层对 SAGD 开发的影响，提高了夹层上部油层的利用率。如为常规单层井网，夹层对蒸汽腔的阻碍将明显降低 SAGD 整体开发效果。对比常规单层 SAGD 基础井网及双层 SAGD 立体井网进行数值模拟生产效果，从模拟生产结果看，双层井网井组开发指标如日产油量、采油速度和采收率要明显高于单层开采基础井网。双层立体 SAGD 井网采收率可达 64.5%，如果后期上部 SAGD 井组见汽后，持续注汽改善蒸汽腔的动用效果，最终采收率可达 68.4%，相比单层开发 SAGD 基础井网采收率提高了 8%，如果夹层闭合度较高，SAGD 立体开发效果的优势将更为明显（图 3-62）。

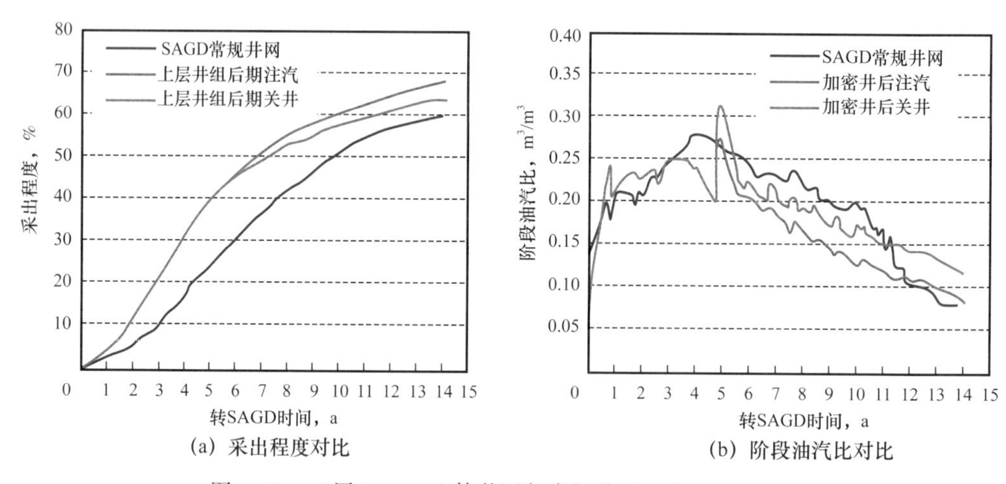

图 3-62　双层 SAGD 立体井网与常规井网生产效果对比图

2. 直井辅助 SAGD 井网

该井网类型适用于局部蒸汽腔不发育的 SAGD 井组，针对受隔（夹）层影响、渗透率级差较大、注采参数优化难以改善蒸汽腔发育的井组，SAGD 水平段动用程度为 50%～70%，开展加密直井辅助 SAGD 生产。直井布井位置一般 SAGD 水平井下倾方向、温度上升不明显，距 SAGD 井组为 10～15m（观察井或新钻井），射孔位置优化，在油层顶部 5m 以下或 SAGD

注汽井上方5m。基础井网以重力驱油为主，蒸汽驱动能力较弱，直井经过多轮次的蒸汽吞吐与SAGD水平井热连通后，直井辅助注汽后强化了蒸汽驱替效应，原油加热后受蒸汽驱替和重力泄油两种驱动力作用驱替至采油水平井中采出。该井网类型扩大了整体蒸汽腔体积，提高了SAGD井组动用程度，显著提高受非均质影响严重的SAGD井组的采油速度（图3-63）。截至2020年底，已经在新疆风城的在三个SAGD区块实施97口直井辅助46对SAGD井组，平均单井组产油水平提高4.1t，采油速度提高1.0%，动用程度提高10%，预计采收率可提高15%以上。

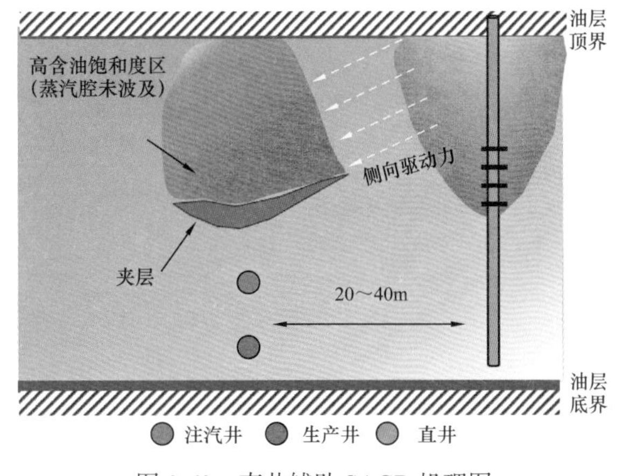

图3-63　直井辅助SAGD机理图

3. 水平井辅助SAGD井网

研究发现SAGD开发通过蒸汽腔发育来动用储层，前期蒸汽腔以纵向发育为主，发育到顶后横向扩展，蒸汽腔到达边界后开始下降，但受蒸汽腔形态和井距限制，井组中间部位的储层始终无法更好的动用，直至生产末期仍存在未动用的储层。现场生产显示，重32井区先导性试验区井组生产8年以来，蒸汽腔仍未连通，井对间储层动用缓慢，认为需要通过利用加密井的技术来提高井对间储层动用。2000年，加拿大阿尔伯达大学的Polikar等提出了FAST-SAGD技术。该技术是在SAGD井对中间加密一口平行水平井（SAGD井组距离加密井50m，SAGD井距是100m）。加密井水平段长度与SAGD水平井长度相同，深度与SAGD生产井处于同一位置（图3-64）。SAGD井对按照常规SAGD方式操作，待蒸汽腔发育至油层顶部之后，加密井开始蒸汽吞吐，吞吐两个周期，焖井两周，第二周期结束时热连通已经建立，加密井开始生产直至开发结束。研究表明水平井辅助SAGD技术具有以下优势：加快蒸汽腔横向连通，减少残余油饱和度；增大采油速度，提高采收率；将蒸汽腔部分能量由加密水平井消耗产出，增大蒸汽消耗和注入能力，降低水平井对间汽窜风险。

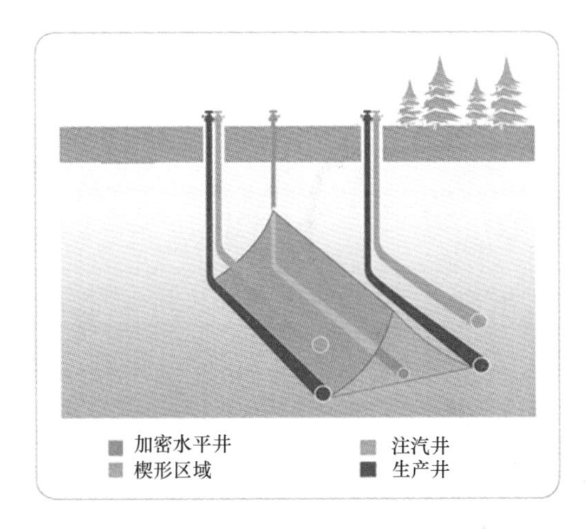

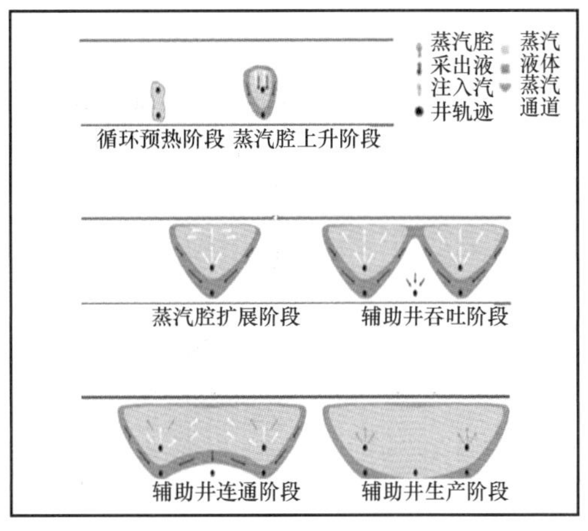

图3-64　水平井辅助SAGD示意图

以 FHW117 井组为例，SAGD 井组蒸汽腔发育到顶，开始横向扩展时实施水平井辅助，水平井吞吐 4～6 轮后蒸汽腔连通，水平井转为生产井。到生产结束时，未辅助井组井间有未动用区域，使用水平辅助后井组间区域被蒸汽腔占据，效果明显好于未辅助井组（图 3-65）。

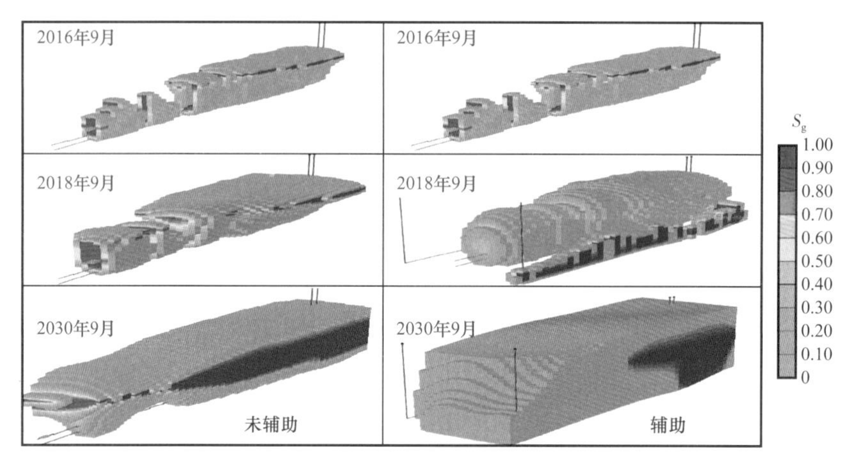

图 3-65　FHW117 井组水平井辅助 SAGD 蒸汽腔发育对比图

三、气体辅助 SAGD 技术

1. 气体辅助 SAGD 机理

SAGD 过程中添加非凝结气体的主要机理在于：（1）非凝结气体首先分布在油层上部，形成隔热层，显著减少蒸汽向上覆岩层的热损失，提高热效率；（2）分布在油层上部的非凝结气体还可以维持系统压力，对原油起到向下的推动作用，提高泄油能力；（3）通过分压原理，降低蒸汽腔上部温度，而注入井附近的区域仍为饱和蒸汽温度；（4）非凝结气体的加入可以减少蒸汽的需求量，提高油汽比和经济效益[27-30]。所以，注入非凝结气体对 SAGD 过程的好处为：（1）改善油汽比，减小水和燃料的需求，减少温室气体排放；（2）增加最终采收率。在研究和现场实施过程中，蒸汽中添加的气体一般是 N_2、CH_4 和 CO_2 等气体（图 3-66）。

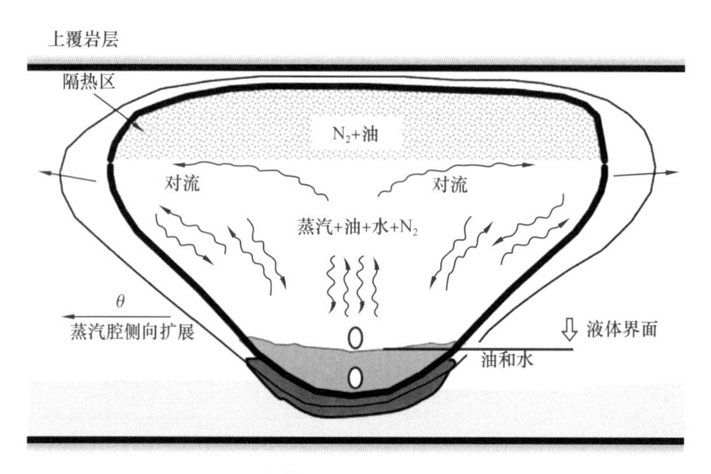

图 3-66　气体辅助 SAGD 过程机理图

SAGD过程中注入非凝结气体之后，受到影响的三个主要因素为相渗改变、流体性质和相状态改变及热传导性质改变。非凝结气体在原油和水中的溶解主要由温度、压力、原油物性和气体组分决定。随着温度的增加，气体在油水两相中的溶解度逐渐降低，而随着压力的升高，气体在油水两相中的溶解度升高。

2. 气体辅助SAGD先导实验

1）井组的选择

杜84–馆平11井组、杜84–馆平12井组投产时间最早、采出程度最高。杜84–馆平11、杜84–馆平12井组SAGD阶段累计注汽量122.7×10^4t，累计产油量33.7×10^4t，累计产水量88.5×10^4t，累计油汽比$0.27m^3/m^3$，累计采注比1.0，阶段采出程度27.1%；吞吐和SAGD阶段累计采出程度39.1%。从采出情况看，杜84–馆平11、杜84–馆平12井组明显高于杜84–馆平10、杜84–馆平13井组。

根据蒸汽腔发育变化，馆陶组SAGD先导试验区蒸汽腔在杜84–馆平11、杜84–馆平12蒸汽腔发育较好，无论平面上还是纵向上都明显好于其他井组，但杜84–馆平11、杜84–馆平12井组蒸汽腔发育仍不均衡，同时地震资料反映杜84–馆平11、杜84–馆平12蒸汽腔内仍然有剩余油分布，四维微重力监测资料反映蒸汽腔沿注采井间发育，且蒸汽腔沿水平井发育不均匀（图3–67）。

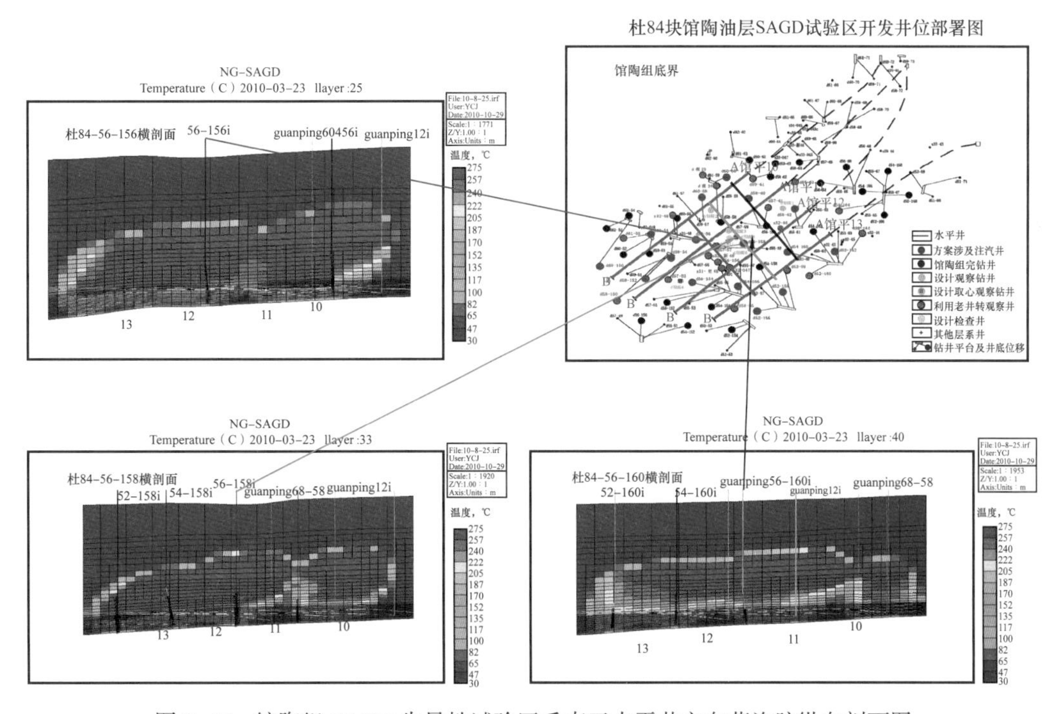

图3–67　馆陶组SAGD先导性试验区垂直于水平井方向蒸汽腔纵向剖面图

所以优选转入SAGD开发最早、采出程度高、蒸汽腔发育较好但仍不均衡的杜84–馆平11井组、杜84–馆平12井组作为注氮气辅助SAGD先导试验区域。

2）注气井的选择

由于注气井杜84–56–158井位于蒸汽腔发育较好的杜84–馆平11井组、杜84–馆平12

井组中间连通位置，射孔位置为614.7～620.7m，对应垂深608.8～614.8m，接近蒸汽腔的顶部位置，更加有利于氮气上升到蒸汽腔上部，确保试验的生产效果（图3-68）。

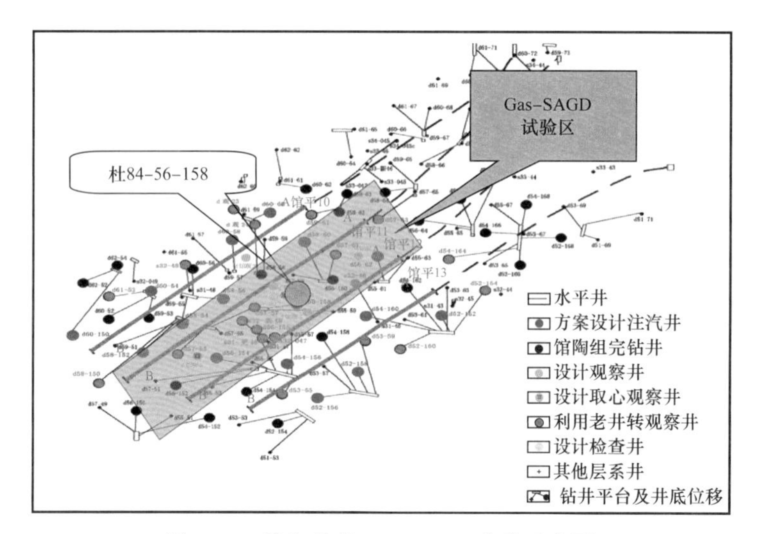

图3-68　注气井杜84-56-158井位示意图

3）注采参数设计

依据上述方案设计结果，结合先导性试验井组实际情况，确定注采参数如下：

（1）注氮气方式，采用段塞注氮气方式，段塞为4个月；

（2）注气井段，采用在蒸汽腔上部注氮气方式；

（3）注氮气量（地下体积）为$18.4\times10^4m^3$，地面体积为$300\times10^4m^3$，相当于5个氮气段塞的量。

3. 实施效果总结

注氮气试验截至2015年底结束，在杜84块SAGD先导性试验区已经累计注入7个氮气段塞共计$667\times10^4m^3$；注氮气井由1口增加至两口。自实施以来，先导性试验区4个井组和试验区附近4井组均逐步受效，7口生产井日产量均达百吨以上，油汽比从$0.21m^3/m^3$提高到$0.39m^3/m^3$，含水率从82%下降至73%（图3-69）。

2015年初，对先导性试验区注汽井大面积停注，仅靠氮气维持蒸汽腔压力，但先导实验区产油稳定，8个井组整体油汽比进一步提高到0.42以上，含水率下降至68%（图3-69）。

通过以上的室内研究及现场试验取得的效果，得到如下结论：

（1）向蒸汽中加入非凝结气体被证明是一项技术上可行、成熟的SAGD接替技术，它能够维持蒸汽腔的有效扩展。

（2）气汽混合注入后的现场实施效果比物理模拟和数值模拟预测的要好，取得了较高的产油量和油汽比。

（3）注入的非凝结气体不会影响蒸汽向较冷区域的热传导。

（4）非凝结气体在蒸汽的前面运动，并具有较高的驱油效率。

（5）注入烟道气可以成功取代天然气作为SAGD后续的技术措施，注入系统在高于烟道气的露点温度以上运行，保证具有腐蚀性的成分不凝析。

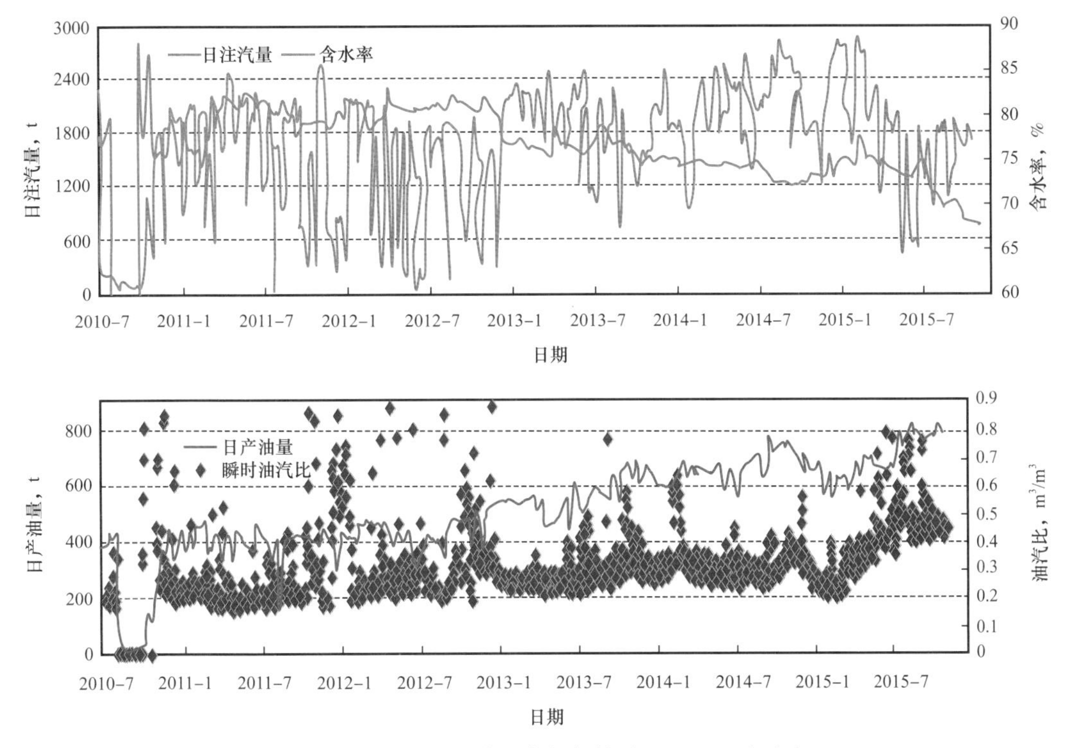

图 3-69　杜 84 块馆陶油藏氮气辅助 SAGD 生产动态

第七节　矿场实例

一、直井与水平井组合 SAGD 开发实例

直井与水平井组合 SAGD 开发在国外应用较少，国内辽河油田世界首次将直井与水平井组合（注汽直井位于水平生产井斜上方）SAGD 进行了工业化推广应用，并取得成功。

辽河油田世界首次将 SAGD 技术应用于蒸汽吞吐后中深层（埋深大于 600m）超稠油开发，并进行了工业化推广应用，SAGD 年产油量达到 106.7×10^4t，采用直井与水平井组合 SAGD 开发主要因为目标区块原开发方式为蒸汽吞吐开发，井网完善，采用直井与水平井组合 SAGD 可充分利用原井网，降低操作成本。

辽河油田 SAGD 开发首先突破了 SAGD 技术油藏埋深界限，实现了中深层超稠油油藏的 SAGD 开发，拓宽了 SAGD 开发技术应用领域，同时首次采用斜上方直井与水平井组合 SAGD 开发方式，突破了传统双水平井 SAGD 调控难度大、对已动用油藏适应性差的局限性，生产实践表明更适合于中深层超稠油油藏。

1. 开发区域地质特征

1）区域地质概况

曙一区构造上位于辽河盆地西部凹陷西部斜坡带中段，东邻曙二区、曙三区，西部为欢喜岭油田齐 108 块，南部为齐家潜山油田，北靠西部突起（图 3-70），构造面积约为 $40km^2$。沉积基底为中—新元古界（P_t）变余石英岩夹薄层深灰色板岩，其上为新生界断陷湖盆形成后沉积的一套以陆源碎屑为主的半深湖—滨浅湖相砂泥岩互层沉积体和陆上冲积扇沉积。

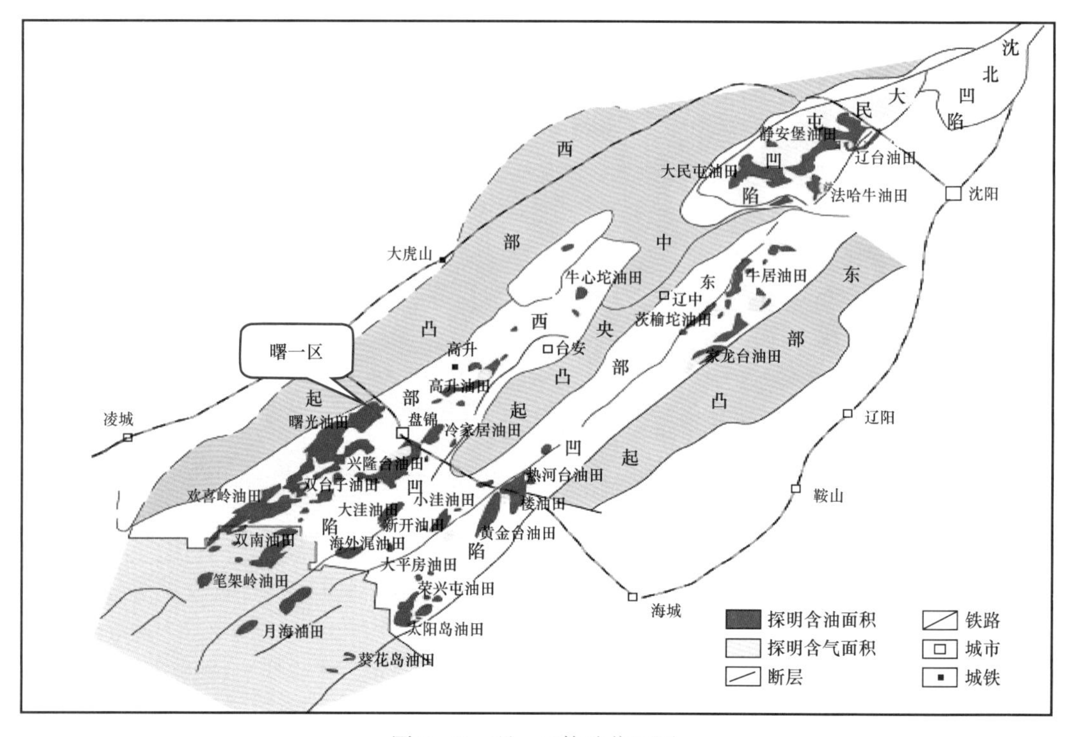

图 3–70　曙一区构造位置图

目标区块杜 84 块探明含油面积为 5.6km²，探明石油地质储量为 8309×10^4t。油藏埋深 550～1150m，目的层包括沙三段上亚段、沙一段＋沙二段和馆陶组三套地层，这三套地层属于不同沉积类型，且均以角度不整合接触。沙一段＋沙二段和沙三段上亚段两套地层合称为兴隆台油层，沙一段＋沙二段进一步划分为 5 个油层组，即兴Ⅰ组—兴Ⅴ组，沙三段上亚段为兴Ⅵ组；馆陶组称馆陶油层。

2）地层层序与层组划分

杜 84 块完钻井目前所揭露的地层自下而上为：中—新元古界、古近系沙河街组的沙四段、沙三段、沙一段＋沙二段，新近系馆陶组、明化镇组和第四系平原组。

曙一区超稠油目的层包括沙三段上亚段、沙一段＋沙二段和馆陶组三套地层，这三套地层属于不同沉积类型，且均以角度不整合接触。但沙一段＋沙二段和沙三段上亚段两套地层砂体十分发育，纵向上相互接触，属同一油水压力系统，因此将其合称为兴隆台油层，馆陶组称馆陶油层。

该区纵向上发育比较稳定的标志层有 2 个，即兴Ⅰ组顶底厚度为 10m 左右稳定的泥岩段，在标志层控制下，以沉积旋回为基础，考虑曙一区整体的一致性、沉积演变的连续性和成因的同一性，同时考虑岩性组合特征、隔层发育及平面分布的稳定性、油水关系等方面，将兴隆台油层自上而下分为 6 个油层组，其中沙一段、沙二段分为 5 个油层组，即兴Ⅰ组、兴Ⅱ组、兴Ⅲ组、兴Ⅳ组和兴Ⅴ组；沙三段上亚段为兴Ⅵ组；由于馆陶油层为一套砂砾岩体，内部基本不发育泥岩夹层。因此，馆陶油层内部没有进一步划分油层组，仅根据沉积旋回划分了 5 个砂岩组。

3）整体构造为单斜、断层不发育、构造相对简单

杜 84 块兴隆台油层构造是在西斜坡的背景下受杜 32 断层的牵引作用而形成的一个地层向南东倾斜的单斜构造，地层倾角一般为 2°～4°，东南地层倾角最陡处约为 7°。块内共发育断层 8 条，其中三级断层 3 条、四级断层 5 条。按断层走向可划分为两组断裂系统。

东西（EW）向断层共有 3 条。具有代表性的是杜 32 断层，它控制了全区兴隆台地层沉积、构造格架及油水分布。杜 32 断层上升盘的北部地区，馆陶组直接与沙三段中亚段地层接触，缺沙一段 + 沙二段和沙三段上亚段，而断层的下降盘兴隆台油层非常发育。曙 1-32-54 断层和杜 84 断层对油水分布有一定控制作用。

北东（NE）向断层共有 5 条。该组断层除西侧杜 115 断层和东侧杜 79 断层对兴隆台油层沉积及油水分布有明显的控制作用外，杜 74 断层、曙 1-35-40 断层及曙 1-34-52 断层只控制油水分布，使构造形态进一步复杂化。

馆陶油层构造比较单一，块内现未发现断层。馆陶组底面为南东倾斜的单斜构造，倾角 2°～3°，与下伏地层呈不整合接触。

4）储层特征

（1）兴隆台油层早期为湖底扇沉积、晚期为扇三角洲沉积，馆陶组为冲积扇沉积。

辽河盆地是沿郯—庐深大断裂带形成的中、新生代大陆裂谷型断陷盆地。盆地形成起始于晚中生代，古近纪是发育过程中最活跃的时期，它经历了张裂、深陷、收敛和萎缩 4 个时期。沙三段上亚段（兴Ⅵ组）处于深陷后期，构造运动异常活跃，水体较深，水动力也较强，形成了湖底扇重力流沉积；沙一段 + 沙二段（兴Ⅰ组—兴Ⅳ组）处于收敛期，是在沙三段沉积末期长期抬升遭受剥蚀的复杂古地理条件下形成的沉积，并受杜 32 同生断层的影响，该断层以北为碎屑物的供给区，物源近，碎屑物供给充足，形成了中—厚层甚至块状辫状河道砂为骨架的扇三角洲沉积体系。馆陶组是在新近纪沉积早期，在经历了长期的沉积间断、凹陷夷平过程后形成的一套以粗碎屑为主的湿型冲积扇相的沉积体。湿型冲积扇进一步划分为扇根、扇中和扇端三部分。杜 84 块馆陶油层位于扇中亚相。

（2）岩石类型以砂砾岩为主，结构成熟度和成分成熟度相对较低。

粒度资料表明，杜 84 块兴隆台油层岩性主要为不等粒砂岩和中、细砂岩，其次为砂砾岩、砾岩、含砾砂岩和粉砂岩等，兴Ⅰ组粒度中值为 0.34mm，兴Ⅵ组粒度中值为 0.47mm；馆陶组油层主要为中粗砂岩和不等粒砂岩，其次为砾岩、砾状砂岩和细砂岩等（图 3-71），粒度中值平均值为 0.42mm。

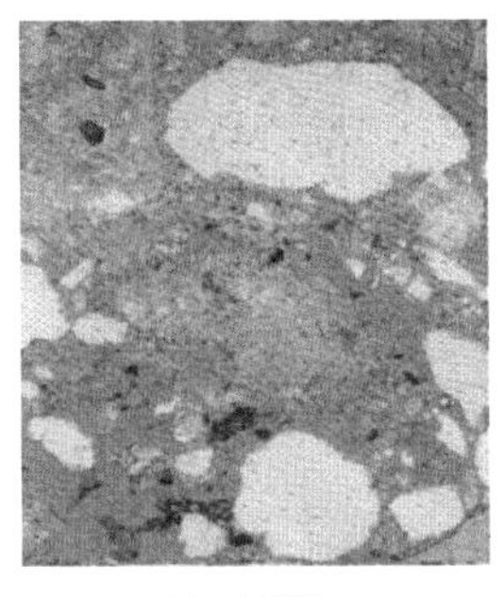

(a) 兴Ⅵ组

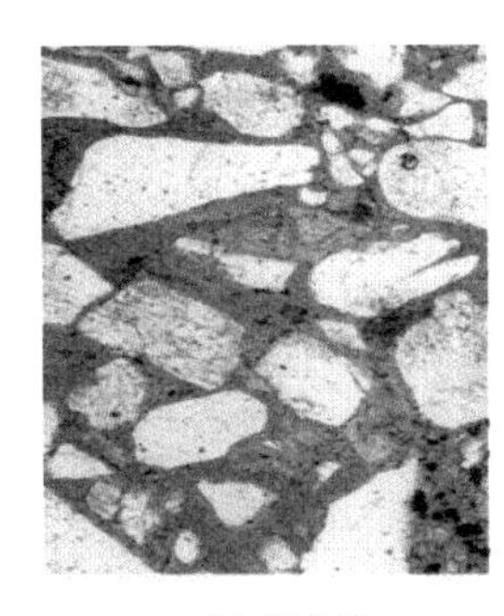

(b) 兴Ⅰ组

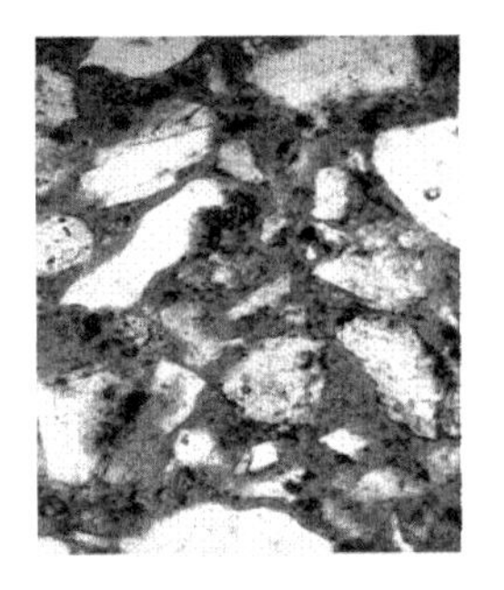

(c) 馆陶组

图 3-71　曙一区杜 84 块兴隆台及馆陶油层铸体薄片图

薄片鉴定结果表明：杜84块兴隆台油层以长石岩屑砂岩和岩屑砂岩为主。岩石成分中石英占37.0%，长石占27.4%，岩屑占28.4%。颗粒磨圆度较差，以次尖状—次圆状为主，颗粒间呈点接触，泥质胶结，胶结类型以接触式、孔隙—接触式和孔隙式居多；馆陶油层以长石砂岩为主，成分中石英占41.6%，长石占33.3%，岩屑占19.2%。颗粒磨圆差，以棱角—次棱角为主，颗粒间呈点接触，泥质胶结，胶结类型以接触式和孔隙式居多。

（3）两套含油层均为高孔、高渗透储层。

杜84块兴隆台油层为埋藏浅、成岩性差、岩石结构疏松的低成熟度储层。孔隙以粒间孔为主。因此，储层物性条件比较好。通过6口井的岩心样品分析资料统计，该块兴隆台油层为高孔、高渗透的储层，兴Ⅰ组孔隙度为30.3%，渗透率为2277mD，兴Ⅵ组孔隙度为26.6%，渗透率为1062mD。

杜84块馆陶油层孔隙以粒间孔为主，储层物性比较好，平均孔隙度为36.3%，平均渗透率为5539mD，平均泥质含量为4.2%，属于高孔、高渗透、低泥质含量的储层。

5）隔层分布特征

馆陶油层与兴Ⅰ组间隔层：厚度一般为2～10m，平均值为7.2m。在该区南部隔层较薄，在曙1-28-48井及曙28-44井等局部地区出现馆陶油层直接覆盖在兴隆台油层之上，隔层为0m的开“天窗”现象。兴Ⅰ组与兴Ⅱ组之间隔层平均厚度为4.25m，在杜84-68-66井附近存在开“天窗”现象；兴Ⅵ组与沙一段＋沙二段之间隔层厚度变化较大，最厚达81.1m（曙1-35-0336井），平均值为6.5m。

馆陶油层内部没有纯的泥岩隔夹层，只存在物性夹层。这种物性夹层一般是泥质含量较高的泥石流成因的砂砾岩（样品松散，无法分析）。这种夹层厚薄不均，一般在0.2～2m，薄的夹层在电测曲线上反映不明显，无法识别；较厚的夹层表现为低电阻率、低声波时差的特点。物性夹层一般为油斑级，对油气运移有一定的抑制作用，但不起遮挡作用；部分区域隔（夹）层较厚，对油气运移起到一定遮挡作用。馆陶油层与顶（底）水直接接触，尤其是顶水普遍存在，底水局部发育，给开发造成较大难度。

6）油水分布特点及油藏类型

（1）油层厚度大、净总厚度比大。

该块兴隆台油层发育较好，平面上大面积连片分布。兴Ⅵ组油层单井平均厚度为33.7m，主要发育在杜84断层以北；兴Ⅰ组单井油层平均厚度为14.2m，主要分布在西北部，东南部因处于构造低部位，油层不发育，以水层为主。

兴Ⅰ组和兴Ⅵ组油层单层厚度大，以块状为主，兴Ⅰ组油层单层平均厚度6.8m，其中油层单层厚度大于10m的占63.6%；兴Ⅵ组油层单层平均厚度为10.4m，油层单层厚度大于10m的占74.9%。

馆陶油层主要发育在该块南部地区，即曙一区34排井和28排井之间，平面上呈椭圆形，油层由中部向四周减薄，直接与边水接触。纵向上，油顶埋深为530～640m，油层和顶水之间没有纯的泥岩隔层；在北部杜84-64-64井附近和南部曙1-30-143井附近发育底水，整个油层在空间形态呈近似馒头状。在曙1-31-0149井附近油层最厚，单井解释油层最大厚度达151.5m，有效厚度为136.6m；边部油层较薄，最小厚度为7.2m；平均油层有效厚度为78.6m。

（2）兴隆台油层为厚层块状边底水油藏、馆陶组为厚层块状边（顶、底）水油藏。

兴隆台油层油水界面主要受构造和岩性控制，为岩性构造油藏。从油水纵向上的分异特点分析，兴Ⅰ组—兴Ⅳ组是边水油藏，兴Ⅵ组是底水油藏。兴Ⅵ组油水界面一般为 -860～-790m。

馆陶油层的顶部和四周被水包围，底部在南部的曙 1-30-143 井和北部的杜 84-64-64 井附近发育底水。因此，馆陶油层是边顶水油藏（图 3-72）。

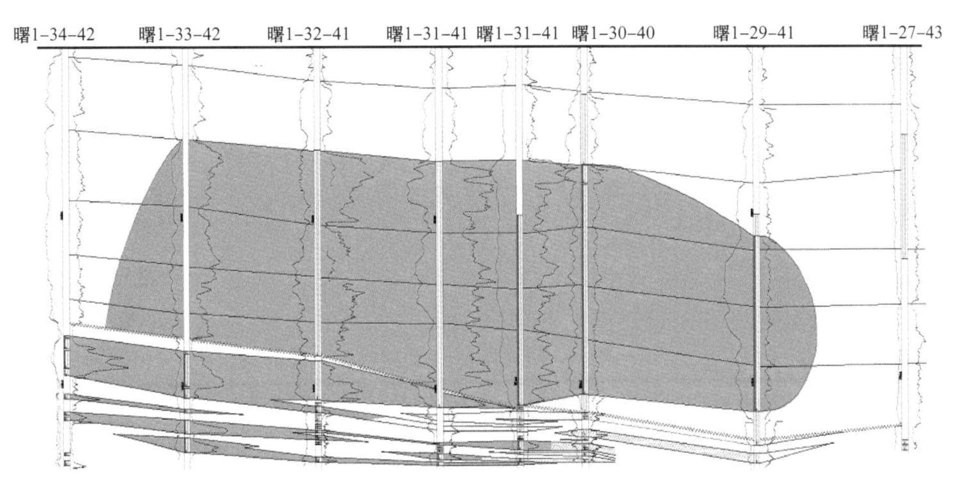

图 3-72　曙一区杜 84 块杜 84-51-29 井—杜 89 井油藏剖面图

7）流体性质及地层温度压力

原油全分析统计结果表明，该块兴隆台油层原油物性：20℃时的原油密度平均值为 $1.005g/cm^3$；50℃时的原油黏度是 13.51×10^4mPa·s；胶质 + 沥青质平均含量为 53.22%；凝固点平均温度是 25.7℃；含蜡量平均值为 2.06%。按稠油分类标准，属于超稠油。

馆陶油层原油物性：20℃下原油密度平均值为 $1.007g/cm^3$；50℃下原油黏度为 231910mPa·s；胶质 + 沥青质含量高，胶质 + 沥青质含量为 52.9%；凝固点温度为 27℃；含蜡量为 2.44%。按稠油分类标准属超稠油。

杜 84 块根据实测压力、温度资料统计，压力系数为 0.98，地温梯度为 3.3℃ /100m。兴隆台油层深 -750m 时，压力为 7.35MPa，地层温度为 34.7℃；馆陶油层深 -600m 时，压力为 5.88MPa，地层温度为 29.6℃。

2. 开发区域转 SAGD 前蒸汽吞吐整体评价

杜 84 块馆陶油层于 2000 年开始以直井正方形井网 70m 井距采用蒸汽吞吐方式投入开发，SAGD 水平井 2003 年相继完钻，陆续开始 SAGD 前期预热。截至 2007 年 12 月底，累计吞吐了 2510 井次，平均单井吞吐 9.3 井次，蒸汽吞吐阶段累计注汽量 681.3×10^4t，累计产油量 386.8×10^4t，累计产水量 557.6×10^4t，累计油汽比 $0.57m^3/m^3$，采出程度 14.7%。

杜 84 块兴隆台油层于 1997 年投入开发，其中兴Ⅵ组采用直井正方形井网 70m 井距蒸汽吞吐开发，1998 年 SAGD 水平井相继完钻，陆续开始前期预热；兴Ⅰ组采用 70m 井距整体部署水平井，于 2005 年陆续完钻并开始 SAGD 预热。截至 2007 年底，杜 84 块兴隆台油层累计吞吐 8602 井次，平均单井吞吐 10 井次，蒸汽吞吐阶段累计注汽量 2107.2×10^4t，累计产油量 876.1×10^4t，累计产水量 1519.8×10^4t，累计油汽比 $0.42m^3/m^3$，采出程度为 15.5%。

截至 2007 年底，平均单井吞吐 10.1 周期，累计注汽量 798.33×10^4t，累计产油量 371.78×10^4t，累计油汽比 0.47m^3/m^3，采出程度 21.1%。

1）蒸汽吞吐达到Ⅰ类开发指标

根据中国石油天然气总公司（1992）开字第 39 号《关于下发油藏分类指标的通知》文件，依据稠油热采（吞吐阶段）油藏开发水平分类指标界限，杜 84 块超稠油蒸汽吞吐达到Ⅰ类开发指标。

2）周期生产时间短，周期产油量低，油汽比低

超稠油油品性质决定了超稠油生产特点，蒸汽吞吐周期产油量、油汽比呈抛物线型变化趋势。在蒸汽吞吐初期随着周期的增加周期产油量、油汽比也随之增加，一般在第四、第五周期产油量、油汽比达到了高峰，之后开始递减，总体来看超稠油周期生产时间短、产量递减快、周期产油量低、油汽比低。

3）蒸汽吞吐后期采油成本相对较高

蒸汽吞吐开采是降压开采，馆陶、兴隆台油层的大部分井已经进入蒸汽吞吐的中后期，从蒸汽吞吐生产情况可以看出，在蒸汽吞吐阶段周期产油、油汽比均呈“抛物线”形变化，即分为上升、稳产、下降三个阶段。因此，造成吨油成本呈反“抛物线”形变化，若继续吞吐下去吨油成本会大幅度上升。馆陶、兴隆台油层第一周期的吨油成本分别为 532 元 /t 和 606 元 /t，第四周期分别下降为 419 元 /t 和 402 元 /t，第九周期分别上升为 653 元 /t 和 739 元 /t。

4）油层动用程度不均

兴Ⅰ组采用的是水平井生产，根据馆陶油层、兴Ⅵ组吸汽剖面及产液剖面资料统计，馆陶油层、兴Ⅵ组油层纵向上平均动用程度为 81.7%，馆陶油层纵向上动用程度高于兴Ⅵ组，馆陶组油层动用程度为 84.2%，兴Ⅵ组油层动用程度为 80.2%。从剖面可以看出油层上部动用得较好，下部动用较差或不动用。

在平面上，馆陶油层、兴Ⅵ组采用的是正方形井网 70m 井距直井蒸汽吞吐生产，在直井吞吐到 7～8 个周期后，在井间钻加密注汽井，通过加密井的测试资料分析，直井蒸汽吞吐井间动用程度较差，井间的剩余油饱和度为 50%～65%。

5）超稠油蒸汽吞吐开采产量递减快，采收率低，急待新的开发方式接替

由同期投产井的生产数据可以看出，蒸汽吞吐生产稳产时间短，产油量、油汽比递减快，平均年递减率为 15%～20%。蒸汽吞吐开发方式的采收率比较低，根据预测蒸汽吞吐采收率一般为 17.1%～20.9%，急待新的开发方式接替。

3. SAGD 项目整体开发历程

辽河油田 SAGD 技术主要在曙一区杜 84 块超稠油区域应用。截至 2003 年，曙一区超稠油开发建设主体工作量已基本完成，靠产能接替稳产已经结束，在原吞吐开发方式下，产量将进入递减。为寻求蒸汽吞吐后进一步提高采收率的有效接替方式，在杜 84 块主体部位开展了超稠油转换 SAGD 开发方式的研究、试验与推广工作。

1）SAGD 先导试验阶段

为充分利用原蒸汽吞吐井网，在曙一区杜 84 块馆陶油层、兴Ⅵ油层组设计部署 8 个 SAGD 先导性试验井组，覆盖地质储量 389×10^4t。通过实施蒸汽吞吐和 SAGD 组合开发方式，馆陶油层先导试验区 2005 年转 SAGD 开发，预计生产 12 年，平均日产油量 62.4t，

累计产油量 139.76×10^4t，最终采收率达 56.1%；兴Ⅵ组油层先导性试验区于 2006 年转 SAGD 开发，预计生产 5 年，平均单水平井日产油量 36.2t，累计产油量 74.24×10^4t，最终采收率达 53%。截至 2016 年 10 月底，8 个试验井组按照项目进度安排全部转入 SAGD 生产，日产液量、日产油量、含水率、油汽比均达到方案设计指标，截至 2007 年底，SAGD 先导性试验区 8 个井组累计产油量 26.73×10^4t，阶段投入产出比 1：0.81，其中馆陶油层已收回投资，阶段投入产出比为 1：1.21。

2）一期工程 40 井组（2008—2014 年）

SAGD 先导性试验获得成功后，开展工业化推广应用方案部署，分两期建设。一期工程即工业化试验 40 井组计划 2008 年集中转 SAGD，年产油量为 98×10^4t，建产能 118×10^4t/a。阶段生产 14 年，2008—2021 年阶段累计产油量 667×10^4t，累计油汽比 $0.28m^3/m^3$，阶段采出程度 37.9%，最终采收率 59.05%，与蒸汽吞吐对比，提高采收率 29.1%，增加可采储量 511×10^4t，油价按 40 美元 /bbl 计算，增量内部收益率 16.89%。

工业化试验方案实施过程中，因金融危机、洪水等因素致使转 SAGD 进度推迟 2～3 年，含油饱和度和峰值产量下降，期间辽河根据实际实施进程持续优化实施方案，2011 年统筹编制完成 SAGD 工业化试验井组调整方案。调整方案计要对开发指标和工作量进行了调整，年产油量为 82.0×10^4t，高峰产油时间推后 4 年，但年均采油速度、采收率和提高可采储量三项指标与原方案基本相当。2012 年工业化试验 48 井组全部转 SAGD 开发后，产量持续攀升，2017 年产油量为 82.9×10^4t。

3）二期工程（2015 年至今）

工业化试验方案规划二期工程同样因油价下降没有按规划进度实施。仅在工业化试验井组地面富余能力基础上扩建，现处于预热或 SAGD 初期阶段，二期工程剩余井组将根据油价和油田开发形势适时建设。

4. 项目整体开发效果评价

截至 2020 年底，辽河油田有一期井组 48 个，二期井组 24 个，72 个井组均已转入 SAGD 开发，峰值年产油量达 100 万吨以上。

1）项目整体开发评价

杜 84 块 SAGD 分三套层系，采用直平、双平两种井网形式。历时 20 余年，包括三个开发阶段，创新了直平组合 SAGD 开发理论体系，配套隔夹层精细描述、蒸汽腔立体刻画、高温大排量泵举升等关键技术，常规 SAGD 扩展至驱泄复合 SAGD，2016—2020 年 SAGD 年产油连续五年百万吨稳产（图 3-73）。

与吞吐对比，转 SAGD 后扭转了产量快速递减的局面。从蒸汽吞吐—SAGD 日产油量生产曲线可以看出，蒸汽吞吐阶段产量递减比较快，转入 SAGD 后，日产油量逐渐上升，与吞吐对比累计增油量 494×10^4t（图 3-74）。

与国外油田相比，百米日产油量相当，油汽比偏低。国外油田多为浅层油藏（埋深 200～300m），同时为原始油藏 SAGD 开发；与之相比馆陶油藏为中深层超稠油油藏（埋深 530～640m），初期为吞吐开发，转驱前采出程度达到 20%。馆陶油层与国外油田相比，在相同厚度条件下，百米日产油量相当、油汽比偏低（图 3-75）。与浅层油藏对比，辽河油田 SAGD 开发中深层超稠油油藏具有埋藏深、储层非均质性强、夹层多、油水关系复杂的特点，且经历蒸汽吞吐后，储层非均质性加剧，SAGD 驱替机理及开发调控更加复杂。

SAGD 开发方式蒸汽驱油效率高，预期能获得较高的采收率。取心资料证实蒸汽腔残余油饱和度仅为 6%～13%，驱油效率达 83%，按照波及体积 85% 计算，SAGD 采收率可达 70%。截至 2020 年底，48 个井组采出程度 52.6%，采油速度为 3.05%，显示了良好的提高采收率前景（图 3-76）。

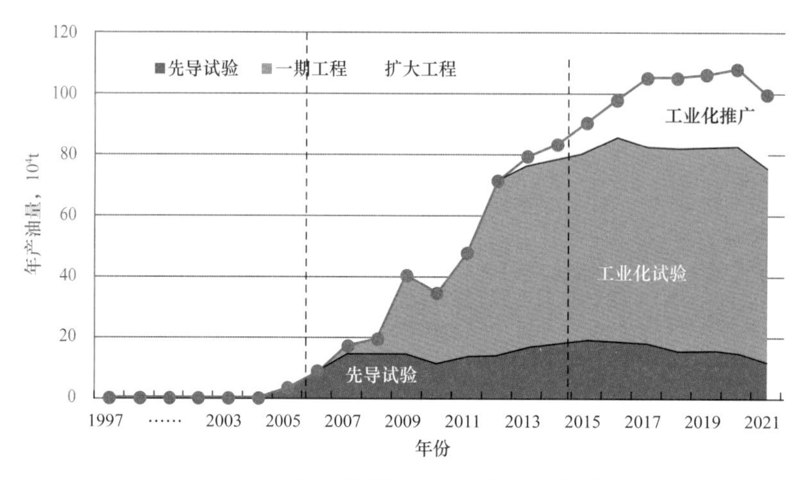

图 3-73 辽河超稠油 SAGD 年产油曲线

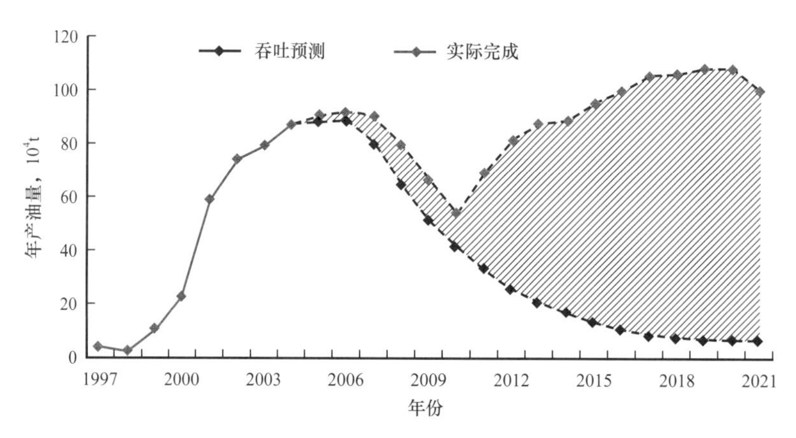

图 3-74 杜 84 块吞吐和 SAGD 组合开发曲线

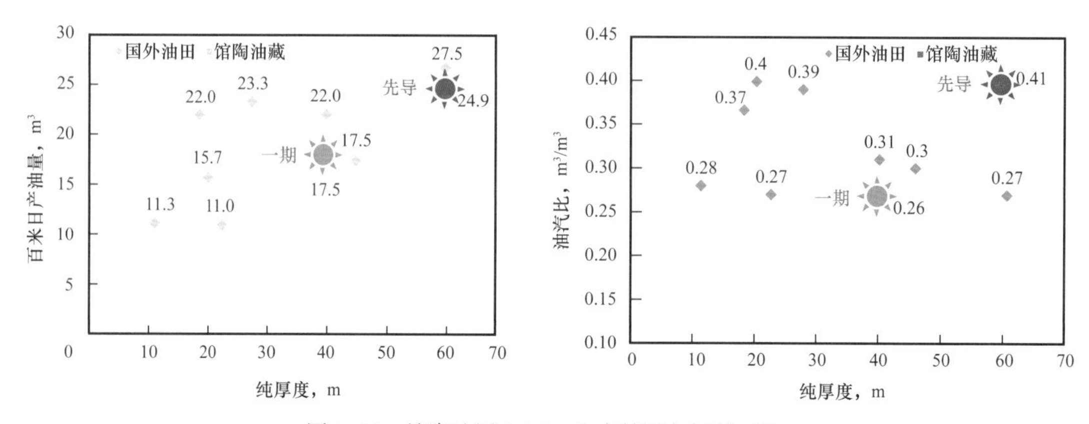

图 3-75 馆陶油层 SAGD 生产情况与国外对比

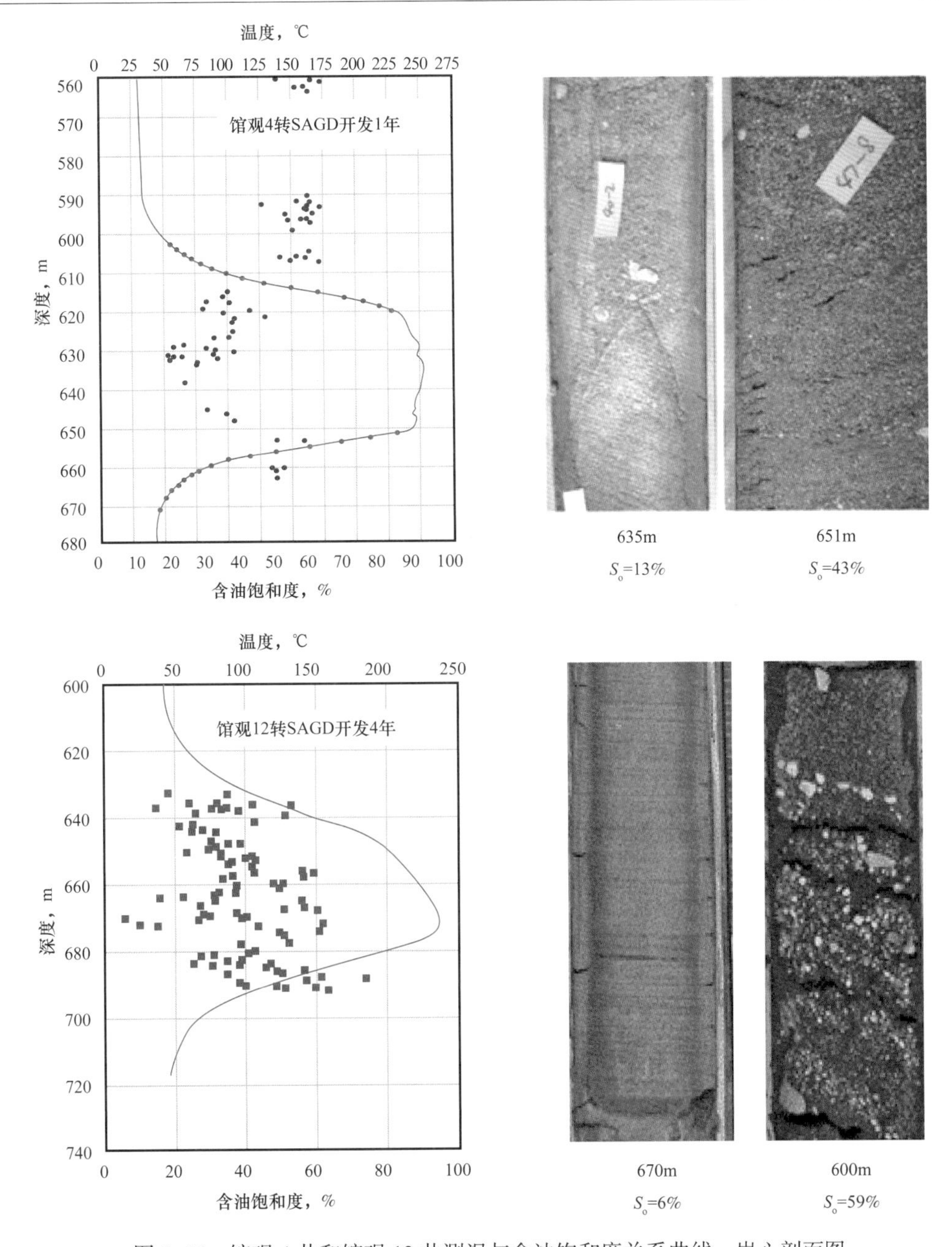

图 3-76　馆观 4 井和馆观 12 井测温与含油饱和度关系曲线、岩心剖面图

2）不同油层开发评价

（1）馆陶油层开发效果分析。

截至 2021 年底，馆陶油层已实施 SAGD 井组 32 个，综合含水率为 80%，采注比为 1，油汽比为 $0.25m^3/m^3$。

馆陶油层效果较好，井组现全部处于稳定泄油阶段。以生产压差、产液温度、日产油量等主要生产指标为依据（表 3-3），将 SAGD 生产分为驱替、复合、重力泄油三个阶段，从馆陶一期工程井组实际生产效果来看，25 个井组处于重力泄油阶段（图 3-77）。

表 3-3 馆陶油层 SAGD 开发阶段判别标准

阶段	油层压力，MPa	注汽压力，MPa	生产压差，MPa	产液温度，℃	含水率，%
驱替阶段	＜2	＞6.5	3～4	＜140	＞85
复合阶段	2～3	6～7	1～2	140～170	85～80
重力泄油阶段	3.5 左右	5～6	0.5 左右	170～180	80～60

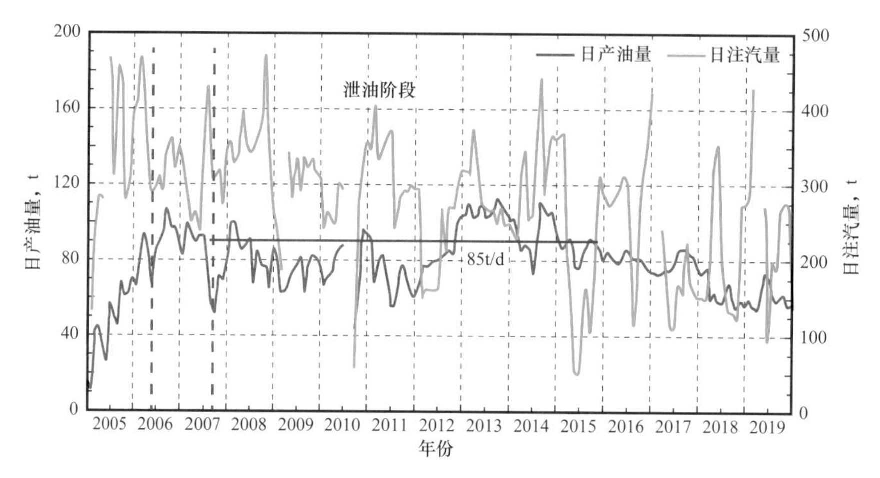

图 3-77 馆陶典型 SAGD 井组的注气和采油曲线

蒸汽腔已全面形成，正逐步扩展。馆陶油层平均厚度为 77m，吞吐结束时在注采井间的油层被加热，可形成较好的热连通，数值模拟显示吞吐结束时注采井间的油层温度可达 85°C 以上，沿水平井方向温度较高，局部位置已加热至 120°C，因此在 SAGD 实施初期，蒸汽腔在注汽井周围形成后沿原加热温度高部位快速上升（图 3-78）。

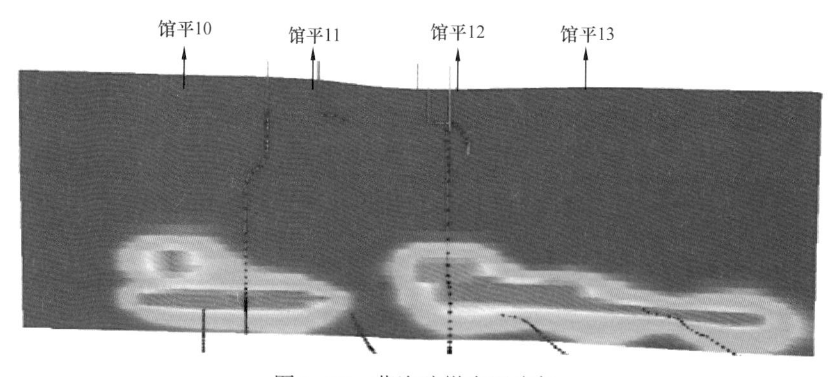

图 3-78 蒸汽腔纵向温度场

转入 SAGD 后，注汽井连续注汽，首先在注汽井点处形成独立的蒸汽腔而后逐渐扩大连通。根据各观察井的监测资料显示，蒸汽腔扩展高度呈“西高东低”特点，蒸汽腔高处出现在馆陶油层西部的先导试验区，蒸汽腔高度在 60～70m；沿着先导试验区周围向外延伸，蒸汽腔的高度逐渐降低，蒸汽腔最低处在馆观 16 井附近，距离顶水 89m，馆观 12 井附近蒸汽腔高度也较低，距离顶水 71m，其余井组蒸汽腔高度在 30～40m，年平均上升速度在 4.6m/a（图 3-79）。

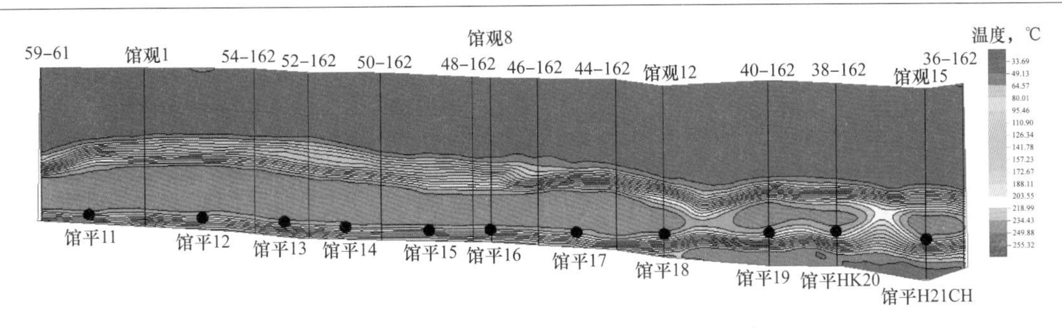

图 3–79　杜 84–59–61 井—杜 84–36–162 井温度剖面图

（2）兴 I 组开发效果分析。

截至 2021 年底，兴 I 组已实施 SAGD 井组 4 个，综合含水率为 89%，采注比为 0.87，油汽比为 0.10m^3/m^3。

转 SAGD 初期，井组不封闭，蒸汽外溢严重。4 个双水平井组周围邻井吞吐生产，周期末油藏压力最低至 1.8MPa，远低于 SAGD 操作压力，自双水平井转 SAGD 开发后，周围相邻吞吐井产液量、井口温度明显上升，含水率达 95% 左右，表现出明显驱替特征（图 3–80）。

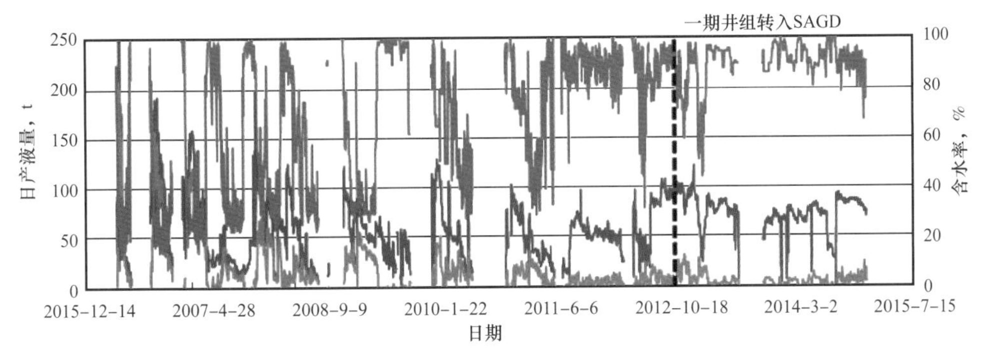

图 3–80　一期井组周围受效井日产曲线

通过开展外溢区增压试验，兴 I 组开发效果明显改善。针对兴 I 井组蒸汽外溢严重，气液界面不稳定的问题，2014 年 7 月至 2017 年 4 月，在井区开展外溢区注气体增压试验，累计注入 CO_2 气体 2420×10^{4}m^3、蒸汽 17.1×10^{4}t，实施后压力上升至 4.5MPa，蒸汽腔加速扩展，温度上升至 200～234℃，井组产液量上升、含水率下降，日产油量由实施前的 100t 上升至 140t（图 3–81）。

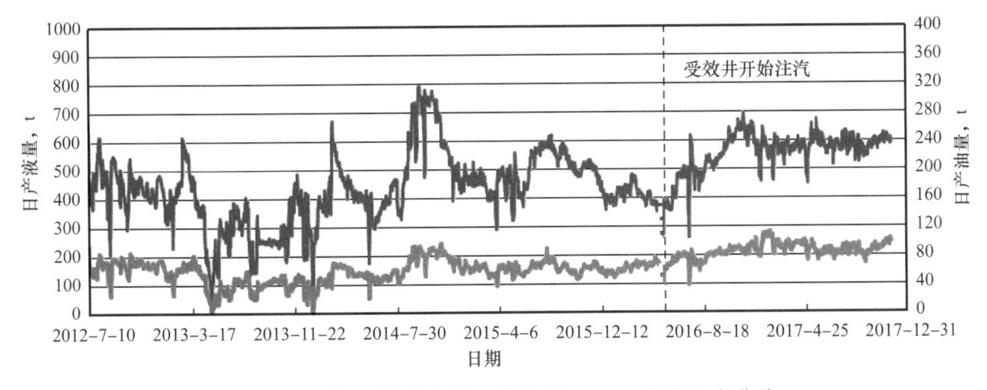

图 3–81　杜 84 块兴 I 组一期井组 SAGD 阶段生产曲线

从距离水平井7～10m处的温度观察井测温曲线来看，初期由于蒸汽外溢，蒸汽腔发育缓慢，经过综合调控，蒸汽腔已初步形成，目前处于泄油阶段蒸汽腔温度为230℃(图3-82)。

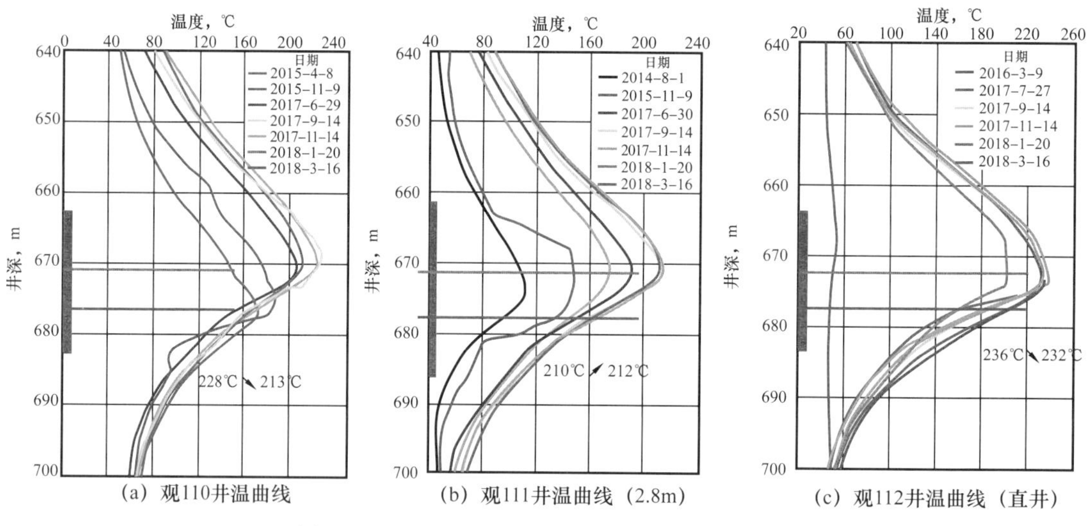

图3-82 杜84块兴Ⅰ组SAGD观察井测温曲线

（3）兴Ⅵ组开发效果分析。

截至2021年底，兴Ⅵ组已实施SAGD井组36个，日注汽量1984t，日产油量475t，综合含水率为84%，采注比为1.18，油汽比为0.24m^3/m^3。

兴Ⅵ组整体处于驱泄复合阶段。兴Ⅵ组一期工程SAGD 19个井组，依据SAGD阶段划分标准处于驱泄复合阶段（图3-83）。

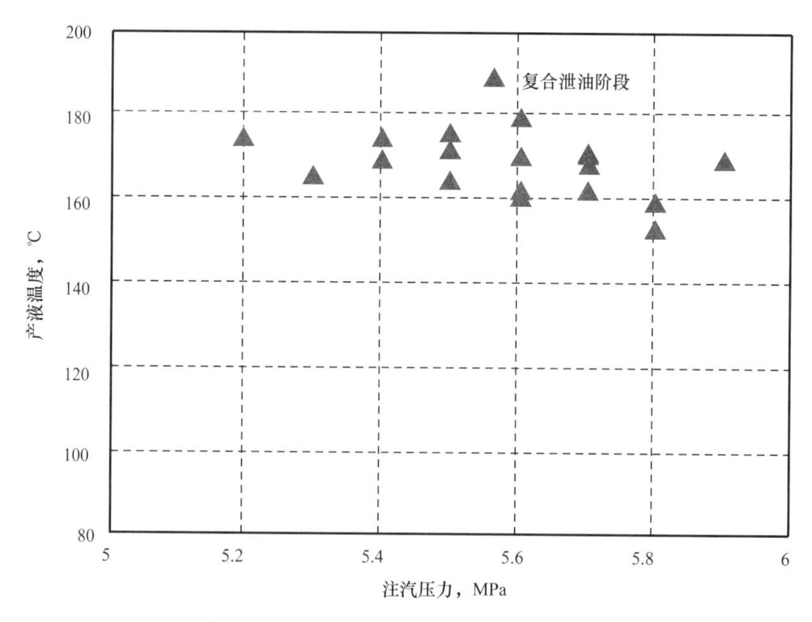

图3-83 兴Ⅵ井组SAGD开发阶段划分图

与先导性试验相比，后转井组开发效果差。后转井组整体生产效果比先导性试验差。先导性试验4个井组于2006年8月转入SAGD，一期15个井组于2011年7月至2012年2

月陆续转入 SAGD。从表 3-4 中可以看出，转驱时间越晚，采出程度越高，剩余油饱和度越低。

表 3-4　井组转驱时条件表

井组	转驱时间	采出程度，%	剩余油饱和度
先导试验区	2006 年	27.8	0.46
一期井组	2011—2012 年	38	0.41

从先导性试验区与一期实施井组日产油量、油汽比变化曲线上可看出，与先导性试验相比，一期井组内有效厚度仅为 34m，采出程度高于先导性试验，转驱初期产量快速达到高峰期后迅速下降；油汽比初期较高，后期与先导性试验持平（图 3-84）。

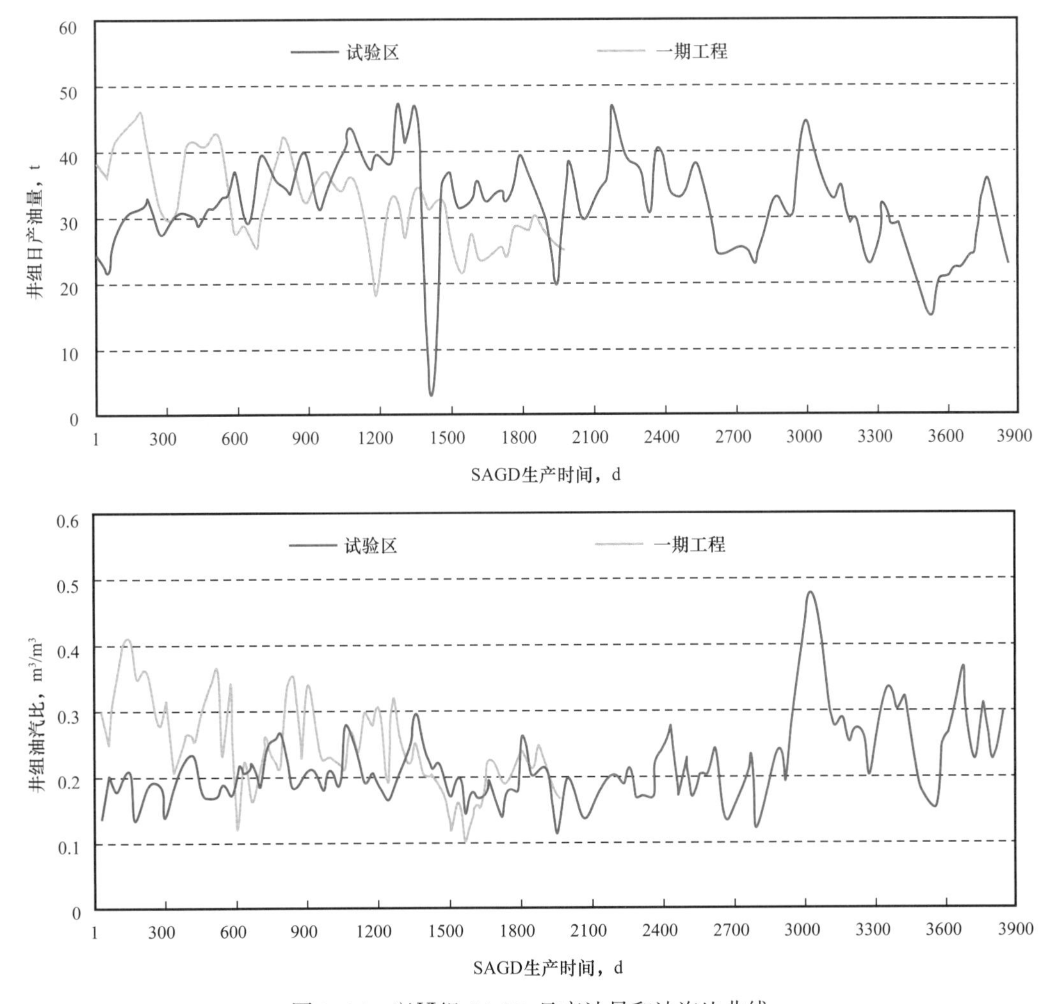

图 3-84　兴Ⅵ组 SAGD 日产油量和油汽比曲线

纵向上蒸汽腔已经发育至油层顶部，处于横向扩展阶段。兴Ⅵ组试验区井组蒸汽腔已完全连通并扩展至油层顶部，蒸汽腔温度为 235℃，油顶温度已达 205℃，蒸汽腔处于横向扩展阶段（图 3-85）。

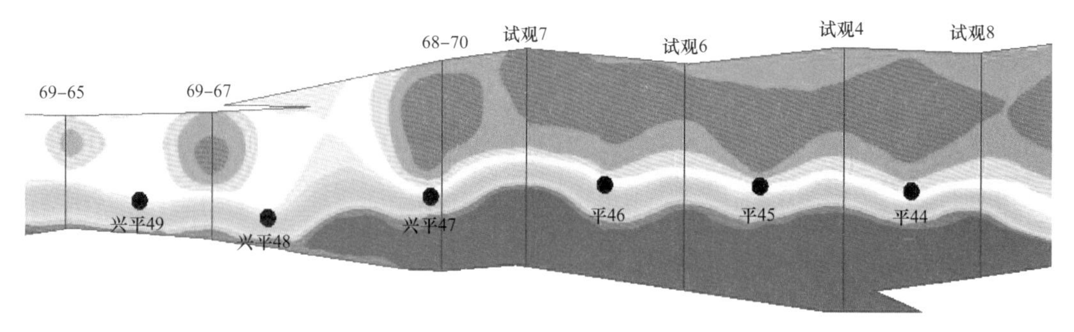

图 3-85　兴Ⅵ组 SAGD 平 43—兴 H50 井组蒸汽腔分布图

二、浅层双水平井 SAGD 开发实例

新疆油田公司风城油田超浅层稠油地质储量丰富，采用双水平井 SAGD 技术实现超稠油资源得到有效动用，SAGD 现已初步实现了工业化，取得了较好的应用效果，为超稠油油藏高效开发奠定了基础，此部分介绍 2008 年先导性试验以来的进展与实施效果。

1. 油藏概况

风城油田位于准噶尔盆地西北缘北端，在克拉玛依区东北约 130km 处，行政隶属新疆维吾尔自治区克拉玛依市。风城油田地面海拔 280～530m，平均值约为 380m，由于风化作用，地形起伏较大，残丘断壁四处可见，冲沟纵横，成了有“风成城”之称的风蚀地貌。含油特征及热采开发层组划分及组合条件，可划分 4 套含油层，即自下而上为 J_1b、J_3q_3、$J_3q_2^{2-3}$、$J_3q_2^{2-1}$+$J_3q_2^{2-2}$，风城油田稠油区发育北东向和北西向两组 30 余条大角度逆断裂将整个工井区切割为众多断块，控制着地层、沉积、油水分布及原油油物性的变化。通过筛选，齐古组 $J_3q_2^{2-1}$+$J_3q_2^{2-2}$ 层适合 SAGD 开发的区域主要分布在重 32 井区、重 37 井区、重 5 井区及重 59 井区，砂岩厚度 1.2～82.1m，平均厚度为 25.9m。该层油层中部平均埋深 246m，油层纵向相对连续，平面上油层厚度在 5～42m，平均厚度为 15.8m。齐古组 J_3q_3 层适合 SAGD 开发的区域主要分布在重 32 井区、重 37 井区、重 5 井区、风重 010 井区、重 18 井区及南部外围，在局部砂层尖灭，砂岩厚度为 20～60m，油藏中部平均埋深为 402m，油层纵向上分布相对连续。

风城油田西部重 32 井区目的层 $J_3q_2^{2-1}$+$J_3q_2^{2-2}$，底部构造形态为南倾单斜，地层倾角为 5°，为一套辫状河三角洲相沉积，埋深 170～180m，地层厚度为 48～63m，平均值为 60m；砂层厚度为 32～60m，平均值为 40.3m；油层有效厚度为 21.5～36.5m，平均值为 27.3m。试验区储层含油岩性主要为中细砂岩，分选中—好，以泥质胶结为主，胶结疏松—中等，胶结类型以接触式为主；孔隙类型主要为原生粒间孔，油层岩心样品分析孔隙度平均值为 33.1%，渗透率中值为 1175mD；测井解释孔隙度为 23.4%～42.6%，平均值为 31.5%，渗透率平均值为 2018mD，属于高孔、高渗透储层。储层黏土矿物主要以伊蒙混层矿物（42.3%）为主（混层比 80%），其次为高岭石（28.7%）、伊利石（14.5%）和绿泥石（14.5%）；为弱水敏性、无—弱速敏性储层。岩石润湿性为中—弱亲油型。该区目的层无底水，顶部与吐谷鲁群之间隔层较发育，厚度一般为 8.0～26.3m，平均厚度为 19.7m，隔层岩性为泥岩、泥质砂岩。原油密度为 0.9551～0.9836g/cm^3，平均值为 0.9649g/cm^3，50℃下原油黏度为 19925～28500mPa·s，平均值为 22410mPa·s，为典型的浅层超稠油油藏。

试验区油藏中部深度 190m（海拔 175m）处，地层温度 16.4℃，原始地层压力为 1.89MPa，压力系数为 0.99。

风城南部重 18 井区目的层 J_3q_3 也是 SAGD 开发主力区块，为一套辫状河流相沉积。构造形态为向南倾没的单斜，地层倾角为 5°，埋深为 440～495m，沉积厚度在 9.7～53.9m，平均值为 29.3m；油层有效厚度为 5～31.4m，平均值为 17.6m。储层含油岩性主要为中细砂岩，孔隙度平均值为 30.6%，渗透率中值为 743mD，属于高孔、高渗透储层，含油饱和度为 45.3%～75.7%，平均值为 64.4%。原油密度为 0.9587～0.9864g/cm³，平均值为 0.9755g/cm³，50℃下原油黏度 20000～448000mPa·s，平均值为 70000mPa·s。

2. 开发历程

新疆的 SAGD 技术发展及工业化推广应用历经三个阶段。

1）前期研究阶段（2006—2008 年）

该阶段为方案准备阶段，广泛调研了国内外 SAGD 技术应用情况，开展 SAGD 开采机理、油藏综合地质、开发筛选评价等多项基础研究，为 SAGD 开发试验提供技术支撑。

2）先导性试验阶段（2008—2011 年）

该阶段主要为工业化应用开展技术攻关，形成配套技术。

2007 年在中国石油天然气股份有限公司的统一部署和支持下，确立了风城超稠油 SAGD 开发先导性试验项目。按照“整体部署，分步实施；先易后难，结合产建”的原则，部署 4 个 SAGD 试验区。

2008—2009 年先后开辟了重 32 井区、重 37 井区的 SAGD 先导试验区，主要攻关目标是实现 50℃下原油黏度在 20000～50000mPa·s 的超稠油Ⅱ类油藏有效开发，并形成 SAGD 配套技术。两个先导性试验区共实施双水平井 SAGD 井组 12 对，观察井 38 口，水平段长度 300～521m，动用含油面积 0.64km²，动用地质储量 315.5×10^4t，单井设计产能 15～30t，建产能 6.24×10^4t。通过 4 年的探索与实践，初步形成了地质油藏、钻采工程、地面工程相关配套技术，两个先导性试验区分别于 2012 年 4 月和 2012 年 11 月（第 4 年）进入了稳产阶段，正常生产的 9 井组在稳产期平均日产油量 29.8t，油汽比 0.33m³/m³，取得了较好效果，形成多项创新性认识，并建立了浅层超稠油双水平井 SAGD 开发油藏筛选标准，为新疆油田 SAGD 工业化、规模化应用奠定了基础。

3）工业化推广应用阶段（2012 年至今）

依托先导性试验取得的经验和技术，2012 年开始 SAGD 工业化推广应用，该阶段产量、技术大踏步前进。截至 2020 年底，SAGD 累计建产能 174×10^4t，年产油量快速上升，2017 年起，连续 5 年 SAGD 实现年产油百万吨；同时攻关了“储层精细刻画、蒸汽腔定量描述、快速均匀启动、生产动态分析与跟踪调控、措施增产提效、老区综合调整、信息配套应用”等系列关键技术。

截至 2020 年底，新疆风城油田已开发 7 个层块。

3. 先导性试验进展与效果评价

1）重 32 井区先导性试验方案要点

SAGD 开发油藏工程优化包括水平井部署优化设计（水平井段长度、生产井与水平井垂向距离、水平井位置及水平井井距等的优化），启动阶段注采参数优化（注汽速度、井底蒸汽干度、循环预热压力、循环预热施加压差时机和压差大小），生产阶段操作参数优化（蒸汽腔压力、Sub-cool 控制）和生产指标预测等。根据重 32 井区的地质特点，开展了风城超稠油油藏 SAGD 开发物理模拟研究和油藏工程研究，确定了双水平井布井方式和相关注采参数，进行了生产指标预测。先导性试验方案的主要设计参数见表 3-5。

表 3-5　先导试验区油藏工程关键参数优化结果表

优化内容	参数	重 32 井区
部署优化设计参数	水平段长度，m	400
	排距，m	80
	井距，m	100～120
预热阶段注采参数	井口注汽压力，MPa	2.13
	注汽速率，m^3/d	80
	井口注汽干度，%	＞95
	施加压差时机，d	25
	压差大小，MPa	0.07
	转入时机，d	60
SAGD 生产阶段注采参数	井口注汽压力，MPa	1～4
	井口注汽干度，%	＞95
	注汽速率，m^3/d	250
	蒸汽腔操作压力，MPa	1.2
	井底产液温度，℃	140～200
	高峰采液速率，m^3/d	400
	平均生产时间，a	11
	单井控制储量，10^4m^3	33.07
	阶段采油，10^4m^3	16.9
	阶段油汽比，m^3/m^3	0.37
预测最终采收率，%		51.1

根据以上的设计参数，于 2008 年 6 月完成了重 32 井区 SAGD 先导试验方案。方案在重 32 井区 $J_3q_2^{2-1}$+$J_3q_2^{2-2}$ 层连续油层厚度大于 15m 区域部署 6 对双水平井井组、16 口观察井，计划优选实施 4 个 SAGD 井组和 12 口观察井（图 3-86）。

采油工艺设计方面以油藏方案设计为基础，以达到油藏设计指标为目标，以应用现有成熟工艺技术为主。注汽工艺要满足井底干度大于 75% 的要求，尽可能确保井底高干度；

举升工艺满足高温、高排液量需求，单水平井最高排液量为 300～450m³/d，产出液温度在 150～180℃；举升泵要求安装到倾角 50°～60° 处，正常生产；对注汽水平井、生产水平井、观察井能够实施实时监测，以配合油藏工程实时监测蒸汽腔的形成及分布情况，为注采方案调整提供依据。

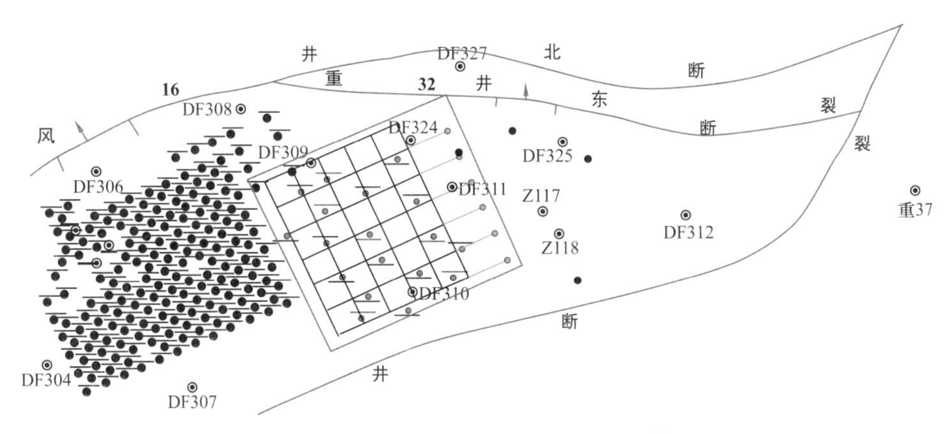

图 3-86　重 32 井区 SAGD 先导试验井位部署图

2）试验区的实施情况

根据试验方案，2008 年在位于风城重 32 井区实施了 4 个井对的双水平井 SAGD，水平段长度 400m，井距 100m；观察井 14 口，总井数 22 口。试验区目的层位 J_3q^2 层。试验区含油面积为 0.2km²，核实动用地质储量 106.7×10^4t。SAGD 水平井完井方式采用 $9^5/_8$in 技术套管加砂水泥固井、水平井段下 7in 筛管完井，筛管缝宽 0.35mm。重 32 井区 SAGD 先导性试验区 FHW103 Ⅰ 井组、FHW104 Ⅰ 井组、FHW106 Ⅰ 井组采用单管注汽，注汽水平井下入均匀配汽短节，FHW105 Ⅰ 井组采用双管注汽。

4 个双水平井 SAGD 井对于 2009 年 1 月开始循环预热，于 2009 年 5 月陆续转入 SAGD 生产。初期先导性试验由于受循环预热、注汽参数、储层非均质性的影响，4 个 SAGD 先导性试验井组转生产初期日产量波动较大，井对之间的生产效果逐渐出现了差异，2011 年 10 月调整注采管柱后，产液量、产油量及注汽速度逐渐上升并趋于稳定（图 3-87）。截至 2020 年底，累计生产 3364～6175 天。试验区平均日产油量为 110.5t，单井组平均日产油量为 20.4～40.5t。

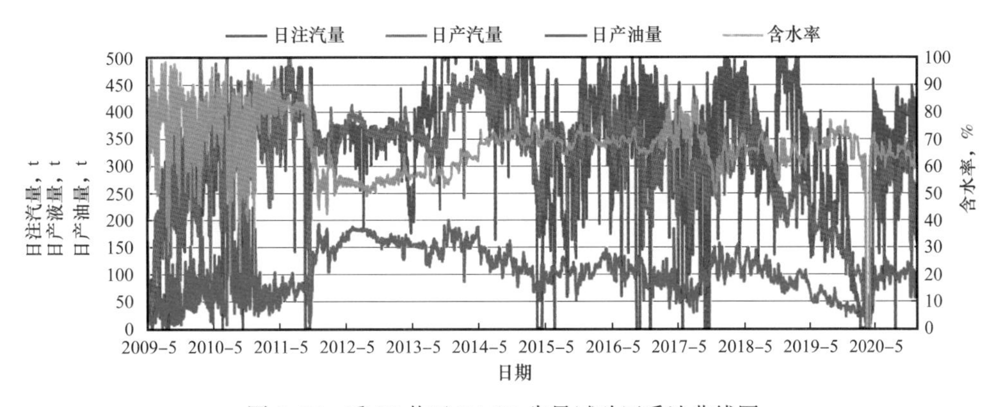

图 3-87　重 32 井区 SAGD 先导试验区采油曲线图

3）试验区效果评价

（1）在非均质性较强的超稠油油藏中开展了先导性试验，取得了较好效果。

风城先导性试验区储层非均质性强、油层薄、夹层发育、原油黏度高，但试验区稳产阶段平均日产油量达到了32.0t，油汽比达到了0.34m³/m³，其中一类井日产油水平达到50t以上，取得了较好的生产效果。

（2）风城超稠油采用SAGD方式，比其他注蒸汽热采方式具有明显优势。

① 受原油黏度影响比常规方式小。据实际生产效果看，50℃下原油黏度超过20000mPa·s时，常规开发油汽比低于0.20m³/m³；SAGD方式在重32井区、重37井区的较高黏度区域（50℃下原油黏度为23000～68000mPa·s）取得了较好效果，单井组平均日产油水平达到了30t以上（最高达到57t以上），油汽比达到了0.32m³/m³以上。

如重32井区SAGD单井组累计产量是周围同层、同期投产直井的14.6倍，常规水平井的9.0倍；平均日产油量是直井的10.4倍，是常规水平井的4.9倍；累计油汽比是直井的1.9倍，是常规水平井的1.7倍，效果显著（图3-88）。

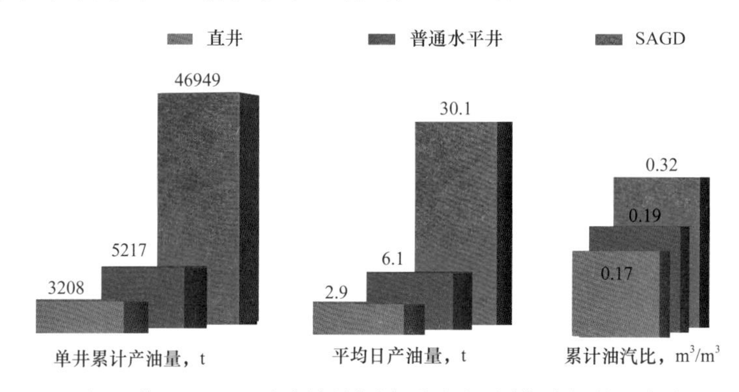

图3-88 重32井区SAGD试验效果与周围同层、同期常规井生产效果对比图

② SAGD方式稳产时间长，采出程度较高。室内基础实验和数值模拟研究结果表明，SAGD方式井组产油水平达到高峰期后，在较高生产水平上可稳产5～6年，最终采收率可达到40%以上，而常规方式50℃下原油黏度大于20000mPa·s时无法有效开发；原油黏度小于20000mPa·s时，能够取得一定效果，但产量低、油汽比低，有效生产时间短，最终采收率在20%左右。

（3）配套技术基本形成，取得了较好应用效果。

通过先导性试验，基本形成了浅层超稠油SAGD开发方案设计，钻井轨迹控制，预热生产管柱优化，有杆泵举升、动态监测部署及资料录取，地面注汽、集输、处理，生产动态跟踪分析与调控等方面的配套技术，并在风城Ⅱ类和Ⅲ类超稠油（原油黏度为20000～50000mP·s）资源的有效开发中取得较好的应用效果。以上成果表明，风城超稠油油藏采用双水平井SAGD方式开发，可取得较好的开发效果。

参考文献

［1］Roger Butler，张荣斌，陈勇．日臻完善的SAGD采油技术［J］．国外油田工程，1999（11）：15-17.

［2］Towson D E，王培良，王卫星．加拿大现场稠油热采技术综述［J］．河南石油，1998（1）：44-45.

［3］于连东．世界稠油资源的分布及其开采技术的现状与展望［J］．特种油气藏，2001（2）：98-103.

［4］吴奇，等．国际稠油开采技术论文集［M］．北京：石油工业出版社，2002.
［5］刘文章．中国稠油热采技术发展历程回顾与展望［M］．1 版．北京：石油工业出版社，2014.
［6］李倩，李锦超．提高稠油采收率技术研究现状及发展趋势［J］．石油化工应用，2011，30（7）：1–6.
［7］杨乃群，常斌，程林松．超常规稠油油藏改进的蒸汽辅助重力泄油方式应用研究［J］．中国海上油气（地质），2003（2）：123–127.
［8］郭建国，乔晶．水平井开发杜 84 块馆陶超稠油藏方案优化及应用［J］．钻采工艺，2005（3）：43–46.
［9］孟巍，贾东，谢锦男，等．超稠油油藏中直井与水平井组合 SAGD 技术优化地质设计［J］．大庆石油学院学报，2006（2）：44–47.
［10］刘尚奇，王晓春，高永荣，等．超稠油油藏直井与水平井组合 SAGD 技术研究［J］．石油勘探与开发，2007（2）：234–238.
［11］Ren Fangxiang，Han Yun. Current Status and Challenges of Heavy Oil Recovery Technology in Liaohe Oilfield［J］. China oil & Gas，2007，14（2）：40–43.
［12］耿立峰．辽河油区超稠油双水平井 SAGD 技术研究［J］．特种油气藏，2007（1）：55–57，65.
［13］杨立强，陈月明，王宏远，等．超稠油直井 – 水平井组合蒸汽辅助重力泄油物理和数值模拟［J］．中国石油大学学报（自然科学版），2007（4）：64–69.
［14］王志超，李树金，周明升．杜 84 断块馆陶油藏双水平 SAGD 优化设计［J］．中外能源，2008（2）：48–51.
［15］Gao Yongrong，Liu Shangqi，Shen Dehuang，et al. Improving Oil Recovery by Adding N_2 in SAGD Process for Super–Heavy Crude Reservoir with Top–Water［C］. SPE 114590，2008.
［16］Butler R M，Mcnab G S，Lo H Y. Theoretical Studies on the Gravity Drainage of Heavy Oil during In–situ Steam Heating［J］. Canadian Journal of Chemical Engineering，1981，59（4）：455–460.
［17］武毅，张丽萍，李晓漫，等．超稠油 SAGD 开发蒸汽腔形成及扩展规律研究［J］．特种油气藏，2007，14（6）：40–43.
［18］赵田，高亚丽，乙广燕，等．水平井蒸汽辅助重力驱数学模型的建立与求解方法［J］．大庆石油地质与开发，2005，24（2）：40–41.
［19］赵庆辉．蒸汽辅助重力泄油蒸汽腔发育特征研究［J］．西南石油大学学报，2008，30（4）：123–126.
［20］吴永彬，李秀峦，赵睿，等．双水平井 SAGD 循环预热连通判断新解析模型［J］．西南石油大学学报（自然科学版），2016，38（1）：84–91.
［21］马德胜，郭嘉，昝成．蒸汽辅助重力泄油改善汽腔发育均匀性物理模拟［J］．石油勘探与开发，2013，40（2）：188–193.
［22］李秀峦，刘昊，罗健，等．非均质油藏双水平井 SAGD 三维物理模拟［J］．石油学报，2014，35（3）：536–542.
［23］王选茹，程林松，刘双全，等．蒸汽辅助重力泄油对油藏及流体适应性研究［J］．西南石油学院学报，2006，28（3）：57–60.
［24］席长丰，马德胜，李秀峦．双水平井超稠油 SAGD 循环预热启动优化研究［J］．西南石油大学学报（自然科学版），2010，32（4）：103–108.
［25］霍进，桑林翔，杨果，等．蒸汽辅助重力泄油循环预热阶段优化控制技术［J］．新疆石油地质，2013，34（4）：455–457
［26］杨智，赵睿，高志谦，等．浅层超稠油双水平井 SAGD 立体井网开发模式研究［J］．特种油气藏，2015，22（6）：104–107.

[27] 刘志波，程林松．蒸汽与天然气驱（SAGP）开采特征——与蒸汽辅助重力泄油（SAGD）对比分析[J]．石油勘探与开发，2011，38（1）：79-83.
[28] 高永荣，刘尚奇．氮气辅助SAGD开采技术优化研究[J]．石油学报，2009，30（5）：717-721.
[29] 张小波，郑学男，孟明辉，等．SAGD添加非凝析气研究[J]．西南石油大学学报，2010，32（2）：113-117.
[30] 李玉君．杜84块氮气辅助SAGD开采技术现场试验分析[J]．石油地质与工程，2013，27（2）：63-64.

第四章　火 驱 技 术

火烧油层（In–situ Combustion，ISC），也称火驱。地下燃掉油中的部分重质成分，把热及因热蒸馏和裂解的轻质馏分与燃烧前沿下游的油混合，使油变稀被驱入生产井。与其他采油方法不同的是，它利用油层内原油的一部分重质成分作燃料，不断燃烧生热，把油层中的原油驱出，因此，又称就地燃烧、地下燃烧、火驱采油法。这种开采方法的驱油效率是其他采油方法所不及的，实验室试验和现场取心结果证明，已燃区的残余油饱和度几乎为零。红浅火驱先导试验项目在注蒸汽开发后废弃 10 年的油藏上成功实施，注蒸汽阶段采出程度 28.9%，火驱阶段采出程度 36.3%，成功实现稠油老区注蒸汽后大幅度提高采收率，最终油藏采收率 65.2%。

本章首先概述了火驱技术的总体进展，然后分别概述了中国石油天然气股份有限公司在机理及特性、室内试验技术、油藏工程优化、前缘调控技术、适宜火驱的油藏条件研究、火驱开发关键配套工艺技术等方面取得的主要认识和进展，最后对中国石油的主要火驱矿场应用实例进行了跟踪评价和效果分析。

第一节　火驱技术进展概述

一、室内研究与技术攻关历程

中国石油勘探开发研究院热力采油研究所于 1980—1990 年先后建立了燃烧釜实验装置、低压一维火驱物理模拟实验装置和三维火驱物理模拟实验装置，能够通过室内实验获取燃料沉积量、空气消耗量等火驱化学计量学参数，并能进行相应的室内火驱机理研究。2000 年以后，引进了加拿大 CMG 公司的 STARS 热采软件，可以进行较大规模火驱的油藏数值模拟研究。

2006 年，中国石油天然气集团公司筹建稠油开采重点实验室。依托重点实验室建设，先后引进了 ARC 加速量热仪、TGA/DSC 同步量热仪等反应动力学参数测试仪器，并改造和研制了一维和三维火驱物理模拟实验装置，使火驱室内实验手段实现了系统化。2006 年，胜利油田采油工艺研究院完成了国内第一组面积井网火驱的三维物理模拟实验。2007 年，中国石油勘探开发研究院热力采油研究所完成了国内第一组水平井火驱辅助重力泄油的三维物理模拟实验，使中国火驱室内实验装置和研究手段进一步接近国际先进水平。

2008 年开始，国家油气重大科技专项设立了“火烧驱油与现场试验”的课题，由中国石油勘探开发研究院和新疆油田公司承担。在“十三五”期间该课题继续延续。

二、矿场试验进展

2009 年 12 月，中国石油天然气股份有限公司首个火驱重大开发试验——新疆红浅 1 井区火驱试验点火成功[4]。试验油藏前期经历了蒸汽吞吐和蒸汽驱，在火驱前处于废弃状态。试验的主要目的是探索稠油油藏注蒸汽开发后期的接替开发方式。试验进展顺利，火驱阶段采出程度已达到25%，与此同时，辽河油田也在杜66块开展了火驱试验，并逐年扩大试验规模。

2011年4月，中国石油天然气股份有限公司通过了国内首个超稠油水平井火驱重大先导性试验——新疆风城超稠油水平井火驱重力泄油先导试验方案的审查。该方案于2011年底进入矿场实施。试验目的是探索超稠油油藏除SAGD之外的高效开发方式。FHHW005试验井组实现了高温燃烧和重力泄油5年，5年间累计产油量9347t，空气油比$1223m^3/m^3$，创造了单井组稳定泄油和累计生产时长的双项世界纪录，形成了超稠油油藏火驱开发的储备技术，基本达到试验预期目标。目前，受调控难度大、运行成本高、工况严苛等因素综合影响，矿场试验难以继续进行，试验已经终止。

2015年和2016年，中国石油天然气股份有限公司稠油火驱年产量连续突破30×10^4t。2018年，辽河油田/新疆油田开始火驱工业化推广，2020年产量为39.7×10^4t，预计2025年产量将达到100×10^4t规模，可使10×10^8t稠油老区储量重焕青春。

三、火驱机理研究进展

中国从20世纪80年代开始，通过室内燃烧釜和燃烧管实验，研究了火驱过程中的一维温度场分布，得到了燃料沉积量、空气消耗量、氧气利用率、火驱驱油效率等系列参数的测定方法。2011年10月，由中国石油勘探开发研究院热力采油研究所主持起草的第一个关于火驱技术的石油天然气行业标准《火烧油层基础参数测定方法》(SY/T 6898—2012)被油气田开发专业标委会审核通过。2013年第二个行业标准《稠油高温氧化动力学参数测定方法–热重法》(SY/T 6954—2013)被油气田开发专业标委会审核通过。

对面积井网火驱过程中储层区带特征研究取得重要进展。通过室内一维和三维物理模拟实验，根据各自区带的热力学特征，将火驱储层划分为已燃区、火墙、结焦带、“油墙”和剩余油区5个区带。这种划分不仅有利于理解面积井网火驱机理，还有利于矿场试验过程中的跟踪监测与动态管理；深化了稠油注蒸汽后火驱机理认识，指出注蒸汽后油藏火驱过程中存在“干式注气、湿式燃烧”的机理[4]，为新疆油田红浅火驱矿场试验方案设计提供了理论依据。针对近些年来国外学者提出的“从脚趾到脚跟”的水平井火驱(THAI)技术，国内也开展了相关的研究工作。在深入认识其机理的基础上，提出了水平井火驱辅助重力泄油的概念，并提出了更加完善的井网模式；同时也通过深入细致的室内三维物理模拟实验，指出了其潜在的油藏和工程风险。

从国外早期的火驱矿场试验看，油藏地质条件是火驱成败的首要因素。从失败的矿场实例看：(1)油层连通性差会导致燃烧带的推进和延展受限，如美国加利福尼亚州的Ojai、White Wolf、Pleito Creek等油田的火驱项目；(2)储层封闭性差会导致火线无法有效控制，如美国Bartlesville浅层稠油、委内瑞拉Bolivar Coast油田的火驱试验；(3)地层存在裂缝等高渗透通道会引起空气窜流，如美国怀俄明州Teapot Dom油田Shannon火驱项目，因此精细地质研究对火驱开发至关重要。

中国当前对火驱试验区地质研究可以完成常规的地质建模和储层描述，还可以针对高孔隙度、高渗透率条带进行精细研究。中国石油勘探开发研究院热力采油研究所通过在三维地质模型的基础上对新疆油田红浅火驱试验区高孔隙度、高渗透率薄层的研究发现，这些薄层呈片状分布在不同的深度和构造部位，相互并不连通，而且这些高孔隙度、高渗透率薄层为砂岩内部的物性变化区，已经无法从沉积微相的角度进行识别和研究。因此，采用了直接利用孔隙度为标准进行识别和提取的研究方法，即以孔隙度 30% 为门限对孔隙度模型进行过滤，只保留孔隙度大于 30% 的网格，然后对横向连通范围大于一个井距的高孔隙度、高渗透率网格直接进行拾取（图 4-1）。最终在孔隙度模型内拾取出 12 个具有一定面积的高孔隙度、高渗透率薄层。从后续火驱试验过程看，上述高孔隙度、高渗透率条带与各方向生产井产状及温度监测结果具有较好的对应性。精细地质研究不仅为火驱油藏工程方案设计提供了依据，还提高了火驱矿场动态管理的预见性。

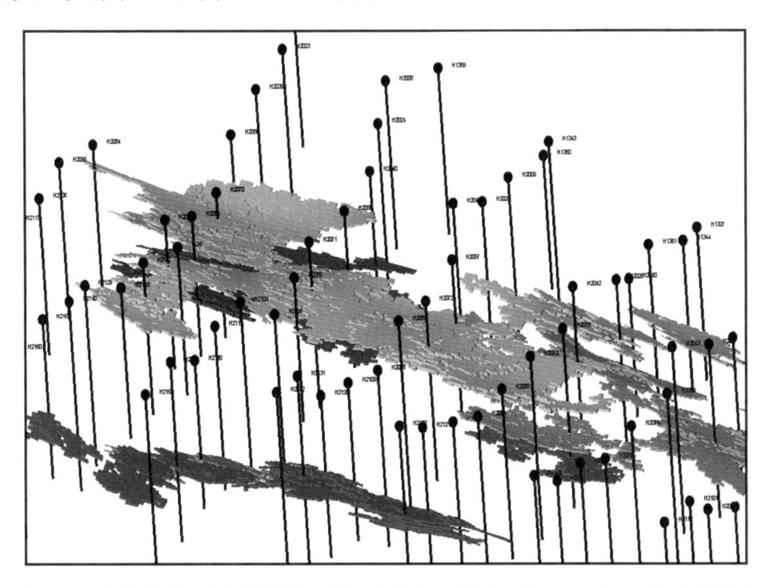

图 4-1　火驱试验区高孔隙度、高渗透薄层（孔隙度＞30%）三维空间分布

国内当前的火驱试验大多利用注蒸汽开发的老井网。因此火驱油藏工程设计特别是井网井距设计时，必须结合注蒸汽后的油藏和现有井网条件。中国石油勘探开发研究院热力采油研究所在研究国内注蒸汽开发井网基础上，给出了不同条件下转火驱后的井网、井距优化原则。同时指出，对于具有一定规模的火驱矿场试验，优先考虑线性井网火驱模式。这主要由于：（1）采用面积井网火驱过程中，对于某一口生产井，当燃烧带前缘或氧气从一个方向突入该生产井时，就必须将其关闭，这样没有发生热前缘和氧气突破的方向的原油就很难被采出；（2）对于有倾角的地层，在线性井网火驱过程中，一般选择燃烧带从构造高部位向低部位推进，可以最大限度地利用重力泄油机理，遏制气体超覆、提高纵向波及系数；（3）在线性井网火驱过程中，一旦形成稳定的燃烧带前缘之后，后续所需的空气注入量是恒定的。

针对注蒸汽开发后期地层存在大量次生水体的情况，系统研究了次生水体对后续火驱进程的影响。研究表明，次生水体在相当程度上造成了火驱初期的大量产水，但同时次生水体有助于扩大高温区域的范围，一定程度上发挥湿式燃烧的作用。此外，次生水体对“油墙”的构建过程也有重要影响，“油墙”的形成要经历一个先“填坑”、后“成墙”的过程。在构建“油墙”的过程中会损失一些产量，特别是某些一线生产井的产量。同时一线井控制范围内的原油“成墙”后，有相当一部分要通过一线生产井之后的生产井采出。

针对火驱动态调控的问题，给出了利用室内燃烧釜实验数据和中心井注空气数据预测不同阶段的火线推进速度和扩展半径的方法，也给出了利用室内燃烧釜实验数据和生产井产气数据预测火线扩展半径的方法；后者可以作为矿场火驱试验中调控火线的理论依据。矿场试验中，通常可以通过对生产井采取“控”“关”“引”等措施，控制不同部位生产井的产气量，从而控制火线沿不同方向上的推进速度，最终使火线形成预期形状。

四、火驱工程技术进展

1. 井下点火技术日渐成熟

目前国内自主研制的大功率井下电加热器，不仅可以在原始油藏点火，还能在注蒸汽后低饱和度地层成功点火。新疆红浅1井区火驱现场试验采用电加热器点火13个井次，均一次点火成功。连续油管电点火器可实现带压起下，不仅能满足火驱的需要，还可以满足火烧吞吐开发需要。

2. 注空气系统可靠性显著增强

火驱过程中要保持燃烧前缘的稳定推进要求必须连续不间断注空气。火驱过程中，特别是点火初期，发生注气间断且间断时间较长，则很可能造成燃烧带熄灭。从新疆油田和辽河油田的火驱现场试验看，随着压缩机技术的进步和现场运行管理经验的不断积累，注气系统的稳定性和可靠性比以往明显增强，可以实现长期、不间断、大排量的注气。

3. 举升及地面工艺系统逐步完善

目前火驱举升工艺的选择能够充分考虑火驱不同生产阶段的生产特征，满足不同生产阶段举升的需要。井筒和地面流程的腐蚀问题基本得到解决。注采系统的自动控制与计量问题正逐步改进和完善。在借鉴国外经验并经过多年的摸索，目前国内基本形成了油套分输的地面工艺流程，并通过强制举升与小规模蒸汽吞吐引效相结合，提高了火驱单井产能和稳产期；同时，探索并形成了湿法、干法相结合的 H_2S 治理方法。

4. 初步掌握了火驱监测和调控技术

建立了火驱产出气、油、水监测分析方法，形成火驱井下温压监测技术，实现了对火驱动态的有效监测。同时开发了安全评价与报警系统，保证了火驱运行过程中的安全。总结出了以“调”（“调”生产参数，避免单方向气窜）、“控”（数模跟踪、动静结合，“控制”火线推进方向和速度）与“监测”（“监测”组分、压力和产状，实现地上调、控地下）相结合的现场火线调控技术。

5. 初步攻克了火驱修井作业技术难题

在火驱试验过程中，特别是在稠油老区进行火驱试验，会经常面临高温、高压、高含气条件下的修井作业难题。新疆油田红浅火驱试验两年内已成功实施47井次的修井作业。

五、火驱生产管理方面取得的进展

与注水、注蒸汽等开发方式不同，火驱生产管理过程面临更多的挑战，包括：

（1）注空气带来的层内燃烧高温（500～600℃甚至更高），给修井、作业及生产运行管理带来挑战。

（2）燃烧带的稳定推进客观上对注气的不间断性、稳定性的高要求。

（3）生产井高产气量并含 H_2S 、CO_2 等有毒、有害气体。

（4）地下“油墙”推移的实效性和不可逆性客观上要求调控和管理措施也具有严格的时效性和不可逆性。

（5）火驱现场管理经验不足、人才匮乏。注空气火驱的理念不同于蒸汽吞吐和蒸汽驱，注蒸汽管理的经验不能简单移植到火驱管理中。

中国石油天然气集团公司在火驱生产管理方面取得了长足进步。主要表现在：

（1）建立了适合火驱生产特点的 HSE 管理系统。坚持“以人为本、预防为主、全员参与、持续改进”的方针，实现了火驱安全管理关口前移、重心下移，既注重结果，又注重过程管理。

（2）开拓了火驱技术培训的新思路、新方法。针对一线员工强化了火驱机理、火驱工艺等知识的学习，并针对火驱生产特点，强化 HSE 安全知识学习、安全演练。员工全部通过考核取得上岗操作证。

（3）建立健全火驱特殊管理规章制度。以新疆红浅火驱试验为例，现场在执行现有 37 项规章制度的同时，建立健全了火驱生产专有管理制度 28 项，并根据生产需要不断完善制度，为规范生产提供保障。

（4）创新了火驱采油管理模式。按火驱不同的生产阶段进行管理，不断进行技术创新、完善管理，千方百计地满足火驱需求。针对单井，建立以数据、图表和影像资料为载体的单井生产档案，并创造性地提出每日对油井产出液进行产状描述，资料的录取上做到了“齐、全、准”。

第二节 火驱机理及特性

一、直井火驱驱油机理与驱替特征

1. 注采井间区带分布特征

通过室内一维和三维火驱物理模拟实验，对直井火驱过程中的储层进行了区带划分。从注入端到生产端，可将火驱储层划分为已燃区、火墙、结焦带、“油墙”、剩余油区 5 个区带。后经精细化的油藏跟踪数值模拟研究和矿场试验验证，发现在结焦带与“油墙”之间还存在一个高温凝结水带，该区带在室内物理模拟实验中很难被检测和区分。如图 4-2 所示，图 4-2 上部由左至右为从注入井到生产井间地层各区带分布示意图；图中部曲线为一维火驱实验从岩心注入端到产出端的温度剖面和分段压降百分比，横坐标为岩心各处到注入端的距离；图下部为注、采井间含油饱和度分布。在这几个区带中，已燃区为燃烧带扫过的区域，火墙即燃烧带所形成的高温区域，结焦带是在燃烧带高温作用下原油裂解生成重质焦化物（主要是焦炭）以近固体状黏附在岩石颗粒表面上的区带，其中的焦炭就是后续火驱过程的燃料。“油墙”处于结焦带和剩余油区之间，由高温蒸馏和裂解作用产生的轻质组分与地层原油混合而成，其含油饱和度一般比初始含油饱和度要高 10%～20%。同时“油墙”也是注采压差的集中消耗带，一维火驱燃烧管实验表明，该区带的压降占岩心注采端总压降的 70%～80%。在“油墙”前面的剩余油区是受烟道气和次生蒸汽凝析水驱形成的，其含油饱和度要低于初始含油饱和度。

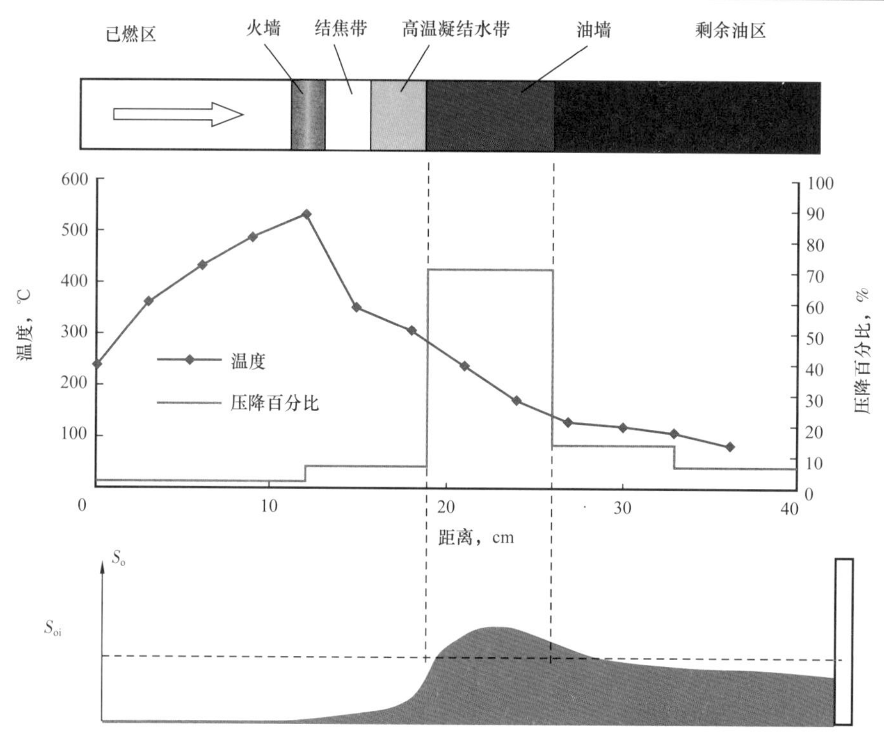

图 4-2 直井火驱储层区带分布特征

2. 已燃区残余油分布特征与驱油效率

在高温燃烧模式下，室内三维模拟实验的燃烧带峰值温度可达 450～550℃，新疆油田红浅 1 井区火驱试验在距离点火井外 70m 的生产观察井中监测到了 650℃以上的高温前缘。室内实验表明，在高温燃烧带驱扫下，已燃区范围内基本没有剩余油。火驱驱油效率 η_o 的计算方法为：

$$\eta_o = \left(1 - \frac{D_o}{1000\phi\rho_o S_o}\right) \times 100\% \tag{4-1}$$

式中 D_o——燃烧消耗量，即通过燃烧管实验测定的火驱过后单位体积油砂内被烧掉的燃料量，kg/m^3；

ϕ——孔隙度；

ρ_o——原油密度，g/cm^3；

S_o——初始含油饱和度。

式（4-1）的物理意义：除了烧掉的那部分原油外，其余部分均被驱出。完成的数十组稠油火驱燃烧管实验，原油样品涵盖普通稠油、特稠油和超稠油，其燃料消耗量范围为 17～24kg/m^3，火驱驱油效率为 86%～92%。与其他注入介质（热水、蒸汽、化学剂等）相比，注空气火驱的驱油效率几乎是最高的。新疆油田红浅 1 井区火驱试验区在火驱试验前和点火 5 年后分别钻取心井测试岩心剩余油饱和度，其中火驱前的取心井为蒸汽吞吐老井中间的加密井，火驱后的取心井距离点火井 70m 外，处于已燃区内，测试结果见表 4-1。

表 4-1 火驱前后取心井岩心含油饱和度测试结果

岩心样品深度，m	岩性	含油饱和度，%	
		火驱前	火驱后
541.06	砂砾岩	61.1	3.8
542.07	砂砾岩	65.4	2.5
545.44	砂岩	59.5	1.6
547.85	砂岩	54.8	5.8
549.05	砂砾岩	46.9	1.5

火驱前油层上部剩余油饱和度高部、下部剩余油饱和度低，反映出蒸汽吞吐过程中注汽质量较差，蒸汽前缘没有波及井间，井间剩余油分布显示的是受重力影响的水驱特征（图 4-3）。火驱后剩余油分布则完全不同：从油层最上部到最底部，燃烧带前缘纵向波及系数为 100%，其中 BC 段为厚 5.6m 的砂砾岩和钙质砂岩段，含油饱和度为 1.6%～3.8%；CD 段为厚 0.7m 的细砂岩段，物性较差，一般认为是物性夹层，含油饱和度为 5.8%；DE 段为厚 2.2m 的砂砾岩段，含油饱和度为 1.5%。整个油层段共 8.5m，火驱后剩余油饱和度加权平均值为 2.6%（AB 段为油层上部的泥岩盖层段，剩余油饱和度仅为 12.3%，EF 段为油层下部泥岩盖层段，剩余油饱和度未测试）。从表 4-1 还可以看出，火驱前整个油层段 8.5m 范围内尽管在岩性及剩余油饱和度等均存在明显差异，但火驱后在纵向上却实现了 100% 的波及，整个岩心段剩余油饱和度都低到几乎可以忽略不计。火驱的这种自动克服高渗透层段突进、全面提高纵向动用程度的能力是其他驱替方式所不具备的。故将这种驱替特性概括为高温氧化模式下的纵向无差别燃烧机理：火驱前地层纵向上在岩性、岩石与流体物性、含油及含水饱和度等方面均存在差别，有时甚至存在较大的差别，而一旦某一层段实现了高温燃烧且注气量充足，其释放出的热量就足以使含油饱和度相对较低的层段、

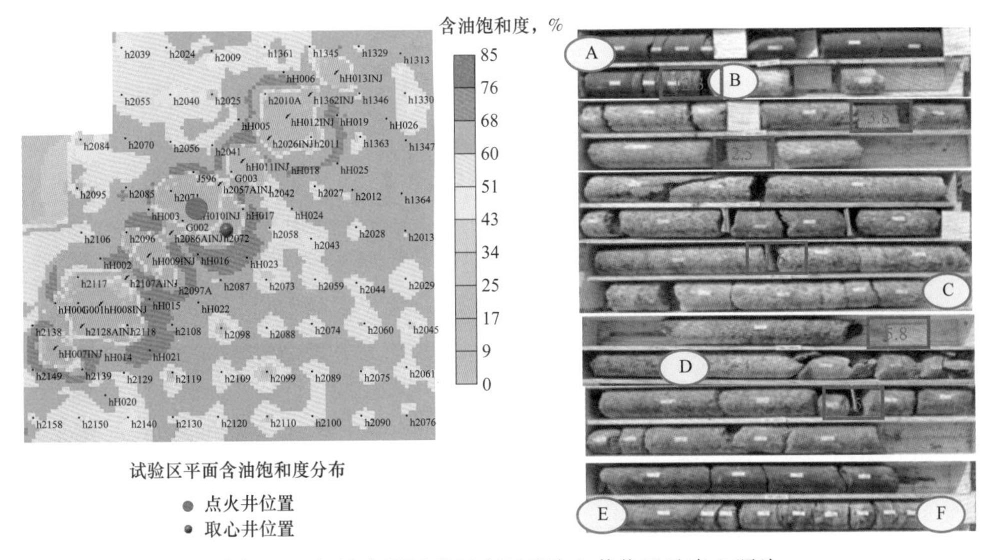

图 4-3 红浅火驱试验区火驱后取心井位置及岩心照片

渗透率和孔隙度相对较低的层段也随即发生高温燃烧，从而使燃烧过程和燃烧后的结果在纵向上看不出差别。由于火驱具有天然的重力超覆特性，因此要实现无差别燃烧一般要求整个油层段厚度不能超过15m且各处满足基本的可燃条件（剩余油饱和度大于25%）。

3. 火驱突破时注采井间剩余油分布特征

新疆油田红浅1井区火驱试验表明，火驱生产井一般要经历排水、见效和产量上升、稳产、高温高含水等生产阶段，然后生产结束关井。其中，排水阶段是注蒸汽稠油油藏转火驱后特有的一个生产阶段，主要是将前期存在于地下的次生（蒸汽冷凝）水排到地面。排水结束后生产井的总产液量有所降低，但含水率也快速下降、产油量稳步上升，即进入见效和产量上升阶段。稳产阶段对应“油墙”边缘到达生产井和被全部采出这段时间，其产状为拟单相的乳化油，含水率为50%～70%。火驱生产井在稳产阶段的产量约占全生命周期产量的80%甚至更高。当向着某生产井方向的“油墙”被采完之后，伴随着产液温度上升（100℃以上）、产气量急剧增大（10000m^3以上）、含水率（98%以上）和气液比（5000m^3/m^3以上）急剧升高，说明高温凝结水带抵达该井，该井进入高温、高含水阶段。在该阶段注采井间失去了“油墙”的屏障作用，尽管燃烧前缘还未到达生产井，但从燃烧前缘到生产井之间的平均含油饱和度已经大幅下降、平均含气饱和度大幅升高，注采井间处于被气体导通的状态，注采压差变小，生产井井底流压增大。由于该阶段对产油贡献很小，且容易造成井口高温、井筒及地面流程腐蚀等问题，一般应该关井了。矿场实践中，可将生产井进入高温高含水阶段作为火驱突破（fire-flooding breakthrough）的标志。这里要强调的是，火驱突破的概念不同于火线突破（fire front breakthrough）。火线突破意味着燃烧带前缘推进到生产井，生产井见到氧气。而火驱突破是“油墙”被采完后高温凝结水抵达生产井，此时燃烧带距离生产井还有相当一段距离。火驱突破后燃烧带仍持续向生产井推进，但已不能实现有效产量和经济效益。因此当某井组所有生产井均已火驱突破时，可作为该井组有效生产阶段结束的标志。以往有人把火线突破作为生产结束的标志，认为在火线突破前应该有一个控氧限产阶段，矿场试验证明不应存在这样一个阶段。

通过三维物理模拟实验，在杜66块研究了火驱突破时注采井间区带分布问题。三维火驱模型采用的是正方形反九点面积井网的1/4。火驱过程中，距离点火井较近的2口边井率先突破、关井。如图4-4（a）所示，当角井突破时，结束实验、拆开模型。注采井间能看到三个区域，即已燃区、结焦带和剩余油区。火线前缘接近于边井，距离角井为1/4～1/3井距（点火井与角井间距离）。实测结果显示，已燃区体积占油层总体积的37.9%，剩余油区占39.6%，结焦带占22.5%（室内实验受模型本身限制，油层底部结焦带占比偏大）。亦即此时火驱（体积）波及系数为37.9%，但实测此时对应的原油采收率却已经达到65.6%，这说明结焦带和剩余油区中的大部分油已经被采出。模型内定点取样测定结焦带剩余油饱和度为10.2%，剩余油区含油饱和度为39.4%，均远低于模型初始含油饱和度85%。采用同样原油进行的一维燃烧管实验表明，在模型平均含油饱和度为25%的情况下，虽能维持燃烧及燃烧带稳定推进，但产出端没有液态原油产出。即使对产出流体进行冷凝，也看不到轻烃析出，只能在产出气中监测到甲烷等组分。在模型平均含油饱和度为30%的情况下，可以维持燃烧带前缘稳定推进，同时通过对产出流体冷凝，可见有少量轻烃析出。对照室内实验和红浅1井区火驱实际生产井的产出动态特征，可以认为火驱突破时剩余油区的平均含油饱和度在25%～40%。对新疆油田红浅1井区火驱试验区进行跟踪数值模拟[7]

显示，在点火井与一线生产井井距 70m 的正方形五点井网条件下，火驱突破时火线前缘距生产井的距离为 20～30m。Nelson 和 McNeil[12] 曾给出正方形五点面积井网模式下，火驱突破时燃烧带的最大面积波及系数为 62.6%，即已燃区占整个井网面积的 62.6%，折算此时燃烧带的推进距离为注采井距的 63.7%。即如果注采井距为 70m，则火驱突破时，火线前缘的位置距点火井 44.6m，距生产井 25.4m，这与红浅 1 井区试验区跟踪数值模拟结果相吻合。可以将正方形反九点井网看成是两个五点井组叠加而成，即由点火井与 4 口边井组成一个小的五点井组，和一个由点火井与 4 口角井组成的大五点井组。火驱过程中边井率先突破、关井，角井后突破、关井。如图 4–4（b）所示，角井突破时，燃烧带前缘距边井仍有 5.4m。由此可见，除非有意为之，否则在规则的面积井网火驱开发结束时，生产井（即使是正方形反九点井网中距离点火井较近的边井）仍然见不到火。这可能也是杜 66 块火驱十余年，仍没有在生产井监测到 400℃以上高温的原因。

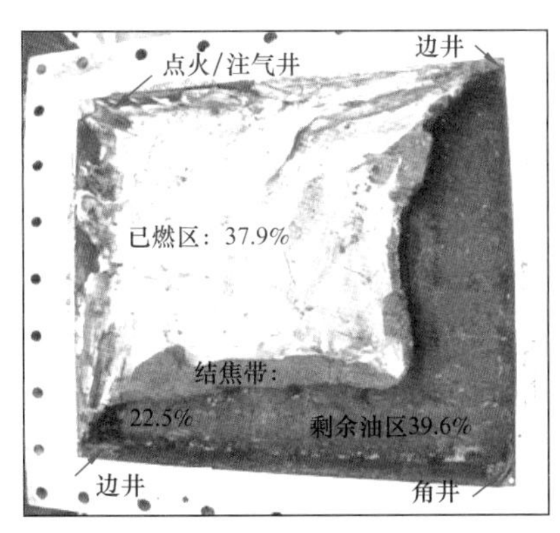

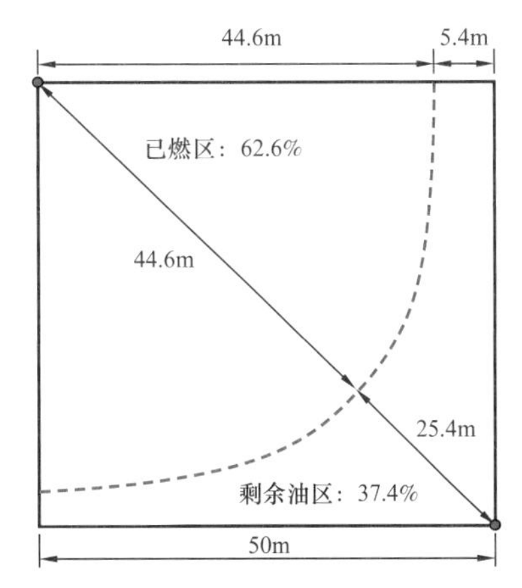

（a）反九点井网火驱突破时实验室照片　　（b）五点井网火驱突破时燃烧带前缘位置

图 4–4　面积井网火驱突破时燃烧带前缘位置

4. 不同井网火驱对应的最大平面波及系数与理论采收率

将火驱突破作为火驱生产结束的标志，则火驱突破时地下的剩余油就是最终剩余油。因此在理论上，面积井网火驱采收率应该等于：

$$E_R = \left(1 - \frac{D_0 V_1 + \phi \rho_o V_2 S_{or2} + \phi \rho_o V_3 S_{or3}}{\phi \rho_o S_o V}\right) \times 100\% \tag{4-2}$$

式中　V_1，V_2，V_3——已燃区、结焦带、剩余油区的体积，$V=V_1+V_2+V_3$；

D_0——燃料沉积量，kg/m^3；

ϕ——孔隙度，%；

ρ_o——原油密度，g/cm^3；

S_{or3}——剩余油区平均含油饱和度，%；

S_{or2}，S_{or3}——结焦带和剩余油区的含油饱和度。

与室内三维物理模拟实验不同，矿场实际火驱过程中结焦带体积占比小，且剩余油饱和度也很低，该项可以忽略不计。同时假设已燃区剩余油饱和度为 0。此时，面积火驱采收率为：

$$E_R = \left(1 - \frac{D_0 V_1 + \phi \rho_o S_{or3} V_3}{\phi \rho_o S_o V}\right) \times 100\% \tag{4-3}$$

新疆油田红浅1井区火驱试验区尽管最终为线性井网，但启动阶段及此后相当长时间内仍是正方形面积井网。其初始含油饱和度 S_o 为71%，孔隙度 ϕ 为25.4%，原油密度 ρ_o 为960kg/m^3，燃料沉积量 D_0 为23kg/m^3，假设油层纵向波及系数为100%，取剩余油区平均含油饱和度 S_{or3} 为30%，计算得到面积井网火驱最大采收率为75.9%。

对于线性井网来讲，最终火驱突破时平面波及系数要大于面积井网火驱。仍以注采井距70m的现有注蒸汽井网为基础，转火驱时对应的线性交错井网如图4-5所示。假设1排注气井对应下游 N 排生产井，在线性井网模式下燃烧带前缘越过第一排生产井后，就将该排生产井关闭或转为注气井，以此类推。当最后一排生产井火驱突破时，火驱开发结束。此时对应的已燃区（最大）平面波及系数可以采用Nelson和McNeil方法得到，步骤如下：假设1个正方形五点井网面积为 V，1排注气井加 N 排生产井对应的油藏单元面积为 NV。火驱突破至最后一排井时，最大平面波及系数为：

$$E_s = \frac{N - 0.374}{N} \times 100\% \tag{4-4}$$

对应的最大采收率为：

$$E_R = \left[1 - \frac{D_0 (N - 0.374) + 0.374 \phi \rho_o S_{or3}}{N \phi \rho_o S_o}\right] \times 100\% \tag{4-5}$$

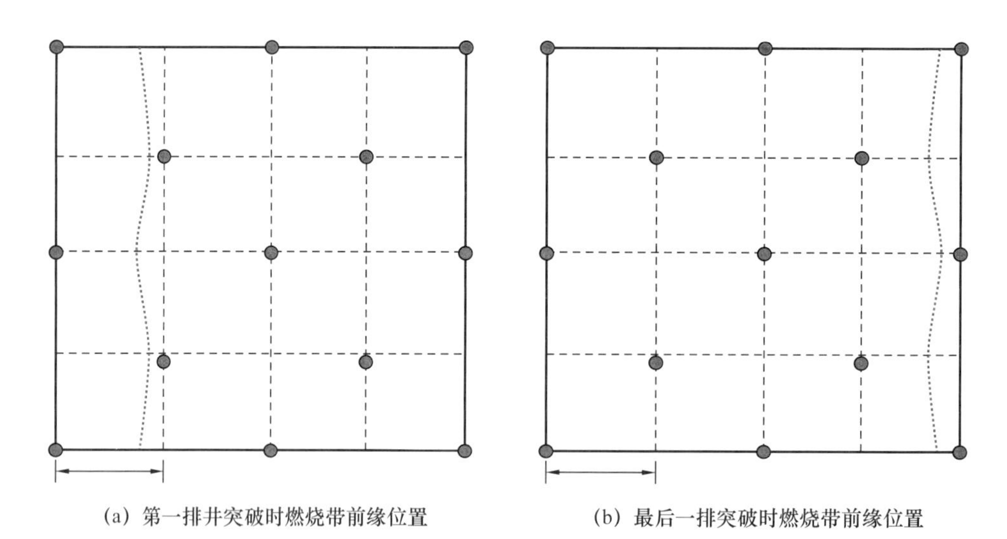

(a) 第一排井突破时燃烧带前缘位置　　(b) 最后一排突破时燃烧带前缘位置

图4-5　线性井网火驱突破时燃烧带前缘位置

将红浅1井区试验区相关参数代入式（4-4）和式（4-5）中，计算结果见表4-2。当 N=1时，线性井网火驱最大波及系数与面积井网火驱相同，对应的最大采收率也相同；当 N=5和 N=10时，对应的最大平面波及系数分别为92.5%和96.3%，对应的最大采收率为84.5%和85.6%。可见在理论上，线性井网火驱所能获得的最大采收率要大于面积井网。

表 4–2 线性井网的最大平面波及系数与理论采收率

生产井排数 N	最大平面波及系数，%	最大理论采收率，%
1	62.6	75.9
2	81.3	81.3
3	87.5	83.1
4	90.7	84.0
5	92.5	84.5
6	93.8	84.9
7	94.7	85.2
8	95.3	85.4
9	95.8	85.5
10	96.3	85.6

5. 火驱开发的末次采油特征

综上所述，室内实验和矿场取心分析表明，火线波及范围内（已燃区）基本没有剩余油，火驱驱油效率可以达到 90% 甚至更高。火驱生产结束（火驱突破）时注采井间存在已燃区、结焦带和剩余油区，此时结焦带含油饱和度只有 10% 左右，剩余油区平均含油饱和度也只有 30% 左右。理论上，面积井网和线性井网都能实现 75% 以上的最终采收率。因此，可以将火驱开发过程看成是一种“收割”式或者说“吃干榨净”式的采油过程，无论采用面积井网还是线性井网，无论将其应用于原始油藏，还是水驱后、注蒸汽后的油藏，它都是一种“末次采油”方式，在其后面不可能再有其他提高采收率接替技术，也完全没有必要。

二、水平井火驱辅助重力泄油（CAGD）机理

1.CAGD 机理与技术优势

超稠油因其黏度大，一般在地下很难流动甚至完全不具备流动能力。用 CAGD 原理开采超稠油可以有多种布井方式。最典型也是最经济实用的布井模式就是一口垂直点火或注气井和一口水平井生产井的组合模式，即 THAI 模式（图 4–6）。在该模式下，直井位于水平井的脚尖外侧，水平井的水平段位于油层的底部。通过垂直井点火，形成的燃烧带沿着水平井的“脚趾”端向“脚跟”端推进。被燃烧带高温前缘加热蒸馏出的轻质组分以及受到高温加热后裂解形成的轻质组分，会沿着水平方向与油层内剩余油区的原油混合。同时，燃烧产生的高温蒸汽也会越过结焦带并以高温冷凝水的形式加入其中。因地层原油混合了轻质组分和高温冷凝水，并在燃烧带传热作用下大幅提升了温度，其视黏度与原始黏度相比大幅下降，因而成为可动油。在重力的作用下，可动油（实际上是混合流体）顺着垂向界面流入水平井筒中，这种垂向流动过程称为重力泄油。点火初期因注气速度和燃烧腔体（已燃区）较小，形成的可动油带范围有限，水平井产量也较低。随着注气速度和燃烧腔体

增大，可动油带范围扩大，水平井产量也会逐渐增大。CAGD 过程中，从注入端到生产端的地层依次可划分为 5 个区带——已燃区、燃烧带、结焦带、可动油带和原始油区，这一点与直井火驱相类似。

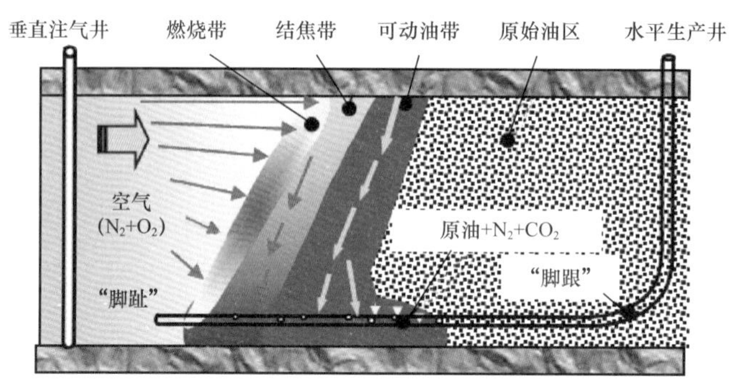

图 4-6　CAGD 机理示意图

CAGD 技术除了具备传统火驱的高驱油效率、高采收率等优势外，其在机理上与传统火驱相比还有以下特点和优势。

1）驱替距离短

根据室内三维物理模拟和油藏数值模拟计算结果，从燃烧带到结焦带再到可动油区，地层内最短的空间距离一般只有 10cm 到几十厘米。可动油带的垂向高度等于油层厚度，因其是倾斜的因而其实际长度要大于油层厚度。可动油带沿水平井方向的厚度一般为 1m 到几米的范围。也就是说，被加热的可动油流到水平井筒中，最多只需要顺着倾斜界面走过略大于油层厚度的距离即可。这个距离一般要远远小于从注入井到生产井（一个井距）的距离，这也正是能将其用于开采超稠油的原因。

2）原油改质降黏效果明显

前文已经提到，可动油带的原油是由地层原始原油、被高温蒸馏出的轻质组分及被高温裂解产生轻质组分等混合而成的。因此从水平井产出的原油可以提升 3 个左右的 API 重度（其提升幅度与原油组成有关），黏度可以下降到原始原油的 1/5～1/3。需要指出的是，直井火驱过程中产出原油也会出现改质降黏效果，但这种改质降黏效果一般要在点火一两年后、“油墙”到达生产井时才能显现。而 CAGD 过程中，从点火一开始就能显示出其效果。

3）热利用率高

在直井火驱过程中，可动油带的运移方向指向垂直生产井，运移距离是一个井距，在这个相对漫长的过程中燃烧带及其热前缘所携带的热量，有相当一部分要损失到顶层、底层、盖层中，损失的这部分热量对原油产出没有贡献。而在 CAGD 过程中，被加热之后的可动油带迅速沿倾斜界面进入水平井中。这个过程所经历的距离和时间都很短，几乎可以忽略向顶层、底层、盖层的热损失。从矿场实际运行结果看，直井火驱的空气油比一般在 $2000m^3/m^3$ 左右。而 CAGD 的空气油比一般在 $1000m^3/m^3$ 左右。这也从另一个侧面证实了 CAGD 热利用率比直井火驱热利用率高。

2.CAGD 井网模式存在的缺陷

尽管 CAGD 技术在机理上比传统火驱具有明显的优势，但也存在不足。笔者在系统分析国内外已有的矿场试验基础上，结合前期室内三维物理模拟实验，总结 CAGD 技术因其特殊的井网形式所带来的内在缺陷，主要体现在 3 个方面。

1）产出流体的量难以稳定控制

对产出流体的精确计量与控制，是 CAGD 技术成功实施的关键之一。在常规的 CAGD 布井模式下，水平井既是可动油（液相）的产出通道，又是烟道气（气相）的排出通道。矿场实践中对产出流体的控制一般采用油嘴或节流阀。因水平井筒内同时存在着气液两相流动，对产出流体流量很难实现精准、稳定的控制。这一点与 SAGD 过程不同，SAGD 过程中进入水平生产井中的流体只有液相没有气相，其定量控制相对容易。

2）燃烧前缘在平面上容易形成单方向锥进

在直井火驱过程中，在 1 口火井周围，一般分布 4～8 口生产井（具体生产井数取决于采用的井网形式）。这些生产井在保证生产的同时起到排气通道的作用。控制某口井的排气量，就可以控制火线沿该方向的推进速度。由于火井四周都有排气井，这样就可以通过适当的控制，确保从点火开始时刻起，燃烧带前缘就呈近似圆形向四周均匀推进。在 CAGD 过程中，垂直火井周围只有 1 口水平井排气，客观上很容易发生燃烧前缘向水平井“脚跟”单方向锥进现象（图 4–7）。图 4–7（a）给出的是在一次三维 CAGD 物理模拟实验中止后，通过石膏塑模技术得到的燃烧腔体和结焦带的切面图，白色为燃烧腔体，底部为水平井。图 4–7（b）是燃烧带前缘锥进示意图，锥进后的燃烧腔体切面类似“鞋”形，锥进前缘位于“鞋尖”处。图 4–7（c）是对石膏塑模得到的燃烧腔体进行三维测绘得到的立体图，并给出了三维尺寸。此前进行的系列三维物理模拟实验中，多次出现这种锥进情况。辽河 S1–38–32 井组和新疆油田 FH003 井组的矿场试验失败也与此有关。

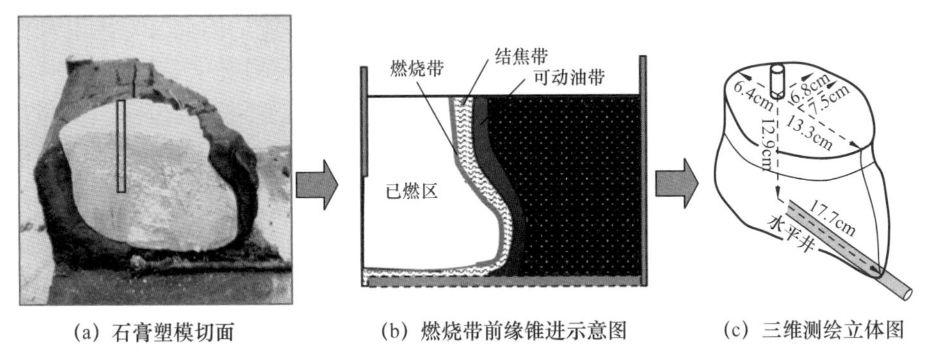

图 4–7 燃烧带前缘沿水平井方向锥进示意图

值得注意的是，辽河油田 S1–38–32 井组矿场试验过程中，在水平井产出一定量的高黏结焦物。该结焦物在 200℃时仍有很高的黏度，流动性很差。经对其进行 SARA 四组分分析发现，其饱和烃、芳香烃、非烃和胶质沥青质含量分别为 9.0%、4.8%、39.1% 和 47.1%，而原始地层油对应的四组分含量分别为 16.5%、21.9%、32.1% 和 29.5%。这种高黏结焦物中胶质沥青质成分明显升高，显然不是地层原始原油，更不是正常生产过程中（应具有改质降黏效果）的产出油。为进一步分析其成因，实验室内使用原始地层油在加热到 150℃后与空气进行氧化反应，该氧化反应由于没有达到燃烧所需温度条件因而只是加氧反应，反应后油样中氧元素含量上升，其黏弹性与水平井产出的高黏结焦物很相近。加氧反应后油样对应的四组分含量分别是 12.2%、9.3%、36.7% 和 41.8%，与水平井产出的高黏结焦物组分很接近。下面分析一下高黏结焦物最有可能的产生路径：如图 4-7（a）所示，在发生锥进的情况下，位于燃烧腔体“鞋尖”部位的结焦带比其他部位要薄，该部位的气体流速相对较大，使得部分没有（通过高温燃烧）完全消耗的氧气透过结焦带与前面高温可动油接触并发生加氧反应，反应后的原油被高速气流冲刷进入水平井筒中。高黏结焦物的产出挤占了可动油的流动空间，会加剧锥进的趋势，并极易造成水平井筒堵塞。被这些高黏结物堵塞渗流通道很难用常规措施（如蒸汽解堵）解决。

3）容易形成水平井筒内的“火窜”

在 CAGD 过程中，高温产出流体经过非常短的距离直接流入水平井筒中。根据以往室内实验和矿场实际监测结果看，燃烧带前缘最高温度可达到 600℃甚至更高[17]，而可动油带亦即进入水平井筒流体的温度一般可以达到 200～300℃。如果某一时刻采油端举升速度过快、注采平衡被打破，进入水平井筒的可动油温度就可能达到 400℃以上，这个温度的原油一旦遇到空气突破就会在非常短的时间内发生燃烧，即在水平井中形成“火窜”。“火窜”是 CAGD 面临的最大工程风险，其出现往往意味着矿场试验的终止和失败。

第三节　火驱室内实验技术

一、高温氧化动力学基础实验

稠油氧化过程中，存在低温氧化（加氧反应）和高温氧化（断键燃烧）两种不同反应类型。当稠油油层点火成功后，火驱前缘处发生的高温氧化反应是焦碳类物质与氧气间的断键燃烧反应，该反应是火烧前缘得以稳定传播的主要能量源。因此，对稠油高温氧化反应进行动力学研究具有十分重要的意义，可为火驱油层数值模拟提供参数。

对于原油氧化反应，国内外学者多采用加速量热仪、驱替装置、差示扫描量热仪和热重分析仪等测量其动力学参数。由于稠油溶解气含量低，地面条件下物质成分与油层条件下差异较小，许多学者采用热重法和差示扫描量热法研究稠油氧化过程。同时，热重法和差示扫描量热法样品量小（量级为 mg），传热和传质影响易于控制，更易获得本征动力学参数。在进行热重实验时，多将原油分散在固体颗粒表面，这样可以使得氧气扩散到样品层底部，使整个试样均匀氧化。

对于稠油高温氧化反应，即油焦燃烧过程，Vossougui 和 El-Shoubary 采用热重法建立了描述其反应速率的动力学模型。Bousaid 和 Ramey，Dabbous 和 Fulton 及 Fasshi 等测得氧气分压对油焦燃烧速率的影响为 1 级，与纯碳物质氧化反应中氧气分压力的反应级数相同。油焦燃烧活化能在 58～157kJ/mol 范围内。Cinar 等认为对样品机理函数进行简化及其假设可能会为求取动力学参数带来误差，因此选用不依赖机理函数的等转化率法，而通过驱替装置来求取活化能。而热重法研究中，样品的机理函数多采用简化的 n 阶机理函数形式，使用单一扫描速率法拟合反应级数 n，并在此基础上求取反应的活化能和指前因子。热重法中采用简化机理函数和单一扫描率法拟合动力学参数的准确性，尚未进行研究分析。求取方法对于稠油高温氧化反应动力学参数测试准确性的影响未见报道。

采用热重法对稠油高温氧化反应过程进行研究。通过衡量不同样品制备方法的影响，比较常见动力学参数测试结果的差异，求取了测试样品的高温氧化动力学参数。形成了不受样品机理函数影响，反应稠油高温氧化反应本征过程的动力学参数热重求取法。该方法适用于重质组分含量高的稠油、特稠油及超稠油。

1. 动力学模型

采用火驱开发稠油时，地层内高温氧化过程为油焦与氧气间的气固反应，其反应速率动力学表达式可以表示为：

$$\frac{d\alpha}{dt}=k\cdot f(\alpha)\cdot p_{O_2} \tag{4-6}$$

式中 k——反应动力学常数，$s^{-1}\cdot Pa^{-1}$；

p_{O_2}——氧气分压，Pa；

$f(\alpha)$——样品的机理函数；

α——样品的转化率。

α 的表达式为：

$$\alpha=\frac{m-m_f}{m_0-m_f} \tag{4-7}$$

式中 m，m_0，m_f——样品在反应过程中的质量、样品的初始质量和样品的最终质量，g。

反应速率常数 k 的表达式为阿仑尼乌斯形式：

$$k=A\exp\left(-\frac{E}{RT}\right) \tag{4-8}$$

式中 A——反应的指前因子，$s^{-1}\cdot Pa^{-1}$；

E——反应的活化能，kJ/mol；

R——普适气体常数，取 8.314J/(mol·K)。

在很多稠油氧化动力学研究中，油样机理函数 $f(\alpha)$ 常简化为 n 阶指数形式，其表达式为：

$$f(\alpha)=(1-\alpha)^n \tag{4-9}$$

式中 n——反应级数，其取值范围通常为 0～2。

2. 动力学参数求取方法

为了衡量不同求取方法对动力学参数测试的影响，获得适于稠油高温氧化反应过程的动力学参数求取方法，选取了典型的单一扫描速率积分法 Coats-Redfern，单一扫描速率微分法 Achar-Brindley-Sharp-Wendworth（ABSW 法）和等转化率法 Flynn-Wall-Ozawa（FWO 法）对稠油高温氧化反应动力学参数进行求取。下面对各种方法进行简要的介绍。

1）Coats-Redfern 积分法

积分法中具有代表性的方法是 Coats-Redfern 法。假设反应温度按照一定的升温速率升高，则：

$$\beta=\frac{dT}{dt} \tag{4-10}$$

把 $dt=dT/\beta$ 代入式（4-10）得：

$$\frac{d\alpha}{dT}=\frac{A}{\beta}\cdot\exp\left(-E/RT\right)\cdot f\left(\alpha\right)\cdot p_{O_2} \tag{4-11}$$

当采用 n 阶指数机理函数表达式时，将式（4-9）代入式（4-11）得：

$$\frac{d\alpha}{dT}=\frac{A}{\beta}\cdot\exp\left(-E/RT\right)\cdot\left(1-\alpha\right)^n\cdot p_{O_2} \tag{4-12}$$

对式（4-12）两边移项、积分并取对数的结果如下：

当 $n\neq1$ 时

$$\ln\left[\frac{1-\left(1-\alpha\right)^{1-n}}{T^2\left(1-n\right)}\right]=\ln\left[\frac{A\cdot p_{O_2}R}{\beta E}\left(1-\frac{2RT}{E}\right)\right]-\frac{E}{BT} \tag{4-13}$$

当 $n=1$ 时

$$\frac{-\ln\left(1-\alpha\right)}{T^2}=\ln\left[\frac{A\cdot p_{O_2}R}{\beta E}\left(1-\frac{2RT}{E}\right)\right]-\frac{E}{BT} \tag{4-14}$$

式（4-13）和式（4-14）即 Coats-Redfern 方程。由于不同反应的反应级数 n 并不相同，因此需要对不同的 n 值进行计算，选择使曲线线性度最好值的作为最终的反应级数。

2）ABSW 微分法

微分法是通过对反应速率方程微分得到的求取活化能的方法，在本研究中采用了 ABSW 法。对式（4-12）分离变量，两边取对数，得：

$$\ln\left[\frac{d\alpha}{\left(1-\alpha\right)^n dT}\right]=\ln\frac{A\cdot p_{O_2}}{\beta}-\frac{E}{RT} \tag{4-15}$$

将 $\ln\left[\frac{d\alpha}{\left(1-\alpha\right)^n dT}\right]$ 对 $\frac{1}{T}$ 作图，用最小二乘法拟合实验数据，从直线斜率求 E，从截距求 A。

3）Flynn-Wall-Ozawa 等转化率法

对式（4-11）两边移项并积分得：

$$\beta\int_0^\alpha\frac{d\alpha}{f\left(\alpha\right)}=A\int_{T_0}^T\exp\left(-E/RT\right) \tag{4-16}$$

经过积分化简并取自然对数，可以得到 Ozawa 公式：

$$\lg\beta=\lg\left[\frac{AE}{RG\left(\alpha\right)}\right]-2.315-0.4567\frac{E}{RT} \tag{4-17}$$

其中，$G\left(\alpha\right)=\int_0^\alpha\frac{d\alpha}{f\left(\alpha\right)}$。Ozawa 公式中的 E 值可以用下面的方法求得。Ozawa 认为在

不同 β 下，选择相同的 α，则 $G(\alpha)$ 是一个与温度无关的定值，这样 $\lg\beta$ 与 $\frac{1}{T}$ 就成为线性关系，由斜率就可求得 E。在稠油高温氧化反应实验中，选取高温氧化峰值所对应的特征转化率。对不同升温速率实验，选取特征转化率所对应的温度。这样就可以得到稠油高温氧化反应特征转化率所对应的一组数据（β_i,T_i）（i 代表不同的升温速率），对其进行线性拟合可以求得油焦燃烧的活化能。指前因子可由 Kissinger 表达式求得：

$$\frac{E\beta}{RT^2}=A\exp\left(-\frac{E}{RT}\right) \tag{4-18}$$

3. 实验步骤

实验中采用的油样为新疆风城某区块稠油油样。在实验之前，采用《原油流变性测定方法》（GB/T 28910—2012）标准的样品处理步骤对样品进行脱水、除杂处理。处理后的脱水油样含水率小于 0.5%。

实验采用瑞士 Mettler Toledo 公司生产的 TGA/DSC 1 同步热分析仪研究稠油高温氧化反应过程。TGA/DSC 1 同步热分析仪可以同时测量重量信号和放热量信号，具备热重（TG）和差示扫描量热（DSC）分析功能。实验过程中保护气为 N_2，流量为 79mL/min；反应气为氧气，流量为 21mL/min。两路气体在反应室内混合均匀后横掠过坩埚表面，经过扩散作用到达物料层，物料表面的氧浓度为 21%。

1）样品制备方法的影响

图 4–8 为纯油样的热重曲线（TG 曲线），图中横坐标为温度，纵坐标为样品无量纲质量（某一时刻样品质量与样品初始质量的比值）。实验样品量为 5mg，升温速率为 9℃ /min。实验结果表明，当反应温度小于 620K 时，稠油失重曲线十分光滑，失重量随着温度的升高逐渐增大；当反应温度大于 620K 后，样品失重出现不光滑阶梯，热失重曲线出现多级台阶。与图 4–8 相对应的反应速率曲线如图 4–9 所示，图中纵坐标为无量纲反应速率（转化率变化速率）。可以看到，当反应温度小于 620K 时，反应速率随着反应温度先升高后下降，形成光滑的反应速率峰；当反应温度大于 620K 以后，反应速率出现许多陡峭的反应速率峰，无法得到准确的动力学数据。采用纯油样品进行热重实验时，高温氧化区反应速率多峰的现象在文献中也有报道。当油样在热重分析仪样品盘内结焦后，由于焦炭内无法形成规则有效的气体通道，底部样品只有在表层焦炭被消耗后才可参与反应，热重分析仪内的样品很难处于均匀反应状态，不能把整个样品作为点源进行处理。

为了让油样在样品盘内可以均匀的参与反应。本研究将脱水稠油与粒径为 100～200 目的分析纯 SiO_2 颗粒按 1∶9 质量比进行混合，将油样吸附分散在颗粒表面。SiO_2 颗粒可以提供支撑骨架，形成有效 O_2 扩散通道，使样品底部与表面同时参与反应，且 SiO_2 为惰性物质，不会对稠油的反应性质造成影响，测试结果反应的是稠油自身的氧化动力学特性。采用 50mg 混合 SiO_2 的油样（含 5mg 纯油），在 5℃ /min 的升温速率下得到的热重曲线如图 4–10 所示。在整个实验的温度区间内，样品的失重曲线十分光滑，在高温氧化反应段中没有图 4–8 曲线中的多级台阶。相应的反应速率曲线如图 4–11 所示，图 4–9 中的陡峭小峰消失，高温氧化反应段有一完整光滑的失重速率峰，可用于动力学参数求取。

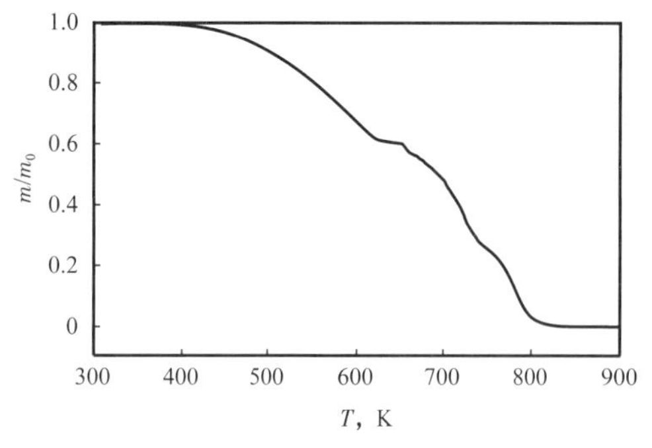

图 4-8 纯油样品氧化热重曲线

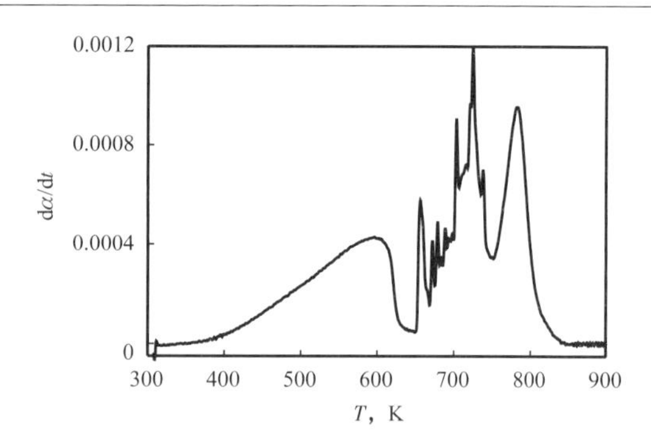

图 4-9 纯油样品氧化反应速率曲线

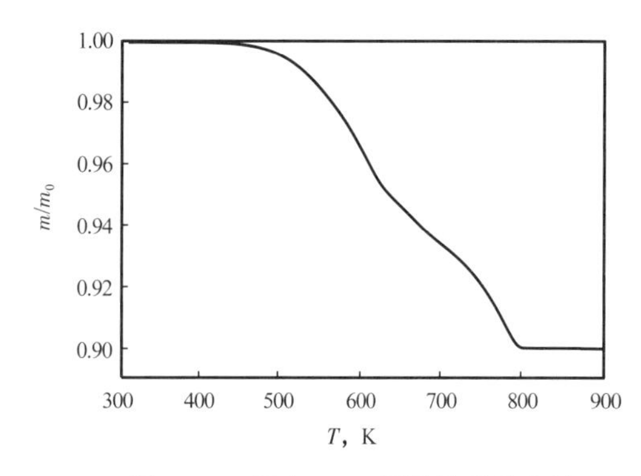

图 4-10 混合 SiO_2 后样品热重曲线

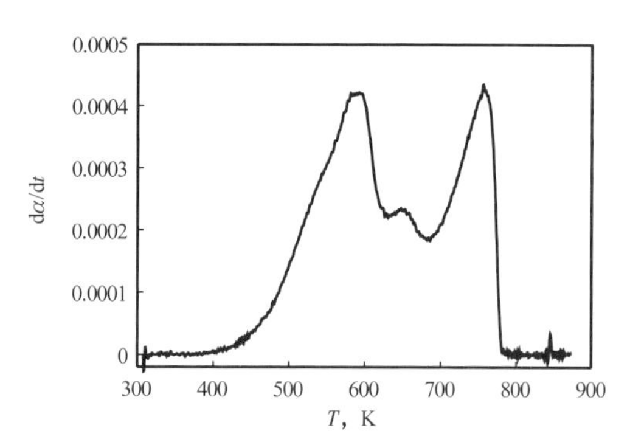

图 4-11 混合 SiO_2 后样品反应速率曲线

2）动力学参数求取

对稠油氧化过程的热重研究，原油的机理函数可简化为 n 阶指数型函数，采用单一扫描速率拟合反应级数 n，并在此基础上求取活化能 E 和指前因子 A。由于只需要单次实验即可得到活化能和指前因子，这种求取方法十分便捷；其缺点是需要对机理函数模型进行简化假设。本书采用单一扫描速率法中典型的 Coats-Redfern 积分法和 ABSW 微分法，对实验数据进行处理，求取油焦燃烧反应的动力学参数。

由图 4-11 中的实验数据，确定高温氧化动力学参数计算的温度区间为 700～770K。计算得到的用于求取动力学参数的 Arrhenius 曲线分别如图 4-12 和图 4-13 所示，两种方法拟合的曲线方差分别为 0.9972 和 0.9968。采用 Coats Redfern 积分法拟合得到的反应级数为 0，活化能为 14.3kJ/mol；采用 ABSW 法拟合得到的反应级数为 0.35，活化能为 93.1kJ/mol。可以看到，采用两种不同方法得到的反应活化能差异较大。采用 n 阶指数型简化机理函数并配合单一扫描速率法求取稠油高温氧化反应动力学数据时，虽然通过调整反应级数 n 可以得到较好的线性度，但求取的动力学参数可能与本征动力学有较大偏差。

为了排除简化和假设机理函数可能带来的误差，本研究采用 FWO 等转化率法来测得稠油高温氧化反应的活化能。FWO 法避开了反应机理函数的具体形式，直接求出了活化能 E，因此往往被其他学者用来检验由假设反应机理函数求得的活化能值，这是 FWO 方法的一个突出优点。测试过程中的升温速率为 2℃ /min、3℃ /min、5℃ /min、7℃ /min、10℃ /min（图 4-14）。试样为 50mg 混合 SiO_2 颗粒的油样（含纯油 5mg）。选取图 4-11 中高温氧化峰所对应的特征转化率 0.92，以该转化率计算稠油氧化活化能，计算的 $\lg\beta$ 随温度倒数变化的曲线如图 4-15 所示。由图 4-15 中曲线斜率 6277，得到油焦氧化的活化能 123kJ/mol，小于文献中纯碳物质氧化的活化能168kJ/mol。指前因子根据Kissinger表达式计算，为31.4s^{-1}·Pa^{-1}。两种不同类型的单扫描速率法得到的动力学数据与等转化率法均有一定的差异，其中Coats Redfern法求得的动力学参数与等化率法计算的活化能与真实值差距很大。在稠油高温氧化动力学参数求取时，采用n阶指数简化型机理函数并配合单扫描速率法拟合反应动力学参数可能会产生较大的偏差，为油焦燃烧活性评价和数值模拟计算带来误差。因此，应采用不依赖机理函数的等化率法求取火烧过程中的油焦燃烧反应的动力学参数。对于本研究测试油样，其活化能E为123 kJ/mol，指前因子A为31.4s^{-1}·Pa^{-1}。

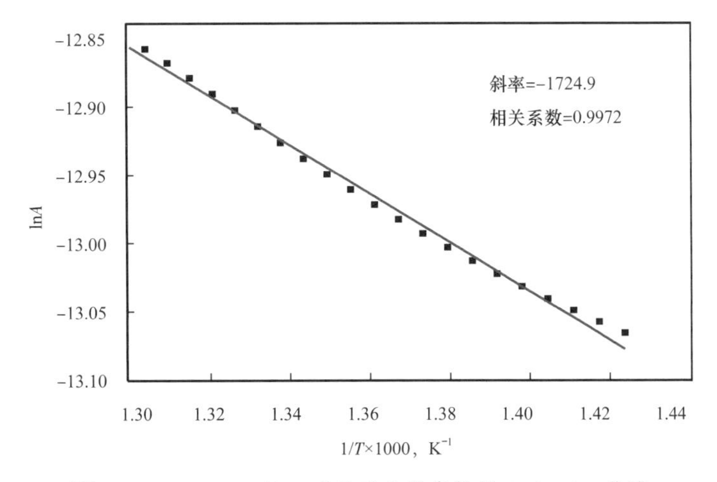

图4-12 Coats Redfern求取动力学参数的Arrhenius曲线

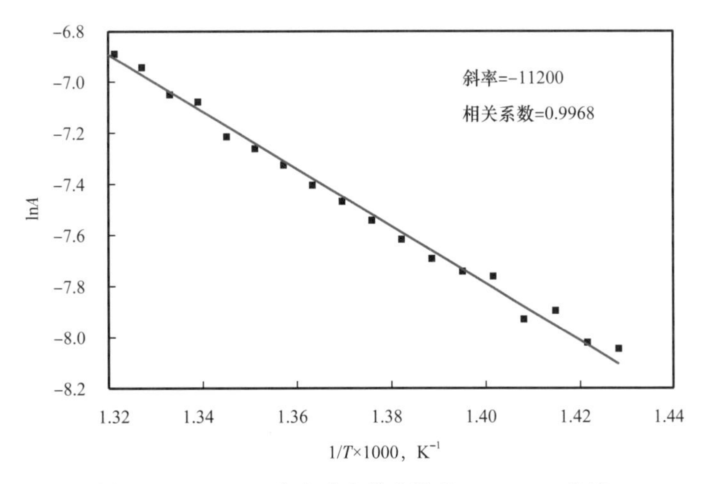

图4-13 ABSW求取动力学参数的Arrhenius曲线

采用热重法测量稠油高温氧化反应动力学参数，评价不同样品制备方法对动力学参数求取的影响，比较不同动力学参数求取方法求取结果的差异。研究结果表明，采用纯油样品进行热重实验，样品不容易均匀燃烧。将油样与SiO_2颗粒混合可以解决这一问题。SiO_2颗粒可以起到支撑骨架作用，颗粒间的孔隙可为O_2扩散提供通道。在对稠油高温氧化反应动力学参数求取的过程中，n阶指数简化型机理函数配合单扫描速率法拟合反应动力学参数可能会产生较大的偏差。等转化率法避免了简化假设机理函数所带来的误差，可用于研究油焦燃烧本征动力学。对于测试的稠油样品，其活化能和指前因子分别为123kJ/mol和31.4s^{-1}·Pa^{-1}。

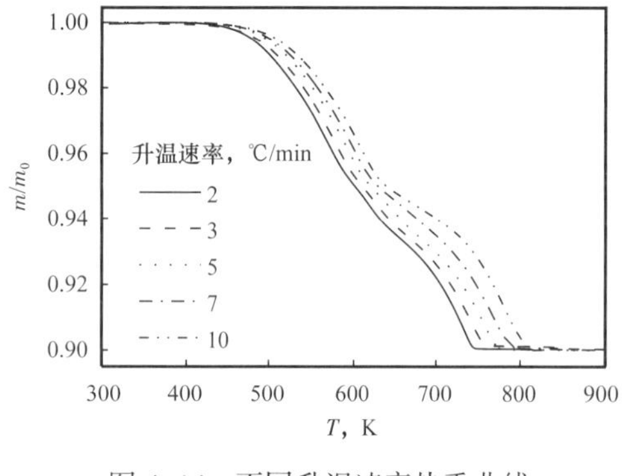

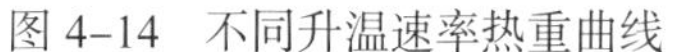
图 4-14　不同升温速率热重曲线

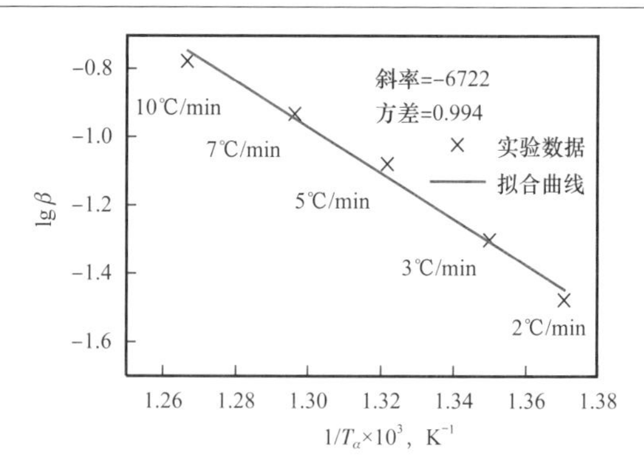

图 4-15　lgβ 随温度倒数的变化

二、一维及三维火驱物理模拟实验

1. 实验装置

一维和三维火驱物理模拟实验装置的流程基本相同，均由注入系统、模型本体、测控系统及产出系统几部分构成（图 4-16）。注入系统包括空气压缩机、注入泵、中间容器、气瓶及管阀件；测控系统对温度、压力、流量信号进行采集、处理，包括硬件和软件；产出系统主要完成对模型产出流体的分离、计量。对于一维火驱物理模拟实验装置，其模型本体为一维岩心管。在岩心管的沿程均匀分布若干个热电偶和差压传感器，用于监测火驱前缘和岩心管不同区域的压力降。对于三维火驱物理模拟实验装置，其模型本体为三维填砂模型。模型内胆可以是长方体、正方体或特殊形状。可根据需要在模型本体上设置若干模拟井，包括直井和水平井，其中有火井和生产井。一般在模型中均匀排布上、中、下多层热电偶，经插值反演可以得到油层中任意温度剖面。通过温度剖面可以判断燃烧带前缘在平面上和纵向上的展布规律。一维和三维火驱物理模拟实验装置的最高工作温度为 900℃，最大工作压力一般为 5～15MPa。

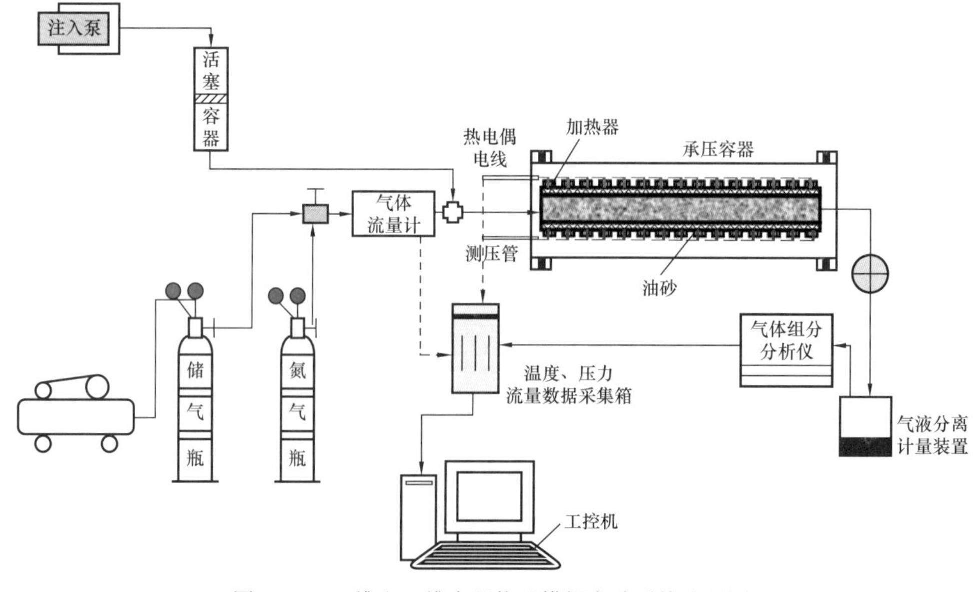

图 4-16　一维和三维火驱物理模拟实验系统流程图

2. 实验过程及方法

1）实验准备

火驱实验准备工作包括：首先根据红浅1井区八道湾组稠油油藏地质特征，利用火驱相似准则设计室内模型孔隙度、渗透率、饱和度等参数；在此基础上进行岩心及流体准备、岩心及流体物性测试；此外还要进行传感器标定、模拟井加工、点火器检测等准备工作。

2）模型装填

模型装填包括模拟井及点火器安装、传感器安装、模型系统试压、模型装填、造束缚水、饱和油等。对于在地层条件下缺乏流动性的特稠油和超稠油，一般不能采用向模型饱和油的方法，而是采用将油、水、砂按设计比例充分搅拌混合后装填模型。

3）通风测试

火驱实验得以持续的前提条件是要预先在模型中设立烟道后，以确保燃烧产生的尾气能够及时排出。因此在点火前要通过氮气通风，进行注采井间连通性测试。在通风测试过程中还要建立模型内部初始温度场，使之与地层实际条件相符。通风测试的同时还要进行测控系统调试、产出系统的连接等准备。

4）火驱实验

启动点火器预热，一般情况下首先向模型中注入的是氮气而不是空气。主要目的是防止在油层未被点燃之前先行氧化结焦；然后逐渐加大氮气的注入速度，直到点火井周围一定区域的温度达到某一特定值时，改注空气实现层内点火。整个火驱实验过程一般包括低速点火、逐级提速火驱、稳定火驱、停止注气结束火驱等阶段。在实验过程中，通过计算机实时监测模型系统各关键节点的温度、压力、流量信号，实时监测燃烧带前缘在三维空间的展布。

三、火驱物理模拟实验示例

1. 水平井火驱辅助重力泄油系列实验

1）实验装置与实验方法

本实验装置设计了两种规格的模型本体，其布井方式如图4-17所示。图4-17（a）所示的模型Ⅰ三维尺寸为400mm×400mm×150mm，模型侧壁内部中间位置设置一口垂直注气井（内置点火器），模型底部设置一口水平生产井，水平井的趾端距注气井的垂直距离为50mm。图4-17（b）所示的模型Ⅱ体积为模型本体Ⅰ体积的1.5倍，三维尺寸为600mm×400mm×150mm，水平生产井仍设置于模型底部，而注气井位置向模型内部移动了100mm，水平井的趾端距注气井的垂直距离为50mm。鉴于此前在直井全井段射孔实验过程中，出现了燃烧带沿水平井筒突进并严重烧毁水平井的情况，在本系列实验中，注气井只在油层上部1/2段射开，水平井的水平段全部射开。

2）实验过程

三维火驱实验包含以下步骤。

（1）实验准备：根据矿场原型油藏地质特征，设计室内模型孔隙度、渗透率、饱和度等参数。在此基础上进行模型及流体准备、模型及流体物性测试、传感器标定、点火器检测等工作。

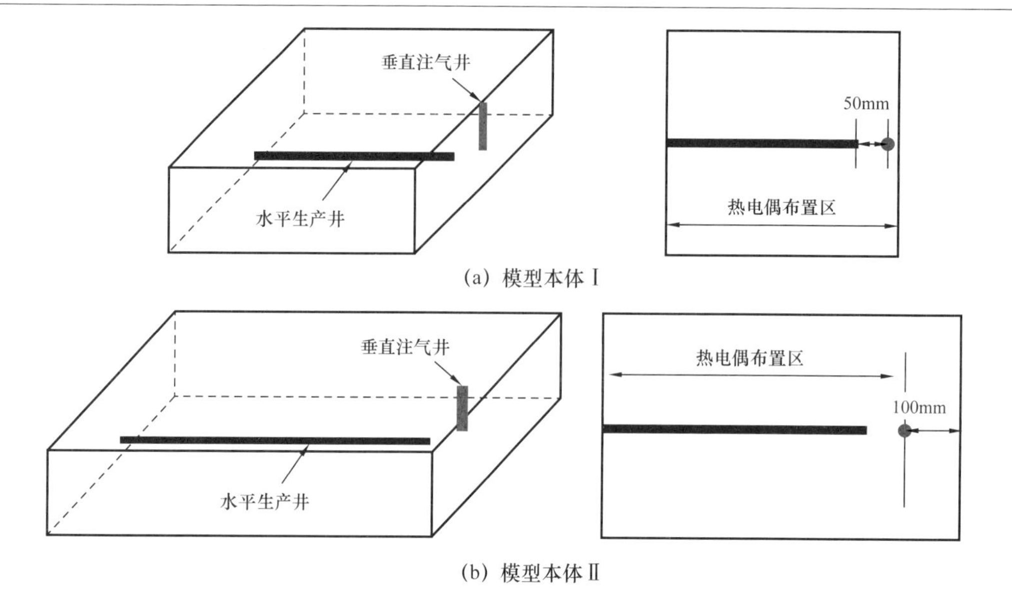

(a) 模型本体Ⅰ

(b) 模型本体Ⅱ

图 4–17　三维火驱模型内部各井排布及其对应的井网

（2）模型装填：包括模拟井及点火器安装、传感器安装、模型系统试压、模型填砂、造束缚水、饱和油等。本系列实验采用实际地层原油为模拟油，50℃下脱气原油黏度为 12090mPa·s，在实际地层温度 18℃下为超稠油。装填后的模型为均质模型，孔隙度为 39%，含油饱和度为 84%。

（3）火驱实验：首先，启动点火器预热，一般情况下首先向模型中注入氮气。其主要目的是防止在油层未被点燃之前先行氧化结焦；然后逐渐加大氮气的注入速度，直到点火井周围一定区域的温度达到某一特定值时（一般为 350℃以上），改注空气实现层内点火。整个火驱实验过程一般包括低速注气点火、逐级提速火驱、稳定火驱、停止注气结束火驱等阶段。在本系列实验过程中，注气压力控制在 0.6～0.8MPa，注气速率在 5～20L/min 调控。

3）实验结果

（1）点火初期燃烧带展布特征。

图 4–18 分别给出了利用模型Ⅰ进行的火驱辅助重力泄油实验预热结束准备点火前、点火后 1.5h 和点火后 4.5h 的油层温度场图。预热结束后以 5L/min 的速率转注高温空气，油层的中上部最先实现点火，在开始的 1h 内火线推进较快，但由于此时高温燃烧区范围较小，水平井只有少量油产出且产油不连续，此阶段为火驱辅助重力泄油的启动阶段。之后燃烧前缘逐渐沿水平井方向及水平井两侧方向缓慢扩展，火线扩展的过程中应逐渐增大注气速率。实验中观察到，在点火 1.5h 后水平井出现连续泄油，泄油速度约为 8mL/min，火线继续沿水平井方向及水平井两侧方向稳定扩展，其中油层中上部火线推进速度比中下部要快。在 12L/min 的注气速度下，燃烧前缘能够以一定的倾角向前稳定推进，其最高温度可达 600℃以上（局部瞬间可达 800℃），平均温度在 450～550℃。为了直观地展示火驱辅助重力泄油过程燃烧前缘展布特征，采用模型Ⅰ进行的两次实验分别在点火启动成功（产出气中 CO_2 含量大于 8% 且稳定连续产出，O_2 利用率在 95% 以上，视为点火启动成功）后

和燃烧带推进到水平井射孔段时向模型中注入氮气灭火，中止实验，之后拆开模型本体，对砂体进行观察分析。

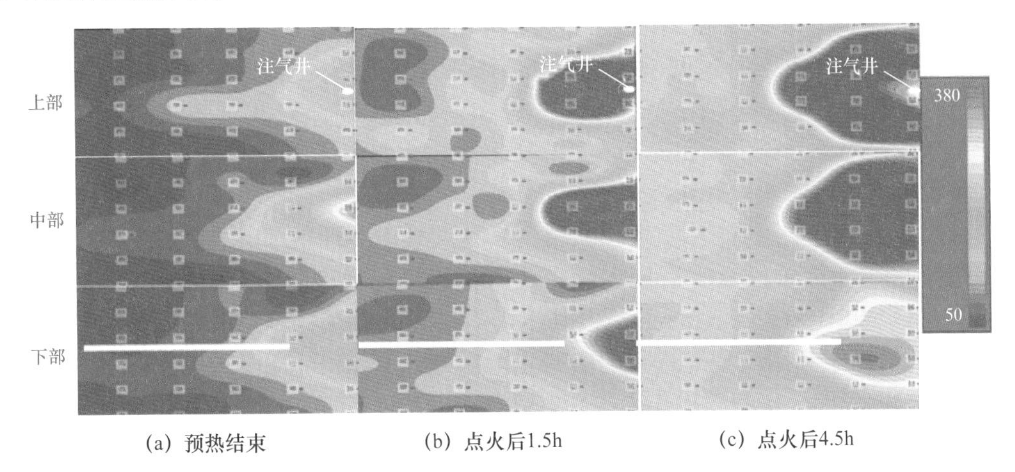

(a) 预热结束　　(b) 点火后1.5h　　(c) 点火后4.5h

图 4-18　不同时间油层平面温度场

根据以前的研究成果，火驱过程中，从注入端到采油端可分为已燃区、燃烧带、结焦带、“油墙”和剩余油区 5 个区带。其中，结焦带可以在实验中止后完整保留下来，且结焦带的形状可以准确反映实验中止前的燃烧带形状，将结焦带形态结合温度场变化相结合，可以较准确地判断燃烧前缘在模型中的演进过程。图 4-19 分别给出了采用模型 I 的两次实验结束后拆开模型并清除了未燃油砂后的结焦带的照片，其中图 4-19（a）（c）分别为点火启动阶段结焦带的俯视图和沿水平井方向的侧视图，图 4-19（b）（d）为燃烧带推进到水平

(a) 俯视图1

(b) 俯视图2

(c) 侧视图1

(d) 侧视图2

图 4-19　三维火驱实验中途灭火后油层各区带照片

井趾端时结焦带的俯视图和沿水平井方向的侧视图。从点火启动阶段至燃烧带推进到水平井的过程中，燃烧前缘在水平方向上的切面呈椭圆形推进，沿水平井的长轴方向，在这一阶段燃烧前缘显示了较强的侧向扩展能力。点火启动阶段结焦带立体展布如“喇叭口”状，燃烧前缘推进到水平井射孔段时的结焦带立体展布形状如切掉尖的圆锥体，结焦带与水平井产出方向的夹角约为60°。图4–19（b）（d）显示油层顶面的结焦带厚度（约5cm）比下部结焦要大，这主要是由于模型上盖的传热所致。

（2）稳定泄油阶段及中后期燃烧带展布特征。

受模型Ⅰ在水平井方向上尺寸的限制，只利用模型Ⅰ研究了点火初期的燃烧带展布特征，对于稳定泄油阶段及中后期燃烧带展布特征是用模型Ⅱ进行的。同时模型Ⅱ中注气井位置向模型内部移动了100mm，以利于揭示燃烧前缘在背对水平井一侧的扩展情况。图4–20分别给出了利用模型Ⅱ进行的实验点火后0.5h、4h、6h和8.5h的模型中上部、中部、下部的温度场图。实验的操作参数和燃烧前缘的扩展特征在点火后的4h内与模型Ⅰ的相似。燃烧前缘的温度维持在450～550℃，火线在模型上部的推进速度较快，整个实验过程中火线都保持着一定的向前倾角，这种超覆式的燃烧对于抑制氧气沿水平井突破是有利的。温度场图还显示，当燃烧前缘越过水平井趾端后，燃烧前缘仍然能够继续稳定向前推进，且水平井泄油稳定。但随着火线的推进，燃烧带在平面上波及范围逐渐减小，高温区在平面上近似楔形沿水平井向前推进，火线向水平井两侧方向扩展的能力远不如点火初期强。实验进行了6h后尝试增大注气速度和提高注入空气温度来扩大火线在平面上的波及范围，温度场显示并没有取得实际效果，而超覆燃烧的程度却在注气速率的加大后变得更加明显。值得注意的是，随着火线的推进，燃烧前缘的温度呈下降趋势，这主要是由于燃烧前缘在平面上的范围变窄后散热增加，同时提高注气速度后水平井产出流体从燃烧前缘带走了更多的热量。反过来，燃烧前缘温度的降低可能又会进一步抑制火线水平方向的扩展。从产出液看，稳定泄油过程一直在持续，泄油速度在8～10mL/min的范围内波动。为了研究燃烧前缘及结焦带在推进过程中的发育形状，实验进行9h后注气井改注氮气灭火中止实验。实验中止时，阶段累计注气量6.5L，累计产油量4.6L，阶段采出程度为39%，阶段累计空气油比为1400m^3/m^3。如果不中止实验，预测最终采出程度在70%左右。

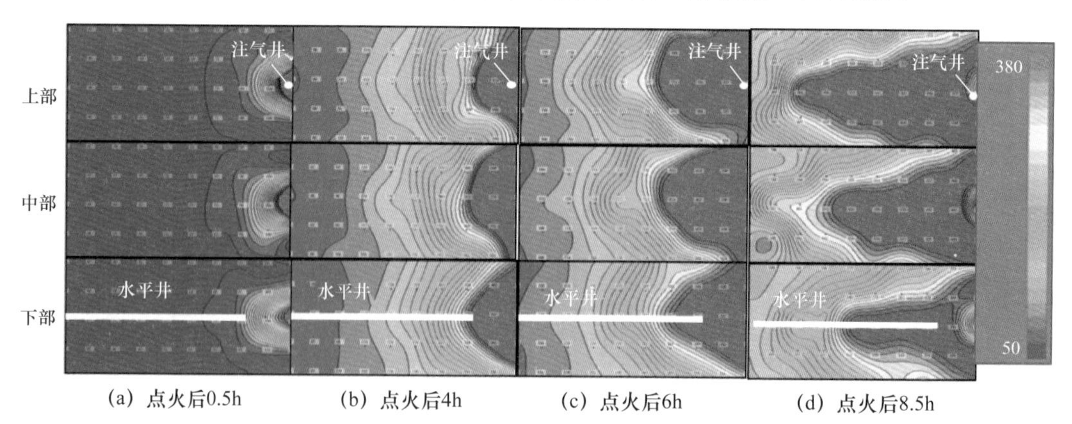

图4–20　不同时间油层平面温度场展布

图4–21（a）给出了模型Ⅱ实验中止后拆开模型上盖并清理掉已燃油砂后模型的俯视照片，其中凹陷区域为已燃区轮廓。图4–21（b）为向已燃区铸入石膏定形并清理掉模型一侧

未燃油砂后的照片，其中白色石膏展示了已燃区的立体形状。图 4–21（c）给出了将铸入石膏沿水平井切开后的已燃区剖面照片，其中红线为该剖面上结焦带的展布情况，显示结焦带在垂向剖面上具有两个不同的倾角，这主要是由于点火 6h 后增大注气速度所致，若注气速度保持恒定结焦带在油层上部应沿着红色虚线展布，结焦带与水平井产出方向的夹角约为 45°。从图中还可以看出，红线（结焦带）和蓝线所包围区域的油砂颜色比初始油砂颜色要浅得多，含油饱和度明显减小，在清除已燃区周围油砂时结焦带外围都出现了一段类似的区域，该区域即为燃烧前缘之前的泄油带，图中的绿色箭头代表了泄油的路径。图 4–21（d）为图 4–21（c）中白圈区域的放大照片，从图上可以看出，在燃烧前缘之前的一段水平井被结焦带完全包围，焦炭在水平井内外的沉积有效抑制了氧气在水平井筒中的突破，这也是维持该阶段燃烧前缘稳定推进的一个重要因素。

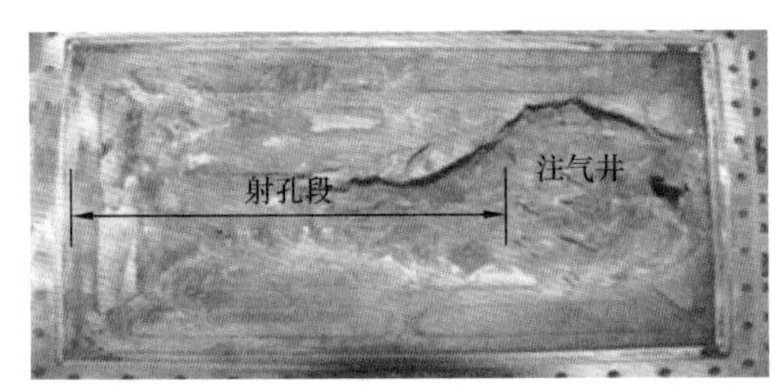

(a) 结焦带轮廓图

(b) 已燃区立体图

(c) 沿水平井垂向剖面图

(d) 环水平井结焦局部放大图

图 4–21 三维火驱实验中途灭火后油层各区带照片

（3）燃烧前缘扩展过程与关键节点控制。

结合以上实验中温度场的扩展情况和拆开模型后的照片分析，可以将燃烧前缘的扩展分成点火启动阶段、径向扩展阶段和向前推进阶段 3 个阶段。图 4–22 为根据实验温度场和实验后结焦带照片绘制的各阶段已燃区、燃烧前缘、结焦带和泄油带的剖面和平面示意图。

点火启动阶段：高的点火温度（500℃以上）是实现点火启动的必要条件，同时点火位置应选择油层的中上部。点火启动阶段的控制十分重要，在该阶段燃烧区域面积相对较小，并且会有相当一部分热量随产出流体从水平井排出，相对于常规火驱来说热量聚集速度要慢。在进行的一系列三维火驱实验中也出现过由于对点火温度和注气量控制不当导致点火不充分甚至在点火启动阶段熄火的现象，熄火后再次点燃油层的难度很大，而点火不充分将会导致燃烧前缘温度相对较低，这将对燃烧前缘的扩展和泄油稳定造成不利影响。

径向扩展阶段：点火启动成功后，燃烧区域继续向四周和下部扩展，高温燃烧前缘保证了高的氧化率，使注入的氧气被完全消耗，燃烧后的高温气体直接流向水平井的趾端。在结焦带推进到水平生产井趾端之前，燃烧区域四周压力梯度大致相同，燃烧前缘在平面上径向扩展较快，扩展面为椭圆形状，长轴沿水平井方向。由于气体的超覆作用，燃烧区域半径在平面上从油层上部到下部逐渐减小，此阶段为燃烧前缘径向扩展阶段。在这一阶段，维持燃烧前缘稳定推进的关键在于注气速度与燃烧区域耗氧量相一致，注气速度过慢将影响燃烧前缘的扩展能力，注气速度过快则有可能导致氧气从水平井趾端突破。

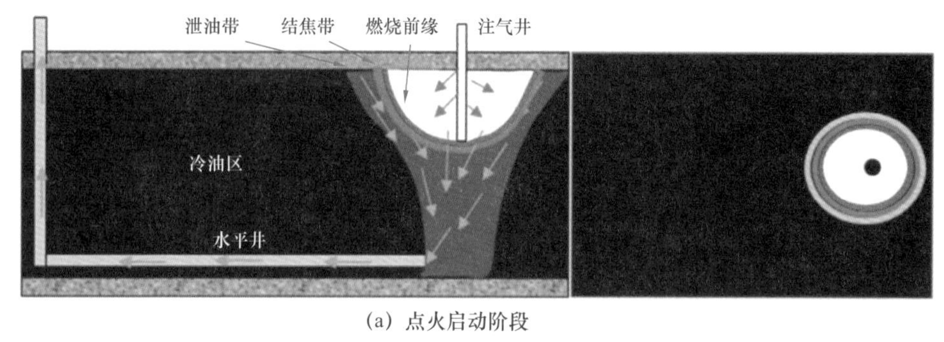

(a) 点火启动阶段

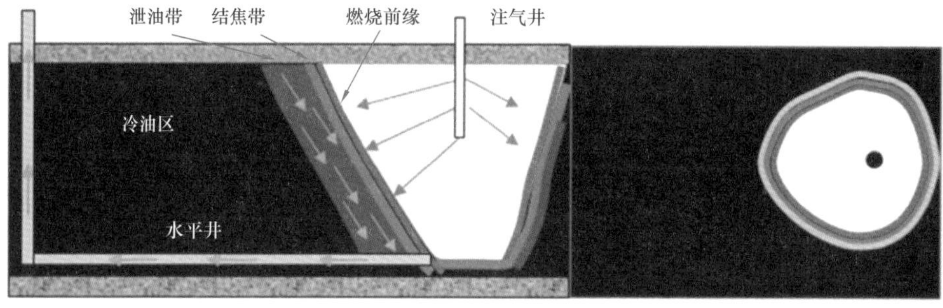

(b) 径向扩展阶段

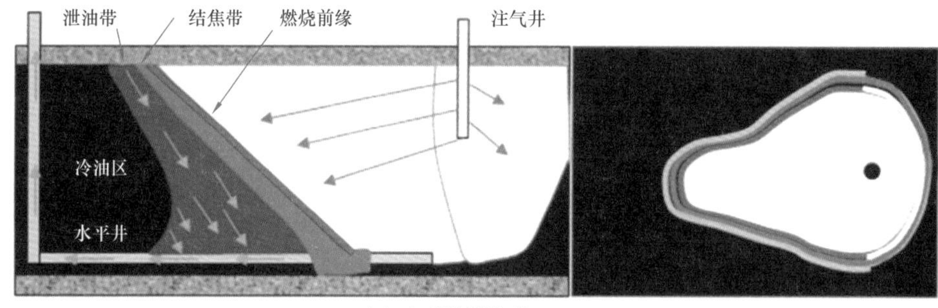

(c) 向前推进阶段

图 4-22　燃烧前缘不同阶段展布示意图

向前推进阶段：随着燃烧前缘的继续推进，焦炭开始在水平井趾端沉积，结焦带阻止了氧气直接进入水平井筒，并使燃烧后气体流过水平井被焦结物封堵段向前随原油一起产出。很明显，此时沿水平井垂向剖面方向的压力梯度与沿水平井两侧方向的压力梯度相比要大，燃烧前缘沿水平井方向的推进速度加快，而沿水平井两侧方向的扩展能力减小，这些因素将导致燃烧前缘沿水平井呈楔形向前推进。从室内实验看，这种楔形推进是一（直井）注、一（水平井）采井网下的必然结果。要改变这种状态，使燃烧带前缘尽可能向水平井两侧扩展，需要完善井网，如在水平井两侧增加排气井或生产井等。

2. 火烧吞吐实验

1）火烧油层吞吐技术特征

火烧油层吞吐开发方式的主要特点是：与蒸汽吞吐过程类似，也包括注入、焖井、回采三个阶段。注入阶段利用近井地带的原油燃烧产生热量并生成烟道气，向周围地层径向推进和扩散；焖井阶段让原油继续燃烧并最大限度地消耗空气腔中的氧气，同时使非凝结气体继续扩散和溶解，热量向纵深传递；回采阶段热蒸馏和热裂解后的组分与原始原油及烟道气混合被回采出来。注气井既是点火井，又是采油井。一个火烧油层吞吐周期结束后，可以接着进行下一个周期的火烧油层吞吐。相比于蒸汽吞吐，火烧油层吞吐没有地面管线和井筒热损失，同时可形成热 + 蒸汽 + 烟道气多重作用机理。相比直接火驱开发，火烧油层吞吐前期投资少、见效快，经过几个轮次的火烧吞吐后再转成火驱开发兼顾了成本回收和提高采收率的油田现实需求。同时，火烧吞吐技术取得成功将大幅降低直接火驱开发面临的工程风险。另外，采用火烧吞吐为后续火驱建立注采井间的连通使大井距火驱成为可能，从而进一步降低火烧油层技术的开发成本。

2）火烧油层吞吐物理模拟实验研究

（1）实验装置及方法。

火烧油层吞吐物理模拟实验采用一维燃烧管实验装置进行模拟（图 4–23）。其燃烧管模型（图 4–24）为圆柱体，长度为 80cm，内径为 5cm，在燃烧管的内部，沿轴向均匀布置了 16 组温度传感器（间隔 5cm），用于监测火驱过程中的温度场展布。同时，本燃烧管模型具有热跟踪功能，测控系统依据燃烧管内温度传感器的温度来控制管外跟踪加热器的加热功率，尽可能地减少燃烧管径向的散热，从而最大限度地模拟油藏内的真实状态。为了研究火烧油层吞吐燃烧带前缘推进及原油回采的过程，实验共设计 3 个吞吐轮次，具体实验步骤如下：室内物理模型将能反映储层岩心物性特征的石英砂装入燃烧管，填实后封装模型；燃烧管抽真空，饱和水计量孔隙度并测试渗透率；饱和油并测试注入原油时的注采压差；建立初始温度场，启动点火装置，进行室内燃烧实验，同时监测相关数据；燃烧前缘推进到设定位置后停注空气，焖井 30min 后回采；回采结束后开始下一轮次的火烧吞吐实验。实验模型孔隙度为 38.2%，渗透率为 920D，实验用油 50℃下脱气原油黏度为 54860 mPa·s，初始含油饱和度为 80.8%。

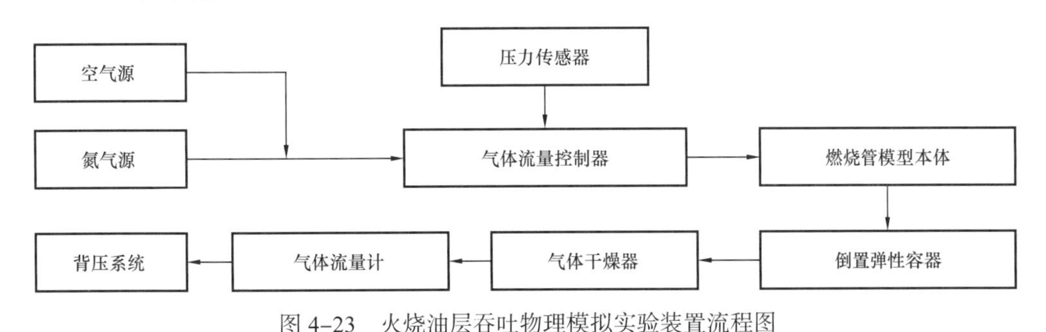

图 4–23　火烧油层吞吐物理模拟实验装置流程图

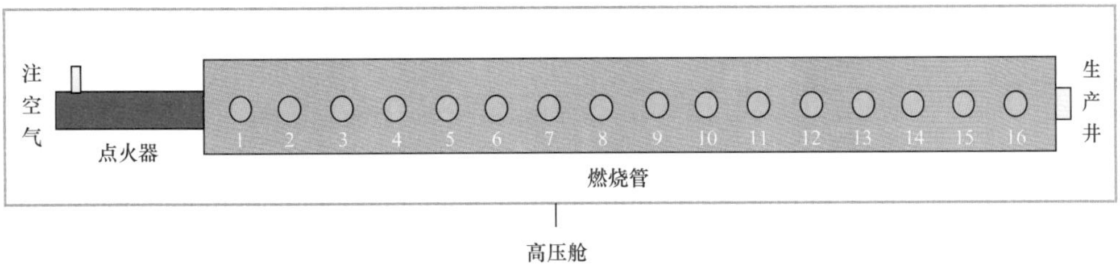

注空气
点火器
燃烧管
1 2 3 4 5 6 7 8 9 10 11 12 13 14 15 16
生产井
高压舱

图 4–24　燃烧管模型本体

（2）火烧油层吞吐模拟过程描述。

点火器设定 450℃时通空气启动点火，约 30min 后燃烧管成功点火，随着持续注入空气，燃烧前缘沿燃烧管稳定地向前推进。第 1 轮次吞吐过程中，当燃烧前缘推进 20cm 时，停止注空气，焖井 30min 后开井生产。第 2 轮次和第 3 轮次吞吐分别在燃烧前缘推进 35cm 和 45cm 时停止注空气并焖井后回采（图 4–25）。图 4–26 为第 3 轮次火烧吞吐注气阶段不同测温点、不同时间的温度变化曲线。曲线结果显示，在第 3 轮次火烧吞吐实验时燃烧前缘仍然能够稳定地向前推进，在实验室内可以实现多轮次的火烧吞吐操作。

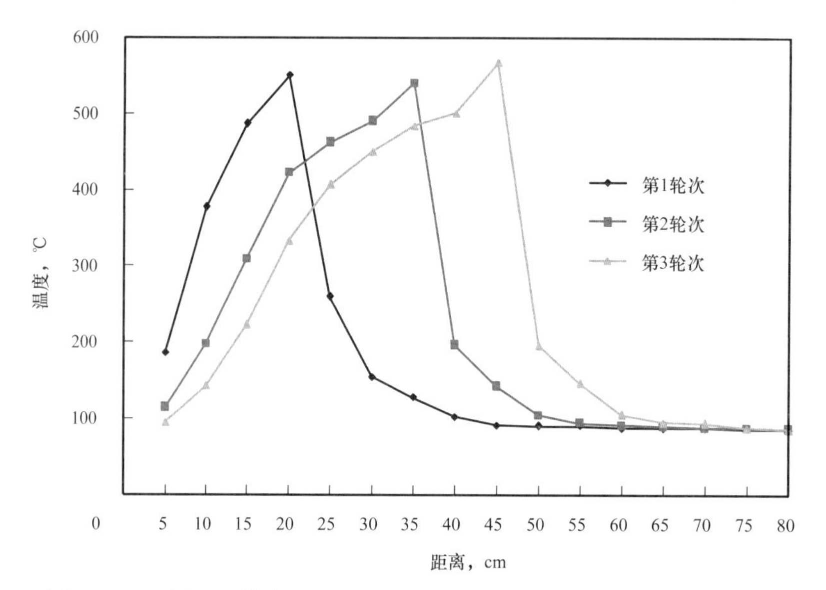

图 4–25　不同吞吐轮次注气结束时燃烧管方向不同测温点温度分布曲线

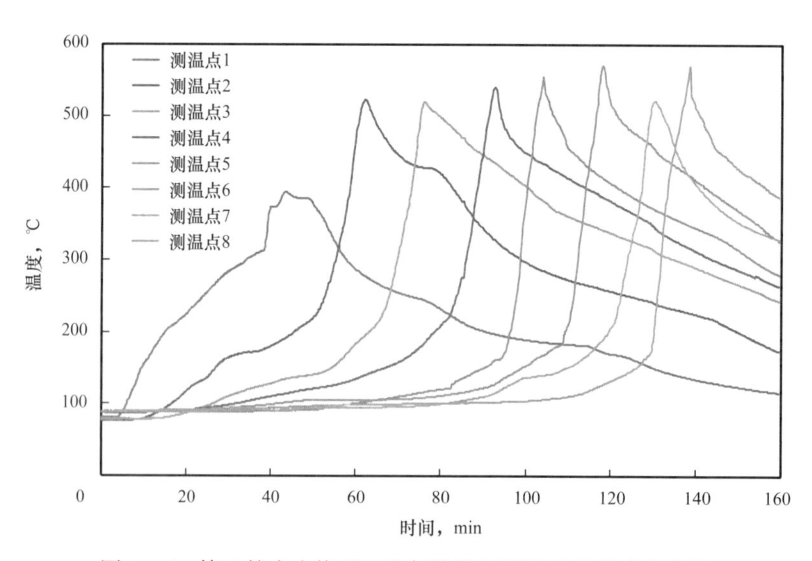

图 4–26　第三轮次火烧吞吐注气阶段不同测温点温度变曲线

开井回采过程中，开始阶段只有气体（含蒸汽）产出，之后液相开始产出且气相不再连续产出，初期液相中含水率较高（80% 左右），然后含水率迅速降至 5% 以下，原油呈泡沫油状且产出后仍长时间呈泡沫状态（图 4–27）。

图 4–27 火烧吞吐回采原油产状

（3）回采原油黏度测试。

分别取三个吞吐轮次回采过程中初期和中期原油样品，分别标记为第 1 轮次 –1、第 1 轮次 –2、第 2 轮次 –1、第 2 轮次 –2、第 3 轮次 –1 和第 3 轮次 –2，并对其黏度进行测试。图 4–28 为各组样品的黏温测试结果，与初始原油黏度相比，回采原油黏度降幅显著（降为原始原油黏度的 1/3～1/5），原油在火烧吞吐过程中改质明显。图 4–29 曲线显示，随吞吐轮次增加，原油改质效果更好。

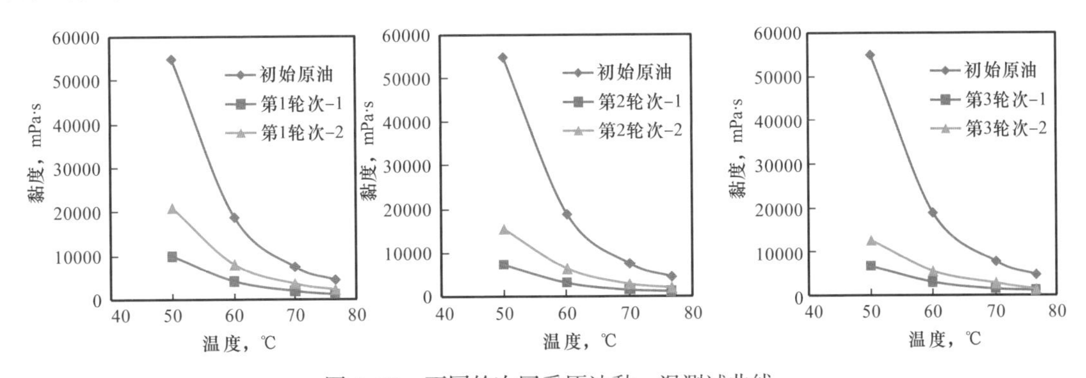

图 4–28 不同轮次回采原油黏—温测试曲线

（4）结焦带对火烧油层吞吐回采过程的影响。

结焦带在燃烧带前缘前面一个小范围内，原油高温裂解后所形成的黏附在岩石颗粒表面上的焦炭状物质带。由于结焦带温度较高，在该区域几乎没有液相存在，只存在气相和固相。由于没有液相存在，在火烧驱油过程中气体通过结焦带也就无法形成明显的压力降。然而，在火烧吞吐回采过程中，油、气、水流入生产井前则要穿过结焦带。因此，需要对回采过程中结焦带对渗透率的影响进行评估。在第3轮次火烧吞吐结束后，将模型管分别恒温到90℃、100℃、115℃和135℃，由模型管反向（从注气端相反的一端注入）注入油藏原始原油并测试注采压差。图4-30表明，与火驱前模型饱和原油相比，90℃时火驱后注采压差增大了17%，且压差增幅随温度升高逐渐减小。在矿场试验过程中，结焦带半径较大（5～15m）、温度高且原油经过改制降黏，因此结焦带对火烧吞吐回采产能的影响较小。在矿场试验中，每轮次注空气量应大于上一轮次的注空气量，以使上一轮次遗留的结焦带完全燃烧，从而消除上一轮次结焦带对本轮次原油回采的影响。

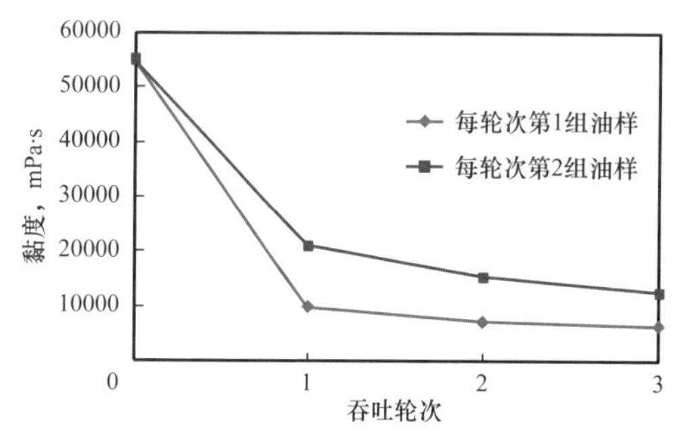

图4-29　不同轮次回采脱气原油50℃下的黏度对比

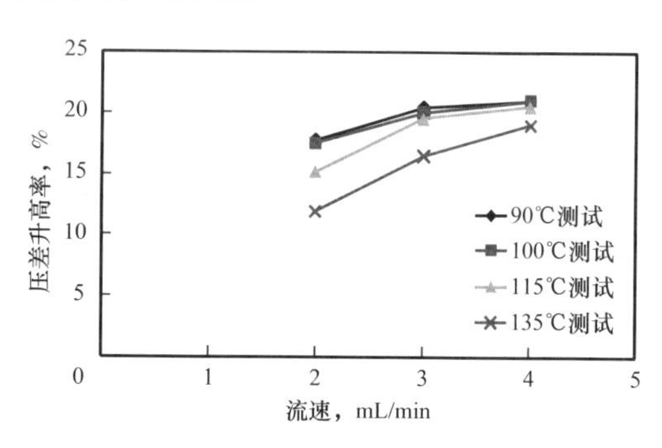

图4-30　结焦带对油层渗透率影响测试曲线

第四节　火驱的油藏工程优化

一、稠油老区火驱井网选择

国内注蒸汽（含蒸汽吞吐和蒸汽驱）开发过的稠油老区现存井网多为正方形井网，初始井距一般为150～200m。受蒸汽在油藏中加热半径限制，为了提高平面动用程度，蒸汽吞吐过程中往往经过多次加密调整，每加密一次井距缩小为原来的70.7%。国内蒸汽吞吐及蒸汽驱稠油油藏的注采井距大多在70～100m。从最大限度地提高经济效益的角度并考虑到火驱为末次采油的特点，火驱提高采收率项目应最大限度地利用现有井网。通常稠油老区转火驱开发时，无论是否新钻加密井，一般有两种线性井网和四种面积井网可供选择。

1. 线性井网火驱开发特征及比较优势

线性井网火驱模式最初提出是针对地层存在较大倾角（一般大于10°）的情况。在这种情况下采用线性火驱模式从构造高部位向构造低部位驱扫，可充分利用重力作用，使前缘形成近活塞式的驱替，最大限度地提高纵向上的动用程度。线性火驱是一个井间或区间接替的收割式开采过程，其燃烧带推进的速度相对较快。以Suplacu油田为例，其火线推进速度接近0.1m/d，注采井排之间的排距为70m，两年多的时间火线就扫过了一个井排。火驱作用范围一般为下游3～4排生产井，单个生产井的有效生产时间只有6～8年。对于单井或较小的试验区来讲，线性火驱是一个高速采油过程。但对于整个区块来讲，其采油速度不一定很高。如Suplacu油田的火驱开发了50年，后续还可以继续以线性火驱方式开采20年，但平均年采油速度只有1%左右。新疆油田红浅火驱试验区由于规模较小，火驱年采油速度达到3%以上。正是因为上述特点，与面积井网火驱相比，线性井网火驱除了具有平面波及系数高、理论采收率高的优势外，还具有以下优势。

1）地面设施建设及其管理相对容易

线性火驱经过初期的点火和逐级提高注气速度，一旦注气井排形成相互连通的燃烧带后，其燃烧界面大小基本不变。因此客观上只要维持恒定的注气速度，就能保证火线的推进速度也是恒定的。这对地面注气压缩机站及其相关供电、供水、分离、处理等配套设施的设计、建设和管理都很有好处。而在面积井网火驱过程中，燃烧带的扩展半径是不断加大的。为保持燃烧带前缘稳定推进所需要的注气速度是逐渐增加的，地面设施能力要想与之持续匹配，在投资和管理上都存在不小的难度。地面设施能力如果不能与持续扩展的燃烧半径相匹配，就会导致燃烧带推进逐步放缓，极端情况下甚至能导致油藏灭火。

2）油藏管理及配套工艺相对简单

由于线性火驱是从构造高部位向构造低部位方向推进并且是井间接替式的开采过程，与面积井网火驱相比，其动态管理的井数相对要少。仍以 Suplacu 油田火驱项目为例，1975 年起基本完成了面积火驱模式向线性火驱模式的转变，形成了平行于构造等高线的火线前缘。公开资料显示，1983—2010 年，该项目年产量一直维持在 40×10^4t 左右，处于动态监管下的油藏范围始终是一个长 10km、宽 0.5km 的条带，其动态管控的井数始终维持在 500 口左右，即 100 口左右的注气井加上 400 口左右的下游生产井[13]。而事实上到 2010 年该项目已累计打井 2100 口，其中有超过 3/4 的井已结束生产。新疆油田红浅火驱试验区采用火驱开发超过 7 年时，有近一半的井结束生产或关井，要管控的生产井只有试验区总井数的一半左右。线性火驱的这一特点对注采井及地面的工艺设计也具有重要意义。如在生产井筒的防腐设计上，原先考虑到生产井产出流体中高含 CO_2 等酸性气体，要采用较高等级的防腐管柱或工艺。依据线性火驱的特点，生产管柱只要在 6～8 年的有效生产期内满足要求即可。在新疆油田红浅火驱试验区，尽管老井井况条件普遍较差，但在生产井没有采取特殊防腐工艺措施的情况下，仍基本能在 5 年或 6 年的有效期内正常生产，没有出现因腐蚀问题停产作业的情况。但如果换作面积火驱，其生产井的防腐工艺设计可能要满足 20 年的生产时间。

3）容易实现火线的调控

对火线的调控是火驱项目管理中一项关键内容，某种程度上决定了火驱项目的成败。矿场实践中一般通过对生产井的“控”“关”“堵”“引”等措施对火线前缘进行调控，调控的主要手段是通过各生产井的产气量来控制火线前缘推进的方向和速度。在线性火驱模式中，其注气井与生产井之间的对应关系相对简单，即一口注气井对应多口生产井。通过控制某口生产井产出气量，就可以控制火线向该生产井的推进速度。这在矿场实施起来目标和措施明确，实施的效果也很容易被验证。面积井网火驱的注采关系为多对多模式，如在五点井网模式下，一口注气井对应周围 4 口生产井，同时一口生产井也对应着 4 个方向上的 4 口注气井；反九点井网的对应关系更复杂。无论采用油藏工程方法还是跟踪数值模拟方法预测火线前缘位置，都需要对单井注气量或产出量进行合理劈分。鉴于油层的非均质性和前期注蒸汽过程中所形成的次生非均质性，尚无准确可靠的劈分方法。这在客观上造成了火线形状及展布难以准确预测；火线预测不准，调控就无从谈起。退一步说，即使可以确定当前火线展布的形状和前缘位置，对其进一步调控又存在两难的局面，因为火线的推进具有单向性和不可逆性，对某口生产井来说，无论是增大还是减少排量都不可能兼顾到周围4个井组的火线调控。

2. 面积井网火驱开发特征及比较优势

与线性井网火驱不同，面积井网火驱所有生产井的生产周期均与全油藏或全区块的生产周期同步。从各井组的中心注气井点火时刻开始，全油藏即进入火驱开发阶段。当火驱突破到生产井时，生产井关井、火驱开发结束。尽管受平面非均质性等影响，各生产井遭遇火驱突破的时间有所先后，但完全不同于线性井网条件下的井间或区间接替。与线性火驱相比，面积火驱有以下优势。

1）火驱阶段累计空气油比（AOR_C）低

空气油比（AOR）是衡量火驱开发效果的一个关键经济指标，指的是每生产 $1m^3$ 原油所要消耗掉的标准状态下的空气量（单位：m^3/m^3）。在火驱项目中，注空气的费用一般要占到总运行成本的50%、操作成本的70%～80%。火驱项目的空气油比越低，意味着火驱生产效率越高、经济性越好。无论是面积井网火驱还是线性井网火驱，其生产井突破关井时对应的累计空气油比可以通过式（4-19）计算：

$$AOR_C = \frac{A_0 V_1}{\phi \rho_o S_o V_1 \eta_o + \phi \rho_o \left(S_o - S_{or3}\right) V_3} \tag{4-19}$$

式中 A_0V_1——火驱突破时已燃区消耗的总的空气量，m^3；

A_0——实验室测定[15]的燃烧带扫过单位体积油砂所消耗的空气量，m^3/m^3；

V_1——已燃区体积，m^3；

$\phi\rho_o S_o V_1 \eta_o$——已燃区贡献的累计产油量，$m^3$；

$\phi\rho_o$（S_o–S_{or3}）V_3——剩余油区贡献的累计产油量，m^3。

仍以新疆油田红浅1试验区为地质原型，并假设两种井网的纵向波及系数均为100%。考虑到火驱开发是在注蒸汽开发基础上进行的，其火驱初始含油饱和度 S_o 为注蒸汽后的地层平均剩余油饱和度51%。实验室测定火驱驱油效率 η_o=90%，空气消耗量 A_0=245m^3/m^3，则根据式（4-19）计算面积井网火驱时 AOR_C=1720m^3/m^3，线性井网火驱（1排注气井+5排生产井）的 AOR_C=2111m^3/m^3。线性火驱的累计空气油比比面积火驱大约要高20%。式（4-19）中对累计空气油比的计算没有考虑已燃区内的空气滞留量（这部分空气虽必须注入但不参与燃烧反应），如果考虑这部分空气的话，两种井网 所对应的累计空气油比差异更大。可见线性火驱较高的平面波及系数、较大的理论采收率是以较大的单位空气消耗为代价取得的。不考虑最终采收率因素，仅从操作成本角度看，面积井网火驱生产阶段的经济性要好于线性井网。

2）火驱阶段油藏总的采油速度高

线性火驱对于单井或一个条带的开发速度高，但对于整个区块来讲，由于不同时间段内处于有效生产阶段的井数少，故对整个油藏来讲，其采油速度相对较低。面积井网火驱从开发初始阶段就整体动用所有注汽井、采油井，因此油藏总的采油速度较高。经油藏工程测算，注蒸汽稠油老区转火驱开发，一般可在注蒸汽基础上提高采收率25%～40%。面积井网火驱一般可生产10～15年，采油速度为1.5%～3.5%，线性火驱（设5排生产井）一般要生产15～20年，采油速度为1.0%～2.0%。面积井网火驱可以提高采油速度的另一个原因是采油井数与注汽井数比大，尤其是采用反九点井网时，采油井数与注汽井数比达到 3。这对于地层原油黏度较大且经历了前期蒸汽吞吐后地层压力大幅下降的油藏来说，较多的采油井数可以克服单井排液能力不足的影响，最大限度地提高生产能力。国内稠油油藏蒸汽吞吐后转蒸汽驱开发，把保证采注比作为一项基本原则并普遍采用反九点井网，原因也正在于此。线性井网尽管 1 排注气井可以对应下游 5 排以上的生产井（采 / 注井数比可以达到 5 以上），但矿场实践证明，在地层原油黏度大于 10000mPa·s 时，火驱有效作用范围只有 1～2 排生产井，有效采油井数与注汽井数比在 2 以下。Suplacu 油田地下原油黏度在 5000mPa·s 以下，印度的 Balol 油田地下原油黏度在 200mPa·s 以下，这种情况下线性井网火驱有效采 / 注井数比可以达到 3～4，与反九点面积井网相当。

3）在稠油老区实施火驱能有效降低地质及油藏管理风险

国内稠油油藏多为河流相沉积，油层内砂体叠置关系较为复杂，一个小层内往往发育规模及数量不等的多个侧积体（面），客观上形成了多个流动单元。在线性井网条件下，注气井单方向驱替、生产井单方向受效。火线在向生产井推进的过程中，一旦遇到泥岩侧积面所形成的渗流屏障，就会降低火线的纵向上及平面上的波及系数，降低其下游生产井火驱效果，甚至可能导致下游生产井长期不见效。采用面积井网时，生产井多向受效，当一个方向推过来的火线被部分或全部遮挡后，其他方向未必发生这种情况，通常该生产井仍能见效。从这个角度看，面积井网能有效降低和避免这种方向性遮挡带来的地质风险。另外，线性火线前缘一旦形成后，地下整个空气腔将连成一片，所有注气井注入的空气都将进入总的空气腔中。这样做的好处之一是，任何一口注气井不能有效注气时，可以通过其他注气井进行代偿，理论上只要保证总注入速度满足要求即可。但同时这也加大了油藏管理的风险，当任何一口注气井出现了套损、管外固井失效等情况，导致空气向非目的层窜漏时，整个空气腔的气体都会窜出，所有注气井及其周边正在生产的油井都会受其影响。由于多个注入井同处于一个气腔，有时甚至无法判断气体到底是从哪口井窜出的。印度 Balol 油田火驱过程中就发生过这样的情况。其火驱注气井排为处于构造高部位的老井，这些老井采用了非热采完井方式且经历了较长时间的水驱生产，在点火注气 3 年或 4 年后，有几口注气井出现了套损，注入空气进入了目的层上面的水层。尽管此后在工程上采取了一些补救措施，仍无法避免空气窜漏。随后陆续关闭了一批注气井，仍不能彻底解决问题。最终决定废掉原来注气井排上的所有老注气井，重新打一批新井并采用热采完井方式强化固井。一个 20×10^4t/a 规模的火驱项目被迫中断数年。在面积井网火驱过程中，地下各个已燃区是以各自注气井为中心的相互独立的近似圆形的区域。即使进入了火驱开发末期，各已燃区（空气腔）之间仍没有连通。因此即便出现了某口注气井套损、空气向非目的层窜漏的情况，修井作业前的关井影响范围也只限于该井组本身，对其他井组影响不大。

3. 稠油老区火驱井网选择应重点考虑的因素

1）地质因素

油藏地质条件是火驱成败的首要因素。火驱井网选择应重点关注储层构造、沉积、砂体展布及叠置关系等。从国外早期的火驱矿场试验看，导致项目失败的地质因素主要包括油层连通性差导致的燃烧带推进和延展受限、储层封闭性差导致火线无法有效控制、地层存在裂缝等高渗透通道或者气顶引起的空气窜流等。除此之外在对井网选择时还应关注地层倾角、泥岩夹层及侧积层分布等。通常的经验是当地层倾角大于 15° 时，从最大限度地利用重力泄油机理，遏制气体超覆、提高纵向波及系数角度考虑，应首选从构造高部位向构造低部位驱替（注气井排平行于构造等高线方向）的线性井网，但也不尽然。从新疆油田红浅火驱矿场试验看，沉积特征对火线推进方向和速度的影响远大于地层倾角的影响。沿着主河道方向火线推进速度是垂直于主河道方向火线推进速度的 2 倍以上。因此若采用线性井网，注气井排最好平行于主河道方向，以便于尽早实现注气井间的火线连片。在这种情况下，注气井排应位于主河道的中央，在注气井排的两侧均可部署生产井排（考虑到河道的宽度及侧积层等因素，生产井排数以 2～4 排为宜）。当然在河流相沉积条件下，基于同样的考虑（河道的宽度及侧积层）也可以采用面积井网。

2）储层及流体物性

国内稠油油藏多为砂岩且胶结疏松，通常具有高孔隙度、高渗透率的特点，其储层物性一般不会成为火驱开发的强约束条件。能构成火驱开发的强约束条件是地层条件下的原油黏度。国外学者一般将火驱开发适用的油藏范围界定在地层原油黏度小于 5000mPa·s[18] 的油藏，这通常针对原始油藏，主要考虑到由于“油墙”的存在，高于此黏度会在注采井间产生较大的注采压差，甚至难以形成有效驱替（即所谓的“驱不动”）。在已经历过注蒸汽开发的稠油老区，在多轮次蒸汽吞吐后，老井附近含油饱和度及其视黏度大幅下降，有助于“油墙”的运移。新疆油田红浅火驱试验区 13 个注气井组地下原油黏度为 10000～20000mPa·s。矿场试验表明，即使是在黏度为 20000mPa·s 的 hH013 井组，也可以实现正常火驱生产，只是周边生产井见效的时间要相对滞后 4～6 个月。因此对于稠油老区转火驱开发，一般可将地层原油黏度上限放宽至 20000mPa·s。特殊情况下，对原油黏度大于 20000mPa·s 的油藏，如采用火驱开发，应选择高采注井数比的面积井网（如反九点井网）并尽可能缩小井距、增加前期蒸汽吞吐轮次，以保证火驱过程中注、采井间的水动力学连通性，以实现有效驱替。值得注意的是，蒸汽吞吐对地下原油中的轻质组分具有抽提作用，经过多轮次蒸汽吞吐后，地下剩余油的黏度要大于原始黏度。在转火驱开发前，应重新取样测定原油黏度，为火驱开发井网选择提供依据。

3）油价、已开发程度及现存配套设施

作为稠油老区提高采收率技术，火驱开发是否具有经济效益，很大程度上取决于前期已开发程度。空气油比（AOR）是衡量火驱开发经济性的最关键指标之一，不同的油价对应着不同的经济极限空气油比（见表 4–3 第 1 列、第 2 列）。因此，在已知经济极限空气油比的前提下，可依据式（4–19）反过来求取在不同的油价下油藏转火驱后能实现经济有效开发的剩余油饱和度下限。依据该剩余油饱和度下限，可以计算油藏转火驱开发前的采出程度上限。将新疆红浅 1 井区火驱试验区相关参数代入式（4–19），则对于面积井网井网，其油藏平均剩余油饱和度下限为：

$$S_{\mathrm{or3}}=\frac{669.7}{\mathrm{AOR}}+0.12 \tag{4–20}$$

对于线性井网（下游生产井为 3 排时），其转火驱经济有效开发的油藏平均剩余油饱和度下限为：

$$S_{\mathrm{or3}}=\frac{963.5}{\mathrm{AOR}}+0.04 \tag{4–21}$$

计算结果见表4–3，低油价下转火驱开发，要求前期注蒸汽过程中的采出程度要低、平均剩余油饱和度要高。油价低于30美元/bbl时，原始油藏火驱或稠油老区转火驱均无法实现经济效益。在50美元/bbl的油价下，采用面积井网和线性井网（下游生产井为3排）火驱，要求油藏平均剩余油饱和度分别要大于41.8%和46.8%，对应的已开发程度（采出程度）分别要小于41.1%和34.1%，才能实现经济效益。在油价低于80美元/bbl的情况下，面积井网火驱要比线性井网火驱更具经济性，同时也能承受相对较高的前期采出程度。油价越低，面积井网的这种比较优势越明显。因此，对于已开发程度较高的稠油老区，在低油价下转火驱开发应优先选择面积井网。

表4–3　不同油价对应的经济极限空气油比与平均剩余油饱和度下限

油价 美元/bbl	经济极限空气油比 m^3/m^3	平均剩余油饱和度下限，%		火驱前上限采出程度，%	
		面积井网	线性井网	面积井网	线性井网
30	1350	61.6	75.3	12.3	—
40	1800	49.2	57.5	30.7	19.0
50	2250	41.8	46.8	41.1	34.1
60	2700	36.8	39.8	48.2	43.9
70	3150	33.3	34.7	53.1	51.1
80	3600	30.6	30.9	56.9	56.5
90	4050	28.5	27.9	59.9	60.7
100	4500	26.9	25.5	62.1	64.1

在稠油老区进行火驱开发，应最大限度地利用现有井网及地面相关配套设施。通常稠油老区现存注蒸汽管网及地面配套设施较完备，从地面条件上讲，火驱井网及其规模的选择自由度较大。火驱井网的选择应主要从油藏工程和经济效益（最终采收率、生产规模、采油速度、投资回收期）的角度考虑。对于经过多轮次蒸汽吞吐的稠油老区，井况是火驱开发及其井网选择应考虑的问题。应对油藏范围内所有井进行井况排查，并针对具体情况相应采取保留原井、修井、侧钻、打更新井等措施，以确保每口井的完整性。不同的火驱开发井网及各井在井网中所处的不同位置和角色，对应着不同的工程风险等级及相应治理措施的等级。通常面积井网中的注气井、反九点面积井网中的角井对应着较高的风险等级，对井筒完整性及防腐等要求高，而线性井网中的生产井对应的风险等级则相对较低。

二、井距及注采参数优化

1. 面积火驱模式下的井网井距

国内稠油注蒸汽（含蒸汽吞吐和蒸汽驱）井网多为正方形反九点井网，初始井距一般为150～200m。受蒸汽在油藏中加热半径限制，为了提高平面上的动用程度，蒸汽吞吐后往往要经过多次加密调整，每加密一次井距缩小为原来的70.7%。目前国内蒸汽吞吐稠油油藏的井距大多在70～100m。在这个基础上转入火驱开发，应充分考虑并利用现有井网条件。根据油藏地质条件和前期注蒸汽井网条件的差异，转火驱后会有不同的井网选择。

1）注蒸汽后井距达到 100m 的正方形井网

当油层厚度较大、油藏埋深较浅（≤800m）时，可以考虑将该井网加密至 70m。加密后将新井作为点火 / 注气井，形成分阶段转换的面积火驱井网——每个阶段均为正方形五点井网，井网面积逐级向外扩大。如图 4–31（a）所示，火驱过程经历三次井网转换，三个阶段的注采井距分别为 70m、100m 和 140m。根据数模计算结果，当注采井距大于 140m 以后，从注气井到燃烧带前缘压力损失较大，且地面注气能力、单井吸气能力往往难以满足火线前缘对氧气的要求。因此，上述转换很难继续到 200m 井距。理论上，这种井网形式更适合于平面上渗透率各向同性的油藏条件。对于平面上存在方向渗透率的油藏，可以选择图 4–31（b）所示的五点 + 斜七点的面积井网［图 4–31（b）中水平方向为平面高渗透率方向］。在火驱初期为注采井距 70m 的正方形五点井网，后期转换为注采井距分别为 100m 和 140m 的斜七点面积井网。

如果储层和埋深条件较差，经济上不允许打更多加密井，则可以考虑选择图 4–31（c）所示的包含二次转换的五点井网［与图 4–31（a）和（b）相比新井数量减少一半］；也可以完全不打新井直接在老井基础上点火、注气，形成如图 4–31（d）所示的正方形井网，即初期注采井距 100m，后期注采井距 140m。

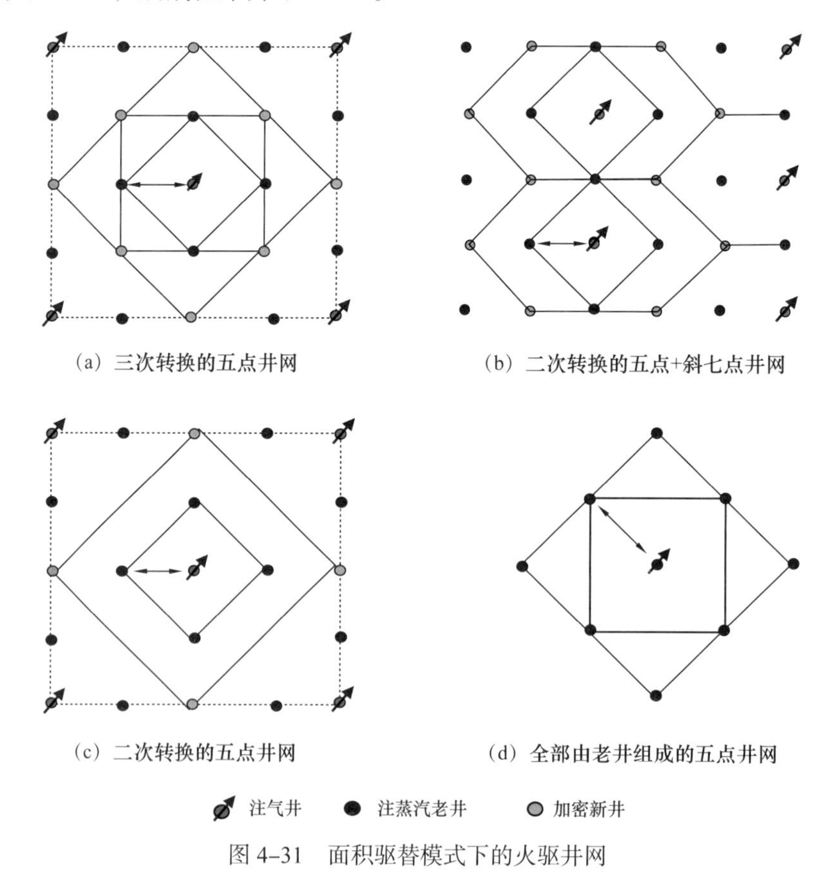

图 4–31　面积驱替模式下的火驱井网

抛开经济因素，仅从驱替效果上看，图 4–31（a）给出的井网火驱效果最好。首先，70m 的注采井距可以确保一线生产井在较短的时间见效；其次，多次井网转换且每次转换都与上一次错开 90°，可以最大限度地保持燃烧带前缘以近似圆形向四周推进，从而获得最大的波及体积和最终采收率。相比之下图 4–31（c）虽然也经历了二次井网转换，但两次转换间没有错开角度，火线推进过程中容易形成舌进，相邻两口生产井间容易形成死油区。而图 4–31（d）则由于注采井距较大，一线生产井见效的时间相对滞后。此外将注蒸汽老井作为注气井，由于近井地带含油饱和度低加之老井井况条件差等原因，在点火和防止套管外气窜等方面也存在一定风险。图 4–31（b）在平面上各向同性条件下的驱替效果要比图 4–31（a）稍差，但对于存在方向渗透率的情况，能取得较满意的驱替效果。

2）注蒸汽后期井距达到 70m 的正方形井网

当注蒸汽后期注采井距已经达到 70m 时，转火驱开发过程中一般不能再打加密井。通常可以选择图 4–31（a）（图中新井此时为老井）和图 4–31（b）所示的井网进行分阶段转换井网火驱。这时着眼点是对老井井况进行调查，特别是作为火驱注气井的老井，要确保套管完好、管外不发生气窜。必要时要进行修井或打更新井。

2. 线性火驱模式下的井网井距

线性火驱模式通常对应着两种线性井网——线性平行（正对）井网和线性交错井网。在规则的线性井网中，一排注气井的井数与一排生产井的井数相等。线性平行井网中注气井排各注气井与生产井排各生产井正对，线性交错井网中注气井排与相邻生产井排相互错开，而与隔一排生产井正对。

图 4–32 给出了两种线性井网（井距 100m、排距 100m）火驱不同阶段的油层含油饱和度分布对比。可以看出，无论是线性平行井网还是线性交错井网，当燃烧带推进到第一排生产井之前，相邻两口注气井之间均存在条带状剩余油。当燃烧带推进到第二排生产井时，线性交错井网下燃烧带前缘的形状更接近直线，而线性平行井网下燃烧带出现明显的舌进，相邻两口生产井间有明显的尖状剩余油分布。也就是说，线性交错井网更有利于注气井间燃烧带提前连通，有助于火线前缘平行于井排推进。鉴于此，矿场选择线性火驱模式时应优先考虑线性交错井网。

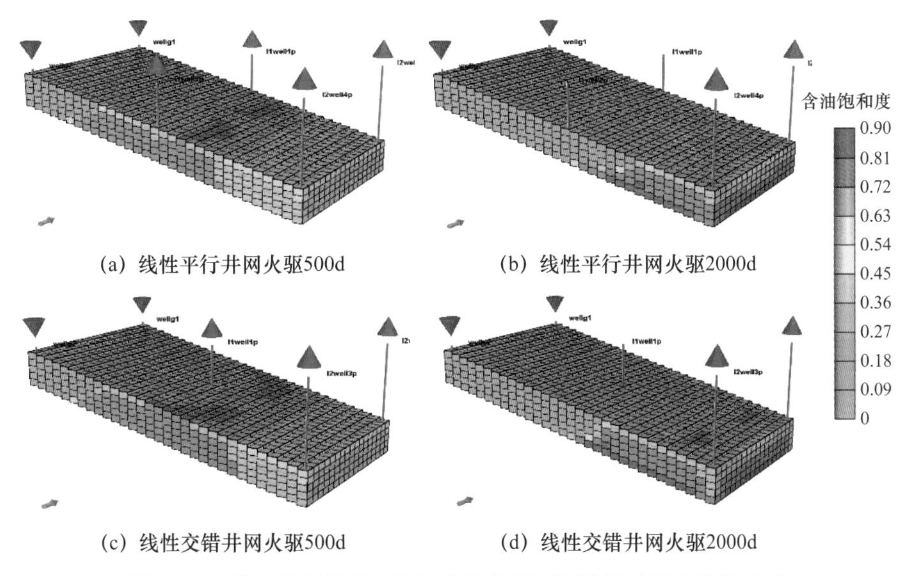

图 4–32　线性平行井网与线性交错井网不同阶段油层含油饱和度

3. 注气速度

1）面积井网注气速度

在面积井网火驱模式下，中心注气井的注气速度应随着燃烧带的扩展而逐级增大。但随着火线推进半径和注气速度的增大，注气井口（或井底）压力也会增大。根据室内三维实验燃烧带波及体积及火线推进速度，结合国外矿场试验结果，假定最大燃烧半径时火线最大推进速度为0.04m/d（超过这一速度容易形成“火窜”），则正方形五点井网中单井所允许的最高日注气量 q_M 可以依据式（4–22）计算：

$$q_M=0.12ahV_R \tag{4–22}$$

式中 a——注采井距，m；

h——油层厚度，m；

V_R——燃烧单位体积油砂所需空气量，m^3/m^3。

根据长管火驱实验结果，取单位体积油砂耗氧量为 $322m^3/m^3$，油层厚度为10m，则当五点井网注采井距分别为70m、100m和140m时，由式（4–22）计算的中心井最大注气速度分别为 $27048m^3/d$、$38640m^3/d$ 和 $54096m^3/d$；对规则的反七点井网或反九点井网，对应的中心井的最大注气速度可在式（4–20）基础上分别乘以1.5和2。

为了获得最大的产油速度和最短的投资回收期，通常希望燃烧带前缘推进速度越快越好。这时就需要加大注气速度，但注气速度过大容易造成火线舌进，降低平面波及效率。同时注气速度还受到地层吸气能力、生产井排液（气）能力及地面对产出流体的处理能力的限制。矿场实践中，在注气条件允许的情况下，可以在最大注气速度 q_M 以下选择最佳注气速度。

2）线性井网的注气速度

对于线性井网，根据罗马尼亚和印度的矿场实践，平行火线日推进速度最高可以达到10cm。这时单井允许的最大注气速度可以由式（4–23）计算：

$$q_{ML}=0.1LhV_R \tag{4–23}$$

式中 L——相邻两口注气井间距，m。

仍取单位体积油砂耗氧量为 $322m^3/m^3$，油层厚度为10m，当相邻两口注气井间距为100m时，单井最大注气速度为 $32200m^3/d$。矿场试验中应在此注气速度以下优化实际注气速度。

表4–4通过数模分别给出了井距140m排距70m线性交错井网不同注气速度下开发指标的对比。随着单井注气速度的增大，第一排生产井见效时间、达到峰值产量的时间越早，但有效生产时间减少，累计产油量和采收率也有下降趋势。累计空气油比则先降后升。通过对比认为，单井最佳注气速度为15000～$20000m^3/d$。

4. 地层压力保持水平

稠油油藏注蒸汽后转火驱过程中，注采井间可能存在着错综复杂、高含水饱和度的渗流通道。在这种情况下很难通过理论方法预测注气压力（井口或井底），通常只能通过点火前的试注来确定。实践表明，以注气井为中心的空气腔的平均压力基本可以代表地层压力。从室内火驱实验看，这个压力维持在较高水平，可以确保燃烧带具有较高的温度，实现充分燃烧和促进燃烧带前缘稳定"油墙"的形成，这对改善火驱开发效果具有重要意义。矿场实践中一般通过控制生产井排气速度来调控地层压力。对于注蒸汽开发过的油藏，火驱前地层压力往往大幅低于原始地层压力。转火驱后地层压力可以维持在原始地层压力大小，当油藏埋藏较深时，可维持比原始地层压力稍低的压力水平。

表 4-4　线性交错井网不同注气速度下开发指标

单井注气速度 m^3/d	第一排生产井见效时间，d	有效生产时间 d	累计产油量 t	第二排生产井寿命期结束时采收率，%	累计空气油比 m^3/m^3
10000	630	5965	21482	69.6	2807
15000	410	4034	21769	70.5	2756
20000	300	2530	19623	63.5	2578
25000	240	2280	19916	64.5	2862
30000	210	1970	18955	61.4	3123

5. 射孔井段及射孔方式

通常，为了遏制气体超覆提高油层纵向上的动用程度，注气井往往要避射上部一段油层，生产井也是如此。数模计算表明，对于油层厚度小于 10m 的油藏，注气井油层段全部射开与中下部射开的火驱开发效果相差不大，并且注气井油层段全部射开，有利于点火和提前见效；对于生产井来说，油层段中下部射开时开发效果要好于全部射开。考虑到线性井网中的生产井在氧气突破后要转为注气井，因此建议注气井和生产井采用相同的射孔方式，适当避射油层顶部 1～2m，并在整个射孔段采用变密度射孔方式——从上到下射孔密度逐渐加大。

第五节　火驱前缘调控技术

一、概述

在火驱矿场试验过程中，一般可以在生产井或观察井利用测温元件直接观测火驱燃烧带前缘（火线）的推进情况，也可以采用四维地震方法测试不同阶段火线的推进状况。这两种方法各有利弊，其中井底测温方法简单且直接，但只有当热前缘到达该井底时才能发挥作用。四维地震方法可以从总体上认识地下火线向各个方向的展布情况，但费用昂贵。一般对于相对均质的地层，还可以采用油藏工程计算方法来推测不同时期的火线位置，这些方法主要包括不稳定试井、物质平衡及能量守恒法等。这里提出两种计算火线半径位置的方法，第一种方法借助室内燃烧釜（或燃烧管）实验数据和注气数据，适用于在平面上相对均质的油藏条件；第二种方法借助室内实验数据和产气数据，适用范围更广，且可以用于调整和控制火线。

二、火线前缘位置预测方法

1. 根据燃烧釜实验和中心井注气数据计算火线半径

室内燃烧釜实验一般采用真实地层砂，通过与地层原油、地层水充分混合达到预先设定的含油饱和度、含水饱和度，然后在容器内以地层条件进行燃烧并测试。燃烧釜实验主要用于测定火驱过程中的一些化学计量学参数，如燃烧过程中单位体积油砂燃料沉积量、单位体积油砂消耗空气量、空气油比等，这些参数都是火驱油藏工程计算和数值模拟研究中需要的关键参数。

为计算火线推进半径，首先假设火线以注气井为中心近似圆形向四周均匀推进。同时假设燃烧（氧化反应）过程主要发生在火线附近，火线外围气体只有反应生成的烟道气。根据物质平衡关系有：

$$\frac{\pi R^2 h A_0}{\eta}+\pi R^2 h\phi\left(\frac{z_p p}{p_{\mathrm{i}}}\right)=Q \tag{4-24}$$

式中 R——火线前缘半径，m；

A_0——燃烧釜实验测定的单位体积油砂消耗空气量，m^3/m^3；

ϕ——地层孔隙度；

h——油层平均厚度，m；

p——注气井井底周围地层压力，MPa；

p_{i}——大气压，MPa；

Q——从点火时刻开始的累计注入空气量，m^3；

η——氧气利用率；

z_p——地层压力 p 下空气的压缩因子。

式（4–24）中等号左边第一项 $\frac{\pi R^2 h A_0}{\eta}$ 代表已燃范围内氧气总的消耗量，第二项 $\pi R^2 h\phi\left(\frac{z_p p}{p_{\mathrm{i}}}\right)$ 代表已进入地层但尚未参与氧化反应的空气量，两者之和为总的累计注入空气量。由式（4–24）可以求出火线半径：

$$R=\sqrt{\frac{Q}{\pi h\left(\frac{A_0}{\eta}+\frac{z_p p\phi}{p_{\mathrm{i}}}\right)}} \tag{4-25}$$

对式（4–25）求导可以得到不同阶段的火线推进速度：

$$\frac{\mathrm{d}R}{\mathrm{d}t}=\frac{1}{2}\sqrt{\frac{1}{\pi h\left(\frac{A_0}{\eta}+\frac{z_p p\phi}{p_{\mathrm{i}}}\right)Q}}\frac{\mathrm{d}Q}{\mathrm{d}t} \tag{4-26}$$

从式（4–25）和式（4–26）可以看出，随着累计注气量的增大，火线推进半径也在逐渐增大，但火线推进速度在逐渐减小。这也正是在面积井网火驱过程中，尤其是在开始阶段需要逐级提高注气速度的原因。

需要着重指出的是，在计算火线半径和推进速度时，最关键的是必须测准单位体积油砂消耗的空气量。除了通过燃烧釜实验测定外，还可以通过一维燃烧管实验进行测定。大量的室内实验表明，单位体积地层油砂在燃烧过程中所消耗的空气量基本是恒定的，几乎不受地层初始含油饱和度的影响。在火驱过程中通过高温氧化反应烧掉的只是原油中12%～20%的重质组分，这些重质组分以焦炭的形式黏附在岩石颗粒表面。从某种意义上讲，只要能够点燃地层，即地层中剩余油饱和度大于确保连续稳定燃烧所需的最小剩余油饱和度即可，那么在单位地层中所烧掉的油量及所需要的空气量都基本相同。也正是基于这点，依据式（4–25）计算火线半径应该是最简便的。图4–33给出了正方形五点井网条件下，根据式（4–25）计算的火线位置（黑色圆圈）。同时将其与数值模拟计算的结果进行了对比。数值模拟给出的是平面氧气体积浓度场，在氧气浓度为0.21的区域内，其浓度与注入空气相同，说明该区间没有氧气消耗，该区间可以认为是已经完全燃烧过的区域（图4–33中的红色区域）。在氧气浓度为0的蓝色区域，注入空气则完全没有波及。燃烧带前缘即火线一定分布在红色区域与蓝色区域之间。对比表明，两种方法的计算结果基本上是吻合的，只是数值模拟更能体现火线推进的非均衡性。

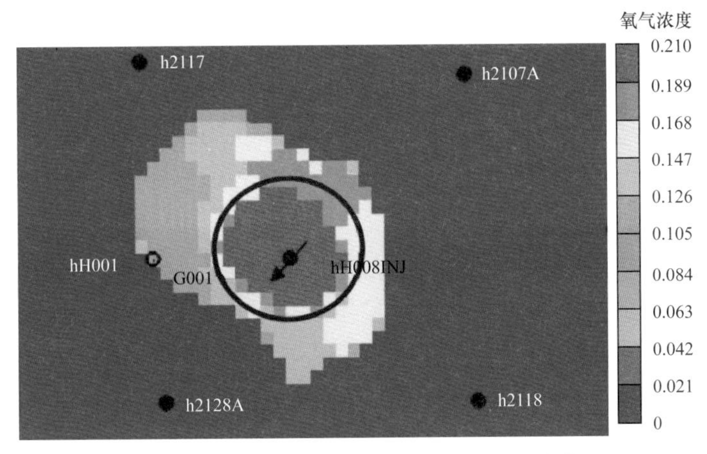

图4–33　油藏平面氧气浓度场与预测的火线位置

2. 利用燃烧釜实验和产气数据计算火线半径

对于规则井网，如正方形五点井网、反九点井网等，当各个方向生产井产气量基本相同或相近，地层燃烧带向四周推进近似于圆形时，可以用式（4–25）和式（4–26）计算火线半径和推进速度。矿场实际火驱生产过程中，受地质条件和操作条件的影响，各个方向生产井的产气量往往是不均衡的。在这种情况下，火线向各个方向的推进也是不均衡的。哪个方向的生产井（一般指一线生产井）产气量大，火线沿该方向推进速度快、距离大，反之，则推进速度慢、距离小。

图4–34中给出了两次室内三维火驱物理模拟实验的结果。这两次火驱实验所采用的实验装置和实验方法见相关文献。在这两次实验中，三维模型中设置4口模拟井，即1口注气井、3口生产井（2口边井、1口角井），模拟的是正方形反九点井网的1/4。图4–34中给出了两幅火驱中间过程中通过强制灭火得到的照片。照片中已经将燃烧过的油砂移走，火线前未发生燃烧的油砂也被移出模型。在模型中只剩下结焦带部分（以焦炭形式黏附在砂砾表面形成坚硬的条带），结焦带的内侧刚好对应着火驱实验结束前模型中的火线前缘。

(a)

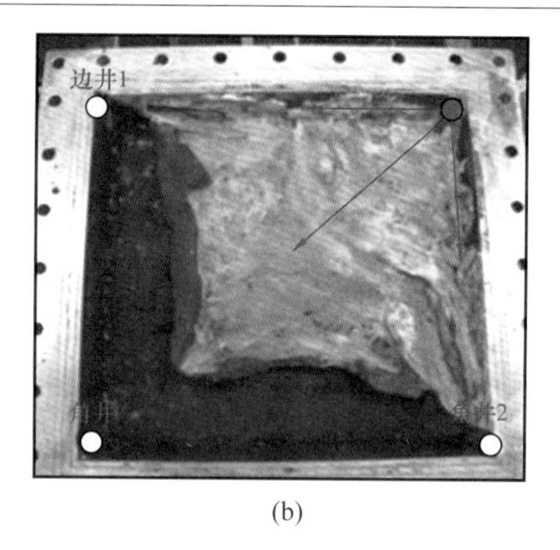

(b)

图 4-34　通过控制生产井产气量控制火线的三维物理模型实验

第一次实验两口边井的产气量相等，且为角井产气量的 2 倍。如图 4-34（a）所示，此时火线沿两口边井方向推进的距离基本一致，沿角井方向推进的距离较小；第二次实验在前期与第一次实验相同，两口边井产气量相同且为角井产气量的 2 倍。当两口边井方向的火线推进到井筒附近快要形成突破时，通过温度场监测角井方向的火线刚刚到达模型的中心位置。此后关闭两口边井，烟道气全部从角井产出，燃烧带则加快向角井方向推进，当该方向热前缘快要到达角井时结束实验。如图 4-34（b）所示，后期火线被强制拉向角井，形成明显的“人”字形结焦带。这说明火线沿某生产井方向的推进距离与该方向生产井的产气量直接相关，也说明通过控、关生产井控制井的产气量可以实现调整火线推进速度和方向的目的。

在火驱过程中，高温裂解形成的焦炭黏附在岩石颗粒表面作为后续燃烧的燃料。在完全燃烧的情况下，1mol 的 O_2 与 1mol 焦炭发生氧化反应生成 1mol 的 CO_2，燃烧所生成的烟道气中的 N_2 在地层中不发生反应。如果不考虑烟道气在地层流体中的溶解，那么燃烧产生的烟道气（N_2+CO_2）的总量等于火驱燃烧过程消耗的空气总量。因此，哪个方向上排出的烟道气量多，就意味着该方向上消耗掉的空气量多、燃烧带推进半径大。

假设中心注气井周围有 N 口一线生产井（对应 N 个方向），在某一时刻各生产井累计产出烟道气总量分别为 Q_1，Q_2，…，Q_N。对于注气井到各一线井非等距的井网，引入分配角的概念。例如图 4-35 所示的一个斜七点面积井网，中心注气井位于 O 点，A 为生产井 1 和生产井 6 的中点，B 为生产井 1 和生产井 2 的中点，C 为生产井 2 和生产井 3 的中点。则生产井 1 的分配角为 $\angle AOB=\alpha_1$，生产井 2 的分配角为 $\angle BOC=\alpha_2$。生产井距离注气井越远，分配角越小。根据前面的分析，由注气井指向某生产井方向所消耗的空气量等于产出烟道气量：

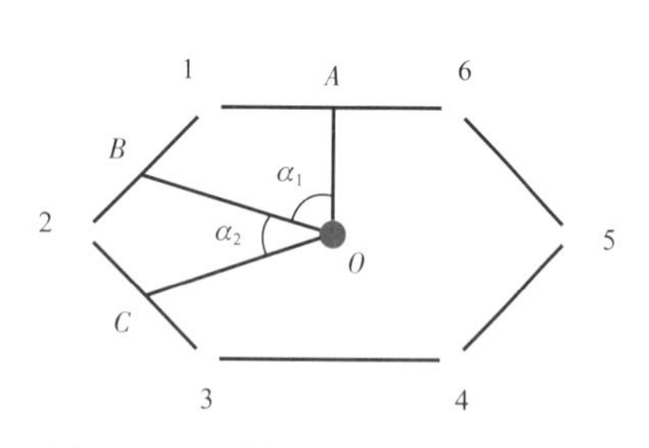

图 4-35　非等距井网生产井分配角

$$\frac{\frac{\alpha_i}{360}\pi R_i^2 h A_0}{\eta}=Q_i \tag{4-27}$$

式中　R_i——火线沿第 i 口井方向推进的距离，m。

由式（4–27），有：

$$R_i=\sqrt{\frac{360Q_i\eta}{\alpha_i\pi hA_0}} \tag{4–28}$$

需要指出的是，火驱过程中会有一部分烟道气以溶解或游离形式滞留在地层孔隙和流体中，因此通过式（4–28）计算的不同方向的火线半径可能比真实值偏小。在这种情况下可以将产液量考虑进来，对于同时产气和产液的生产井，根据物质平衡和置换原理，可将产液量折算到地层条件下体积，并认为这部分体积近似相当于溶解在地层流体中或游离在地层孔隙中的烟道气量：

$$Q_i'=Q_{\mathrm{L}i}\frac{z_p p}{p_i} \tag{4–29}$$

此时，火线半径为：

$$R_i=\sqrt{\frac{360\eta Q}{\alpha_i\pi hA_0}\left(1+\frac{z_p p}{G_{\mathrm{LR}i}p_i}\right)} \tag{4–30}$$

式中　$Q_{\mathrm{L}i}$——第 i 口井方向上的产液量，m^3；

Q_i'　——由第 i 口井方向上的产液量折算成的产气量，m^3；

$G_{\mathrm{LR}i}$——生产井累计产出气液比，$G_{\mathrm{LR}i}=\dfrac{Q_i}{Q_{\mathrm{l}i}}$，$\mathrm{m}^3/\mathrm{m}^3$。

还需要说明的是，尽管采用式（4–30）计算某个方向上的火线推进半径可能更接近地层的火线真实情况，但在理论上却是不严格的。

三、火线调控的原理与方法

1. 各向均衡推进条件下的火线调控

对于各注采井距相等的多边形面积井网（如正方形五点井网、正七点井网），当各生产井产气速度相同时，燃烧带为圆形。可以依据式（4–26）推测和控制火线推进半径。在这种情况下，火线调控的措施重点放在注气井上。矿场试验着重关注两点：一是设计注气井逐级提速的方案，即在火驱的不同阶段以阶梯状逐级提高中心井的注气速度，以控制各阶段的火线推进速度，实现稳定燃烧和稳定驱替；二是通过控制注采平衡关系，维持以注气井为中心的空气腔的压力相对稳定，以确保地下稳定的燃烧状态。在通常情况下，即使采用各注采井距相等的多边形面积井网，各生产井产气速度也很难相等。这种情况下若要维持火线向各个方向均匀推进，就必须使各方向生产井的阶段累计产气量相等。矿场试验过程中要对产气量大的生产井实施控产或控关，要对产气量特别小的生产井实施助排引效等措施（如小规模蒸汽吞吐等）。

2. 各向非均衡推进下的火线调控

对于注采井距不相等甚至不规则的面积井网，向不同方向上推进的火线半径依据式（4–29）或式（4–30）推算。矿场试验中往往希望火线在某个阶段能够形成某种预期的形状，这时调控所依据的就是“通过烟道气控制火线”的原理，即通过控制生产井产出控制火线形状。这里以新疆油田某井区火驱矿场试验为例，论述按油藏工程方案要求控制火线形状的方法。

该试验区先期进行过蒸汽吞吐和蒸汽驱，火驱试验充分利用了原有的蒸汽驱老井井网，并投产了一批新井，最终形成了如图 4–36 所示的火驱井网。该井网可以看成是由内部的一个正方形五点井网井组（图中虚线所示的中心注气井加上 2 井、5 井、6 井、9 井），和外围的一个斜七点井网井组（中心注气井加上 1 井、3 井、4 井、7 井、8 井、9 井、10 井）构成。五点井组注采井距为 70m，斜七点井网井组的注采井距分别为 100m 和 140m。

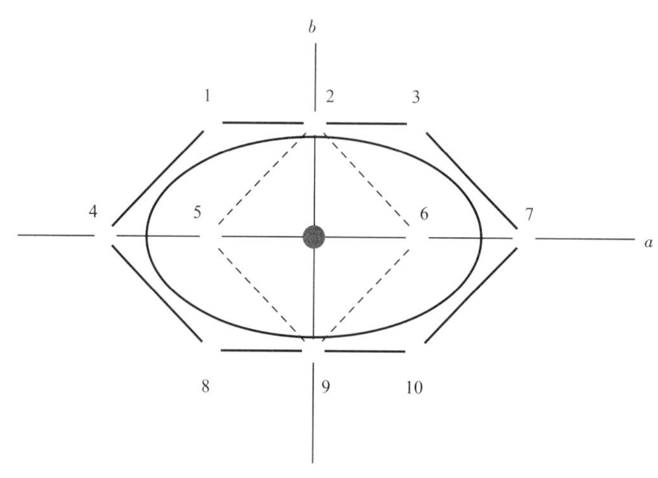

图 4–36　新疆油田某井区火驱试验井网及预期火线位置

油藏工程方案设计最终火线的形状如图 4–36 中所示的椭圆形，且火线接近内切于 1 井—3 井—7 井—10 井—8 井—4 井此几口井所组成的六边形。即使面积火驱结束时椭圆形火线的长轴 a 和短轴 b 分别接近 130m 和 60m。

由式（4–28）可知：

$$R_i = \sqrt{\frac{360\eta}{\alpha_i \pi h A_0}} \times \sqrt{Q_i} = k_0 \sqrt{Q_i} \tag{4-31}$$

通常情况下，k_0 为常数。根据式（4–31），火线向任一生产井方向的推进半径与该生产井累计产气量的平方根成正比。

要实现图 4–36 中红线所圈定的火线形状，首先必须满足产气量对称性要求，即：

$$\begin{cases} Q_4 + Q_5 = Q_6 + Q_7 \\ Q_2 = Q_9 \\ Q_1 = Q_3 = Q_8 = Q_{10} \end{cases} \tag{4-32}$$

同时还必须满足：

$$\frac{a}{b} = \sqrt{\frac{\sum_{i=1}^{N} Q_{ia}}{\sum_{i=1}^{N} Q_{ib}}} = 2.17 \tag{4-33}$$

式中 $\sum_{i=1}^{N} Q_{ia}$——a 轴方向生产井总的产气量，m^3；

$\sum_{i=1}^{N} Q_{ib}$——b 轴方向生产井总的产气量，m^3。

由式（4–33）得：

$$Q_6 + Q_7 + \frac{1}{2}(Q_3 + Q_{10}) = 2.17^2 \times \left[Q_2 + \frac{1}{2}(Q_1 + Q_3)\right] \tag{4–34}$$

综合式（4–33）和式（4–34），有：

$$\begin{cases} Q_6 + Q_7 = 4.7Q_2 + 3.7Q_3 \\ Q_4 + Q_5 = 4.7Q_9 + 3.7Q_8 \end{cases} \tag{4–35}$$

即长轴方向生产井累计产气量要达到短轴方向生产井累计产气量的4～5倍，才能使火线形成预期的椭圆形。矿场试验过程中，应该以此为原则控制各生产井的产气量。

需要指出的是，上面算式中出现的产气量均为各生产井的累计产气量。由于各井的生产周期不同，在不同阶段的各井产气速度则不一定严格按式（4–35）控制。图4–36中当火线越过5井、6井后，这两口井就处于关闭停产状态，该方向就只有4井、7井生产，考虑到5井、6井的产气时间要远小于其他各生产井，为了实现图中火线推进形状，在火驱初期更应加大5井、6井的产气量，后期则应加大4井、7井两口井的产气量。矿场试验中对生产井累计产气量调控的方法主要包括“控”（通过油嘴等限制产气量）、“关”（强制关井）、“引”（蒸汽吞吐强制引效）等。通常控制时机越早，火线调整的效果越好。

第六节 适宜火驱的油藏条件

一、影响火驱的地质因素

1. 油层连通性

火驱是一个连续向地层注空气维持前缘稳定燃烧的过程。在这个过程中一方面要保证注入空气全部消耗在目的层中，另一方面要保证就地燃烧产生的烟道气能够顺利地从目的层的生产井中排出来，这就要求油层具有较好的连通性。在线性井网火驱过程中，要保证注入井排与生产井排之间地层具有较好的连通性；在面积井网火驱过程中，要保证注入井与周围所有生产井之间具有较好的连通性。对于国内油田多为河流相沉积的情况，在决定是否采用火驱之前，尤其要研究清楚储层的展布与井间的连通性。

2. 盖层封闭性

储层的连通性只是确保火驱过程连续进行的必要条件，盖层的封闭性也是火驱连续进行的必要条件。和任何介质的驱替过程一样，火驱要求注入的流体（空气）和产出的流体（烟道气）不要进入到目的层之外。与注水和注化学剂不同的是，火驱对盖层的封闭性要求更高，一般要求盖层至少分布着厚度大于5m的连续泥岩隔层。

对于水平的无倾角油藏，气顶的存在对注空气项目来说是不利的，但对于自上而下的火驱项目来说，气顶将不是大的问题。另外，气顶内的含油饱和度将决定在该层内能否维持稳定的燃烧。对于自上而下的火驱来说，注入空气的侧向限制是一个值得关注的问题，因此部署注入井时必须考虑有利于空气向垂直方向流动而不是水平方向流动。

有气顶的情况下油田还面临这样的风险，火驱可能不适合作为一种提高采收率手段，因为火驱过程中产生的 CO_2 及 N_2 几乎可以肯定会伤害气顶。

3. 储层物性

这里所说的储层物性主要指的是储层的渗透性。相比于渗透率，储层的孔隙度对火驱的影响要小很多。储层孔隙度主要影响火驱过程中的燃烧沉积量，即与单位体积的消耗量，一般不会直接关乎火驱的成败；而储层渗透率可能关乎火驱的成败。因为随着燃烧带前缘的不断推进，其前缘要保证具备一定的通风（通氧气）强度以维持持续燃烧。低于这个通风强度，前缘高温氧化（燃烧）反应所放出的热量就会低于向地层的热损失量，氧化反应过程就无法持续。这就是说，在火驱过程中，注气井必须保证一定的注气速度。并且在面积井网火驱过程中，由于燃烧带前缘呈圆形向四周推进，中心注气井的注气速度必须随着燃烧半径的加大而加大，注气井的注气速度要有一个逐级提速的过程。在这个逐级提速过程中，注气压力一般会增大。如果储层渗透性不能满足要求，则逐级提速过程就难以实现。即当注气速度达到某一个值时，其注气压力超过了地面压缩机（站）的额定供气压力，使注气速度的提升受到限制。

火驱过程对储层渗透率要求的下限是多少？这个问题不能简单地回答，这还要取决于地面的供气能力以及所采用的井网密度。当储层的渗透率较小时，一方面可以采用提高地面压缩机的供气能力的方法来保证所需的注气强度；其前提是注入压力不能高于地层的破裂压力。另一方面可以采用缩小注采井距，来降低一定注气速度下的注气压力，其前提是缩小井距的火驱一定要满足经济效益要求。

4. 流体性质

流体性质主要是指地层条件（在地层的温度压力条件及溶解气条件）下的原油黏度。原油黏度对火驱过程的影响与渗透率对火驱过程的影响类似。在产能公式的解析表达式中，储层渗透率和原油黏度是捆绑在一起的。储层渗透率在表达式的分子上，原油黏度在表达式的分母上。原油黏度越大，注气就越困难，火驱过程就越发难以持续。这个过程可以用有关“油墙”的理论来加以解释。当地层条件下原油黏度高于某一个值时，“油墙”中的压力梯度变得无法突破。正是这个原因，火驱“油墙”的油必须在一定的黏度界限内，才能确保火驱进行下去。早期有很多学者及美国能源部将这个黏度界限定为 5000mPa·s。从这个角度看胜利油田通过草桥、金家及郑 408 块的火驱试验，认为地层条件下原油黏度只要小于 10000mPa·s，就可以实现连续火驱。实际上这仍然和注采井距有关，当注采井距足够小时，这个黏度界限就可以突破，问题是能不能满足经济效益要求。还有一种情况，火驱可以突破地层原油黏度界限，那就是在多轮次蒸汽吞吐基础上进行火驱。在新疆油田红浅 1 井区火驱试验中注采井距 100m 条件下，地层原油黏度接近 20000mPa·s，也实现了成功的火驱。这是因为经过了多轮次的蒸汽吞吐，注采井间已经形成或者接近形成水动力学连通状态，这时一方面地层温度有所提高，原油黏度变小；另一方面地层的次生水体的存在，使“油墙”堆积的规模受到限制，从而能够实现在一定的注气压力和注气强度下的连续火驱。

5. 裂缝系统

通常地层中存在原始裂缝系统对火驱过程是不利的。在这种情况下，容易发生火线窜进或燃烧带前缘不稳定的情况，使火驱过程复杂化，难于监测和控制。类似地，对于进行了人工水力压裂的油井也不适合火驱。需要指出的是，在地层中由于注水和注蒸汽过程中形成的高渗透率通道对火驱不构成一定的不利。前面已经提及，由于“油墙”的形成，可以有效地封堵这些高渗透率通道，实现火线前缘相对均匀推进。但对于碳酸盐岩裂缝性油藏，一方面难以形成有效的“油墙”；另一方面即使是勉强形成了“油墙”，也不能形成对裂缝系统的有效封堵。

二、火驱技术使用时机

从火驱开发的技术特点看，火驱技术可应用于多种油藏类型和不同采油阶段，在以下油藏中可能成为首选开发方式：不适合注蒸汽开发的深层、超深层稠油油藏，不适合注水、注蒸汽的水敏性油藏，注水开发后期的普通稠油油藏，蒸汽吞吐后期不适合蒸汽驱的油藏；注蒸汽效果差的薄层、薄互层稠油油藏，底水稠油油藏，水源缺乏地区的稠油油藏等。从使用时机角度看，火驱技术可以应用于原始油藏，作为一次采油方法使用；也可以应用于天然水驱后，作为二次采油方法使用；还可以应用于注蒸汽后作为三次采油方法使用。

1. 一次采油

罗马尼亚的 Suplacu de Barcau 项目使用了干式 ISC 工艺。该项目在一个很浅（小于 180m）的油藏中在低压（小于 1.4MPa）条件下实施。原油的黏度相对较高，大约为 2000mPa·s。油藏位于罗马尼亚西北部，距 Oradea 镇 70km。油藏为潘诺尼亚（Panonian）组，由下伏结晶基底的成型形成。它为一个东西方向的背斜隆皱，轴向被 Suplacu de Barcau 主断层断裂，使油田的南面和东面受到限制。单斜的长度大约为 15km。在北面和西面，油田边界位于一弱水层之上。从东到西和从南到北，深度和厚度均增加。深度范围为 35～200m，厚度范围为 4～24m。油藏于 1960 年投产，溶解气驱是主要驱动机理，预计最终石油采收率为 9%。初始单井产量为 2～5m^3/d，但很快减少到 0.3～1.0m^3/d。

1963—1970 年，在构造上部用 0.5ha 的两个五点井组试验了 ISC 和蒸汽驱两种方法。紧接着，用这两种方法进行了由 6 个 2～4ha 毗连井组组成的半商业化开发试验。在半商业化工作基础上，决定于 1970 年用火驱工艺进行商业化开采。同时，为了预热位于火烧前缘附近但又不很靠近前缘的生产井，决定采用蒸汽吞吐方法引效，还决定把面积井网转换成行列井网。自 1979 年以来，线性火驱前缘一直平行于等深线沿构造向下传播。从 1986 年开始，这项工艺扩展到了油藏西部的新区域。空气注入井包括在长度超过 10km 的东—西行列中，一排中相邻两口井之间的距离为 50～75m。根据井的实际动态计算得出的最终采收率为 55%。

该项目是世界上火驱项目中监测最完善的项目之一。在观察和生产井中获得了数百个油层温度剖面（BHT），其中有些位于油层上部的剖面出现了很高的峰值温度（约 600℃），清晰地显示了火驱工艺的分异性质。实际上，有些生产井已经经历了燃烧，因为大约有 15% 的生产井已经被新井替换。在已经燃烧的区域钻了许多取心井（12 口），并观察到在顶部附近燃烧掉了 5～7m，在下面有 7～10m 的油层虽没完全燃烧但已被火驱前缘加热。

2. 二次采油

印度的Santhal油田和Balol油田，是边水驱油藏。油藏具有一定的倾角，在油藏构造低部位边水的驱动下，边水从构造低部位向构造高部位逐步推进。油藏构造高部位的生产井含水率逐渐上升。当油田总的综合含水率达到80%左右时，开始进行火驱。火驱从构造高部位选择一排井作为注气点火井，实施线性火驱。火驱后实现了综合含水率逐渐下降、产量稳步上升的过程。

Santhal项目和Balol项目是在高压（大于10.3MPa）下实施的湿式火驱工艺，储层深度约为1000m。油的黏度中等，Santhal油藏的原油黏度在50～200mPa·s之间，Balol油藏的原油黏度在200～1000mPa·s之间。油藏为北北西—南南东（NNW—SSE）倾斜的构造—地层圈闭油藏。油藏的上倾被尖灭线所限，下倾被油水界面所限。油层为始新世时代的Kalol地层。Kalol层含有3个含油砂层，分别是KS-Ⅰ、KS-Ⅱ和KS-Ⅲ。上部砂岩KS-Ⅰ拥有最大面积的延伸；从顶部到底部，砂岩面积延伸减少。三个砂层似乎形成了一个水动力单元，因为初始油水界面是相同的，并且在约40%的面积中油井合采。盖层为厚3～7m的页岩。产层段是含有互层页岩、碳质页岩和煤的松散砂岩。储层的独特性质是，煤和含碳物质存在于相邻页岩地层或油层中。在油层中，有分散煤（黑色颗粒和厘米级的叠层）存在，又有几米到井距延伸的煤和含碳物质会存在。煤层的厚度通常在产层外较大，从产层内的0.2m到产层外的几米。

截至1991年底，在火驱商业化应用之前，Santhal油藏和Balol油藏的含水率为60%～75%。Balol油藏的油井产量为3～6m^3/d，Santhal油藏的油井产量为5～10 m^3/d。Santhal油藏和Balol油藏的静压力几乎都不变。这证实存在一个大的水体，并且油仍然处于泡点压力之上。Santhal油藏的储层在初始条件下已经有了很好的了解，该油田截至1991年拥有17年的过往动态。在93口活跃的油井中，有56口井产自KS-Ⅰ，有3口井产自KS-Ⅱ，其余的产自2层或3层合采井。Balol油藏的钻井总数几乎与Santhal油藏相等。

1990年，Balol油藏开始了ISC试验，使用2.2ha的反五点井网井组。后来通过钻4口新井将面积扩大到9ha。然后，在初始井组的北面添加了第二个ISC井组。1995—1996年，在这两个井组有利动态的基础上，决定用ISC进行Balol油藏的商业化开采；这开始于1997年，并且从一开始就采用了上倾边缘行列驱。在Santhal油藏，在一个位于油田北部的反五点井组中用几年时间试验了火驱工艺（Santhal阶段1）。商业化开发的最初设计是面积井网火驱。后来，根据Santhal阶段1和相邻Balol油藏的ISC经验，改变了最初的决策，使其向有利于上倾边缘行列驱方向发展。1997年开始商业化开采。

在Balol油藏和Santhal油藏均进行了湿式火驱试验，然后进行了商业化应用。水—空气比在0.001～0.002m^3/m^{3}之间，空气和水的注入是以交替方式进行的（非同时注入）。湿式燃烧有助于缓解火驱前缘中较高的峰值温度，使燃烧气体中H_2S浓度降低。H_2S在燃烧气体中的百分比在0.001～0.015范围内，峰值高达0.04。Balol的空气—水注入井在北—南线的伸展超过12km，在Santhal超过了4.6km。

3. 三次采油（注水及注蒸汽后提高采收率）

新疆油田红浅1井区是在注蒸汽采出程度接近30%的基础上实施的火驱。红浅1井区火驱试验目的层J_1b组为辫状河流相沉积，储层岩性主要为砂砾岩。平均油层有效厚度为8.2m，平均孔隙度为25.4%，平均渗透率为720mD。油藏埋深为550m，原始地层压力为 6.1MPa，原始地层温度为 23℃。地层温度下脱气原油黏度 9000～12000mPa·s。地层为单斜构造，地层倾角 5°。在火驱试验前经历过多轮次蒸汽吞吐和短时间蒸汽驱。其中蒸汽吞吐阶段采出程度为 25.6%，蒸汽驱阶段采出程度为 5.1%。注蒸汽后期基础井网为正方形，井距 100m。由于注蒸汽开发后期的特高含水率，火驱试验前该油层处于废弃状态，所有生产井均已上返开采。数模历史拟合结果表明，经过多年注汽开发，油层平均含油饱和度由最初的 0.71 下降到 0.51 左右，其中近井地带 30m 左右范围内的剩余油饱和度为 0.2～0.4。

火驱试验区选在避开断层且储层物性较好的一个长方形区域。矿场试验方案的要点包括：（1）在原注蒸汽井网老井间钻新井将井距加密至 70m；（2）点火或注气在新井上进行，点火温度控制在 450～500℃；（3）初期选择平行于构造等高线的 3 个井组进行面积火驱，待 3 个井组燃烧带连通后改为线性火驱，使线性火驱前缘从构造高部位向构造低部位推进；（4）自始至终采用干式注气方式；（5）面积火驱阶段逐级将单井注气速度提高至 40000m^3/d，线性火驱阶段单井注气速度为 20000m^3/d；（6）注气井油层段采用耐腐蚀套管完井，采用带气锚泵举升。数值模拟预测面积火驱 4a，阶段采出程度为 15%；线性火驱开采 6a，阶段采出程度为 18%。累计提高采收率 33%，最终采收率达 63%。

综上，火驱作为一种开放方式，可以应用于油藏开发的不同阶段。其具体应用的时机应与油藏条件、油藏开发历史、地面基础条件、各种技术成熟度及油价等因素结合，统筹考虑决定。

三、火驱技术的油藏筛选标准

对于一个给定的油藏，是否可以使用火驱工艺进行开发，或者说具备哪些条件的油藏适宜用火驱工艺，这类问题需要有一个适当的筛选标准。国外几十年火驱的理论研究、实验室和现场试验已积累了大量的资料和经验。许多学者相继推出各自的火驱筛选标准。Chu 根据 39 个项目的油藏参数用回归分析法得到一个连续变量 y 来判断火驱项目的成功与失败，该回归方程如下：

$$y=-2.257+0.0003957z+5.704\phi+0.1040K-0.2570\frac{Kh}{\mu}+4.600\phi S_o \tag{4-36}$$

式中 z——油层埋深，m；

ϕ——孔隙度；

K——渗透率，D；

h——油层厚度，m；

S_o——初始含油饱和度；

μ——原油黏度，mPa·s。

统计数据表明：$y\geqslant1$ 的项目在技术上和经济上都是成功的；y=0 的项目技术上成功，但经济上不成功；$y\leqslant-1$ 则在技术上和经济上都不成功。进一步分析得出用变量 y 表示的筛选标准为 $y>0.27$，符合此标准的项目将会取得技术上和经济上的成功。

由式（4-36）中各项的比较可以看出，孔隙度 ϕ 和含油饱和度 S_o 是两个影响最大的因素。

图 4-37 显示了当其他参数一定时，ϕ 和 S_o 对 y 的影响。可见，若 ϕ 为 0.25，即使 S_o 高达 0.7，仍有 $y<0.27$，也不适宜采用火驱法开采。应该指出的是，$y>0.27$ 是火驱成功的

必要条件，而不是充分条件。这意味着：$y \leqslant 0.27$ 的油藏不必考虑使用火驱；$y > 0.27$ 的油藏可考虑该工艺。

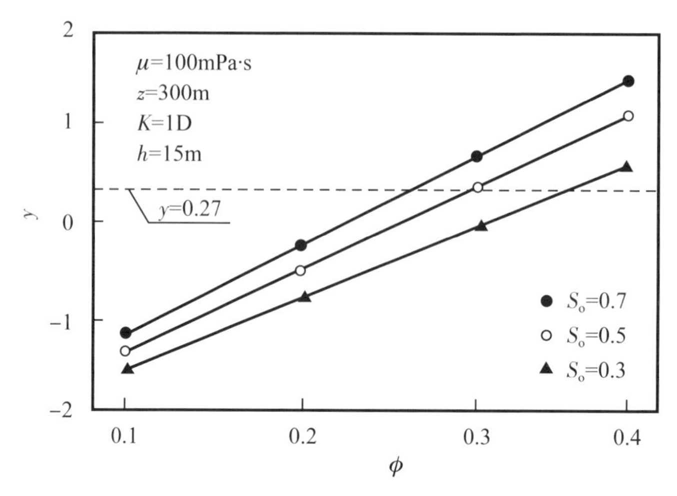

图 4–37　孔隙度和初始含油饱和度对 y 的影响

需要说明的是，尽管有很多学者给出了火驱的油藏筛选标准，但对火驱的油藏筛选标准的理解，还要考虑如下因素：（1）筛选标准给出的不是油藏参数的绝对上限和下限，也就是说筛选标准中的任何一项参数都不是绝对的、不可突破的；（2）筛选标准依赖于经济条件，尤其是油价因素；在高油价下，各项筛选标准可相应地放宽；（3）当油藏中的某些关键参数特别优越时，其他参数同样可放宽；（4）储层岩性、连续性、封闭性等非数值性指标同样是油藏筛选的重要依据；（5）筛选标准只是火驱成功的必要条件；除筛选标准外，火驱施工和操作参数对矿场成败也有很大影响。

第七节　火驱开发关键配套工艺技术

一、钻完井工艺

1. 井身结构设计

根据地质油藏工程及采油工艺的要求，对火驱过程中不同井型一般可以参考以下设计。

1）注气井及生产井

一开采用 ϕ381.0mm 钻头钻至 60m，下入 ϕ273.1mm 表层套管。

二开采用 ϕ241.3mm 钻头，注气井及生产井油层段 30m 下入 ϕ177.8mm 抗腐蚀 9Cr 耐热套管，其余井段选用 ϕ177.8mm 抗腐蚀 3Cr 耐热套管，G 级加砂水泥预应力固井，水泥返至地面。

2）观察井

一开采用 ϕ241.3mm 钻头钻至 60m，下入 ϕ177.8mm 表层套管。

二开采用 ϕ149.2mm 钻头，下入 ϕ88.9mmN80 油管，G 级加砂水泥固井，水泥返至地面。

2. 完井工艺

注气井按热采井射孔完井，固井要求防气窜，井底 50m 选用耐温 500℃的抗富氧腐蚀套管，其余井段采用耐 150℃的抗富氧腐蚀套管。选用耐温 150℃的抗富氧腐蚀油管，采用电点火方式，点火器功率为 45kW，耐温大于 550℃，耐压大于 15MPa，井口选用 KQ36-65 型采气井口装置。

生产井按热采井射孔完井，固井要求防气窜，选用 $2^7/_8$in 和 $2^3/_8$in 的防腐普通油管。推荐有杆泵举升方式，采用 5 型抽油机、防气泵和 ϕ19mm D 级抽油杆，配套螺旋气砂锚。单管生产井口选用 KR14/65-337E 型热采井口装置，双管生产测试井口选用 SKR14/337-52×52 型双管热采井口装置。生产井温度、压力选用电子温度压力计，产出物监测主要对产出油的密度、黏度、馏分、组分监测分析，产出气的 CO、CO_2、O_2、H_2S 和 SO_2 等气体组分监测分析，产出水的水全项监测分析。

新钻观察井一般不用于生产，按常温井射孔完井，射 4 孔。选用 $3^1/_2$in 油管固井；井口安装简易三通结构，从油管中下入电子温压计采集信号，通过电缆传送到地面仪表。

二、地面配套工艺

注气系统对可靠性要求较高。火驱过程中要保持燃烧带前缘的稳定的推进要求注气必须连续不间断。火驱过程中，特别是点火初期，发生注气间断且间断时间较长，则很可能造成燃烧带熄灭。从最近几年新疆油田和辽河油田的火驱现场试验看，随着压缩机技术的进步和现场运行管理经验的不断积累，注气系统的稳定性和可靠性比以往明显增强，可以实现长期、不间断、大排量的注气。

举升及地面工艺系统。火驱举升工艺的选择能够充分考虑火驱不同生产阶段的阶段特征，满足不同生产阶段举升的需要。井筒和地面流程的腐蚀问题基本得到解决。注采系统的自动控制与计量问题正逐步改进和完善。在借鉴国外经验的基础上且经过多年的摸索，国内基本形成了油套分输的地面工艺流程，并通过强制举升与小规模蒸汽吞吐引效相结合，有效地提高了火驱单井产能和稳产期。同时，探索并形成了湿法、干法相结合的 H_2S 治理方法。

三、点火工艺

稠油油藏的点火方式主要有自燃点火、化学点火、电加热点火、气体或液体燃料点火器点火。国内稠油油藏原始地层温度大多不超过 70℃，这种情况下依靠油层本身的自燃点火所需要的时间通常要超过一个月甚至更长，且无法保证地下充分燃烧。国内较成熟的点火方式现有两种：一种是蒸汽预热条件下的化学催化点火，另一种是大功率井下电加热器点火。辽河油田杜 66 块火驱试验初期普遍采用蒸汽辅助化学点火方式点火，该点火方式最大的优点是施工工艺相对简单，可以利用油田热采井场现有的注蒸汽锅炉及辅助设施，同时成本也较低；缺点是起火位置不容易判断和控制。相比之下，电点火工艺尽管施工过程较为复杂，但对起火位置和燃烧状态的控制程度高，同时安全性也较好，是近些年来国内外普遍认可的高效点火技术。国内胜利油田及新疆油田 H1 井区火驱现场试验选用的均为电加热器点火方式。根据室内燃烧釜实验结果，点火温度应该控制在 450℃以上。

从 20 世纪 90 年代开始，国内以胜利油田为代表就开始研发电点火器及配套工艺。第一代电点火器是将加热电缆捆绑在油管外的，在点火过程中经常发生点火电缆被烧毁的事故。第二代点火器采用全金属外壳的电缆，整个电缆从井口到加热棒之间只有一个接头，最大限度地减少了电缆被烧毁的风险；但这种点火器和第一代点火器一样，也存在不能多次在井筒中起下的问题，无法多次使用，从而使点火成本居高不下。目前普遍使用的是第三代电点火器，该点火器从外形上看就是一根连续油管，点火电缆和电阻加热器都被包在这根连续油管中。第三代连续油管点火器不仅消除了在井下部分的所用薄弱环节，还可以实现带压在油管中起下。辽河晨宇集团研发的最新一代点火器可以在2500m的井下、40MPa的注气压力下实现起下，同时可配合监测光线对井筒连续测温。

四、监测技术

国内现已建立建立了火驱产出气、油、水监测分析方法，形成火驱井下温、压监测技术，实现了对火驱动态的有效监测；同时开发了气体安全评价与报警系统，保证了火驱运行过程中的安全。总结出了以“调”（现场动态“调”生产参数，避免单方向气窜）、“控”（数值模拟跟踪、动静结合，“控制”火线推进方向和速度）与“监测”（监测组分、压力和产状，实现地上调、控地下）相结合的现场火线调控技术。

第八节　矿场实例

辽河油田、新疆油田开展火驱试验与推广应用已有十几年的历史，先后在杜66块、红浅1井区、高3-6-18块、高3块、重18块等区块开展了火驱试验工业应用。

一、新疆油田红浅火驱

1. 红浅1区火驱先导性试验概况

红浅1区火驱先导性试验区面积为0.28km^2，地质储量为32×10^{4}t。目的层J_1b组为辫状河流相沉积，储层岩性主要为砂砾岩。平均油层有效厚度为8.2m，平均孔隙度为25.4%，平均渗透率为720mD。油藏埋深为550m，原始地层压力为6.1MPa，原始地层温度为23℃。地层温度下脱气原油黏度为9000～20000mPa·s。地层为单斜构造，地层倾角为5°。在火驱试验前经历过多轮次蒸汽吞吐和短时间蒸汽驱。其中蒸汽吞吐阶段采出程度为25.6%，蒸汽驱阶段采出程度为5.1%。注蒸汽后期基础井网为正方形五点井网，井距100m。由于注蒸汽开发后期的特高含水率，火驱试验前该油层处于废弃状态。数值模拟历史拟合结果表明，经过多年注汽开发，油层平均含油饱和度由最初的71%下降到55%。先导试验采用平行排列的正方形五点面积井网启动，注气井排平行于构造等高线。待相邻各井组火线相互联通后转为由构造高部位向低部位推进的线性井网火驱。先导性试验于2009年12月开始点火，2019年底试验停止（图4-38）。截至2020年3月底，试验区累计空气油比为2903m^3/m^3。火驱阶段采出程度为36.3%，采油速度达3.6%，最终采收率为65.2%。由于火线沿着砂体和主河道方向推进速度明显快于其他方向，致使原先设想的注气井排火线连成一片的时间比方案预期晚3～4年，在试验的大部分时间里没有实现真正意义上的线性火驱。这主要是由于垂直于主河道方向一定范围内分布着规模不等的渗流屏障。另外个别老井试验过程中还出现了套管外气体窜漏的现象，后来得到有效治理。先导性试验其他各项运行指标与方案设计基本吻合，证实了砂砾岩稠油油藏注蒸汽后期转火驱开发的可行性，具备了火驱工业化推广的条件。

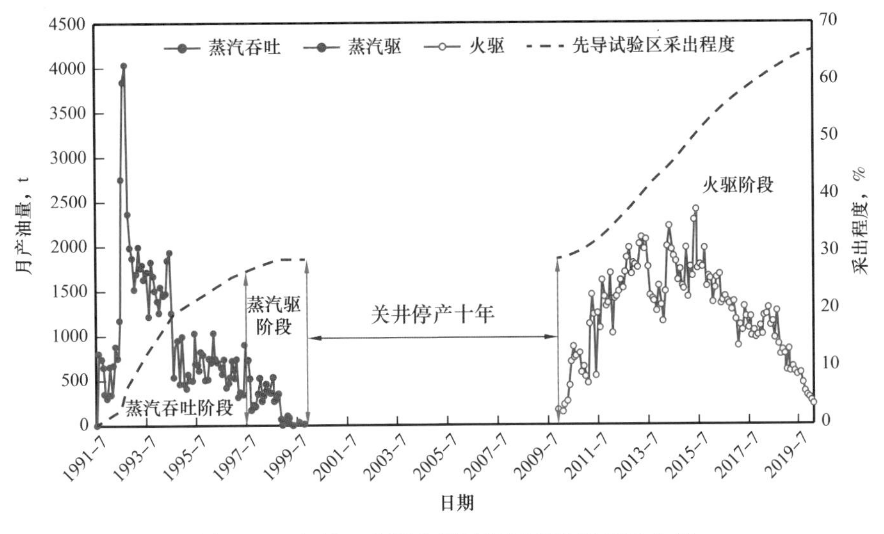

图 4-38 红浅 1 火驱先导试验区各阶段采油曲线

2. 红浅火驱工业化试验井网选择及方案概况

红浅火驱工业化试验的目的层与先导试验区处于同一油层。其构造、沉积特征、储层岩性物性及流体性质与先导试验区类似。油藏蒸汽吞吐和蒸汽驱阶段累计采出程度为32.3％，注蒸汽开发已无经济效益。火驱工业化试验区动用含油面积 $6.8km^2$，动用地质储量 870×10^4t。以井距 100m 计算单井平均剩余油储量 9000t，油层平均剩余油饱和度为51%。方案的井网部署如图 4-39 所示，共包括注气井总井数 75 口，均为新井；采油井总数 863 口，其中加密新井 155 口，老井 708 口。另外，为获取更多动态监测数据，设置了16 口生产观察井。为保证能够在长时间内持续有效地进行动态数据监测，火驱观测井优先在新钻加密井范围内部署。应该说在这样一个高采出程度的注蒸汽稠油老区实施火驱提高采收率，其井网模式无论如何选择都很难十全十美。该部署在两种井网、诸多因素中反复权衡，尽可能做到扬长避短、趋利避害。

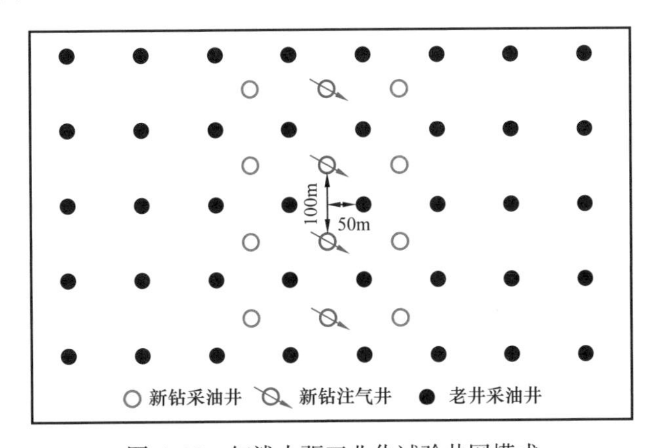

图 4-39 红浅火驱工业化试验井网模式

1）火驱井网选用改进的线性井网

先导性试验过程中线性井网在火线预测与调控及油藏动态管理等方面显示了明显的优势。因此工业化试验仍选择线性井网，但由原来的从构造高部位向构造低部位单向驱替的线性井网，改为由砂体中部向两边驱替的双向线性井网。因主力油层 $J_1b_4^2$ 层砂体平面上近南北向呈条带状分布，因此注气井排南北展布，平行于主河道和砂体展布方向。注气井全部采用原老井中间加密的新井，以确保火驱开发全过程井筒的可靠性。同时在距注气井 150m 范围内加密部署 2 排新采油井，以增加采油井数与注气井数比（图 4–40）。先导性试验表明，河道和砂体展布方向对火线推进的影响远大于构造倾角对火线推进的影响。注气井排平行于河道和砂体展布方向，有助于尽早实现注气井间的燃烧带联通及形成较齐整的火线前缘。两排加密的采油井可在整体上形成线性交错井网模式，有助于初期火线形状调控、提高波及系数。新增加密井不仅有利于火驱开始阶段迅速实现产能，还可在将来火线扫过转为注气井后，持续满足井筒可靠性要求。由于火线从注气井排向两侧驱替，因此注气井平均注气速度也要达到先导试验区单井注气速度的 2 倍，注气井口及井底压力也会相应提高。

2）工业化试验区共部署 3 排注气井

第一排注气井与第二排注气井间距为 800m，中间有 8 排老井、2 排新井作为生产井。第二排注气井与第三排注气井间距 600m，中间有 6 排老井、2 排新井作为生产井（图 4–40）。注气井排之间的间距不同，主要是考虑了平面原油黏度分布的差异。第三排井控制范围的地层原油黏度为 15000～25000mPa·s，设置的生产井排数较少。其他区域的地层原油黏度为 6000～15000mPa·s，设置的生产井排数较多。选择 3 排注气井一方面是为了提高试验区总的采油速度和产量规模，提高项目总体运行效率；另一方面是尽量减少每口注气井所对应的生产井数，以降低累计空气油比和单位操作成本、提高经济效益。整个工业化试验方案预期生产 20 年，火驱阶段累计产油 249×10^4t，阶段采出程度为 33.5%，累计空气油比为 2700m^3/m^3，最终采收率达 65.8%。

3）所有更新井在距原老井 10m 范围内部署，以确保井网的规整性

方案中更新井井数 189 口，先实施离注气井 150m 范围的井 83 口，其余更新井（106 口）在火驱 4～5 年后，根据火线推进情况逐年安排。更新井的分步实施兼顾了投资规模和火线推进特点。当第二排生产井（新井）发生火驱突破，可将该排生产井转为注气井。通常情况下这些注气井可以直接注气不再实施点火，即所谓的“移风接火”。但如果此前火线向前推进过程中遇到了明显的渗流屏障时，可以在新的注气井上重新点火，以确保后续火驱过程中的火线波及系数。

截至 2020 年底，累计完成 52 井组点火。日注气量 $71.4\times10^4m^3$，累计空气油比 3786m^3/m^3。火驱工业化推进顺利，但目前生产井数多、地质条件更为复杂，仍有部分井组存在见效慢产量低的问题，需要持续开展跟踪和调控研究。

二、杜 66 块多层火驱

1. 概况

曙光油田杜 66 块开发目的层为古近系沙河街组沙四上亚段杜家台油层。顶面构造形态总体上为由北西—南东方向倾没的单斜构造，地层倾角为 5°～10°。储层岩性主要为含砾砂岩及不等粒砂岩，孔隙度为 26.3%，渗透率为 774mD，属于中高孔、中高渗透储层。

油层平均有效厚度为44.5m，分为20～40层，单层厚度为1.5～2.5m，20℃原油密度为0.9001～0.9504g/cm^3，油层温度下脱气油黏度为325～2846mPa·s，为薄—中互层状普通稠油油藏。

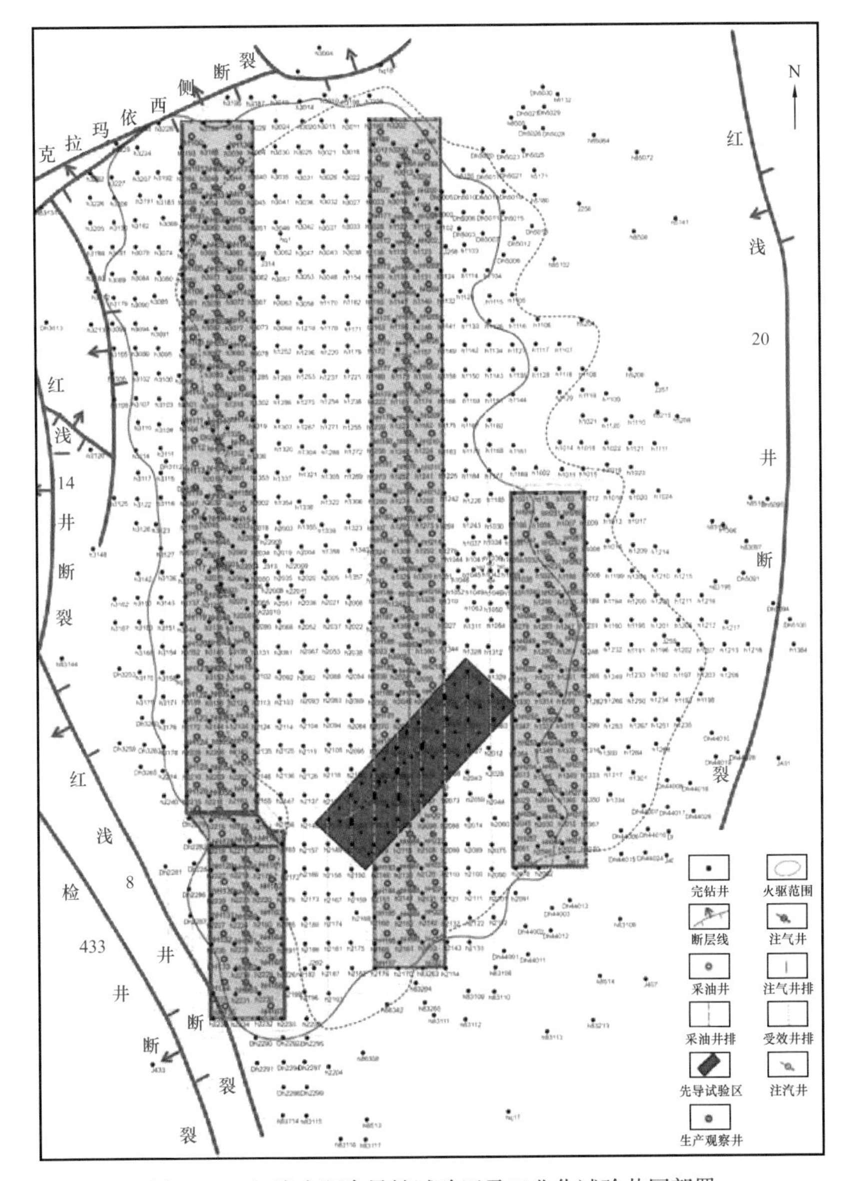

图4–40　红浅火驱先导性试验区及工业化试验井网部署

杜66块于1985年采用正方形井网、井距200m投入开发，经过两次加密调整井距为100m，主要开发方式为蒸汽吞吐。2005年6月，开展7个井组的火驱先导性试验；2010年—2012年，外扩34个井组；2013年，又规模实施76个井组；截至2020年底，总的火驱井组达到117个。

2. 火驱油藏工程设计要点

针对杜66块上层系火驱的规模实施，2013年编制了《杜66断块区常规火驱开发方案》，方案设计要点如下：

（1）层段组合：上层系划分为杜Ⅰ$_1$+杜Ⅰ$_2$和杜Ⅰ$_3$+杜Ⅱ$_1$两段。组合厚度为6～18m，稳定隔层厚度大于1.5m。

（2）井网井距：主体部位采用100m井距的反九点面积井网，边部区域采用100m井距的行列井网。

（3）点火方式：电点火，点火温度大于400℃。

（4）燃烧方式：以干烧为主，适时开展湿烧试验。

（5）注气速度：点火初期单井日注空气量5000m^3；然后逐月增加单井的日注空气量500～1000m^3；最高单井日注空气量为2×10^4m^3。

（6）油井排液量：15～25t/d。

3. 实施效果

杜66块杜家台油层上层系自2005年6月开展火驱先导性试验、扩大试验和规模实施，截至2020年底，火驱开井率74%，采油速度0.48%，瞬时空气油比1978m^3/m^3，累计空气油比806m^3/m^3。从各项开发指标看取得了较好的开发效果（图4-41）。

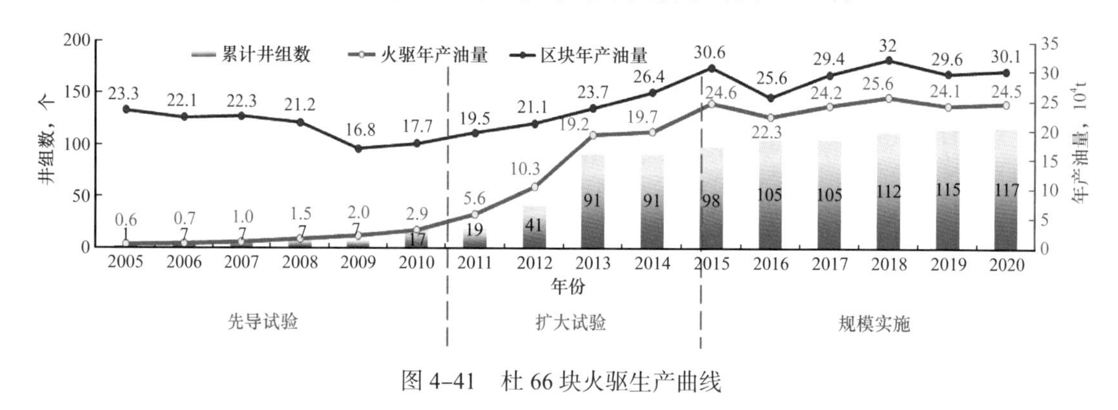

图4-41　杜66块火驱生产曲线

1）火驱产量有所上升，空气油比持续下降

试验区火驱产油量从0.6×10^4t提高至最高25.6×10^4t。转火驱后，开井率由吞吐阶段的30%提高至76%。空气油比由初期的2565m^3/m^{3}降至806m^3/m^3。

2）地层压力稳步上升，地层温度明显上升

地层能量逐渐恢复，地层压力由0.8MPa上升到2.7MPa。水平井光纤测试温度从48～70℃上升到135～248℃。

3）多数油井实现高温氧化反应（燃烧）

根据产出气体组分分析，CO_2含量为14.3%～16.9%，氧气利用率为85.7%～91.3%，视氢碳原子比为1.8～2.3，N_2/CO_2比值为4.6～5.2，69.5%的油井符合高温氧化反应（燃烧）标准。

三、高3-6-18块立体火驱

1. 概况

高3-6-18块位于高升油田鼻状构造的东北翼，南邻高3块，北接高3-6-24块，东靠中央凸起。含油层系为古近系沙河街组沙三下亚段莲花油层，开发目的层为主力油层 L_5 和 L_6 砂岩组，油藏埋深 1540～1890m，主要含油岩性为含砾不等粒砂岩和砂砾岩，分选差，为中—高孔、高渗透储层，油层平均有效厚度为 103.8m，纵向集中发育；20℃下平均脱气原油密度 0.955g/cm^3，50℃下平均脱气原油黏度为 3500mPa·s，油藏类型为厚层块状普通稠油油藏。2013 年对该块进行了储量复算，复算含油面积为 1.06km^2，L_5+L_6 石油地质储量为 1030×10^{4}t。

高 3-6-18 块于 1986 年采用正方形井网、210m 井距投入蒸汽吞吐开发，1992 年加密成 150m 井距，1998 年加密成 105m 井距；2008 年 5 月，L_5 砂岩组开展行列火驱先导试验，2010 年扩大火驱规模，火驱注气井 25 口，其中，L_5 注气井 20 口，以火驱开发为主，L_6 注气井 5 口，以蒸汽吞吐开发为主。

2. 火驱油藏工程设计要点

随着蒸汽吞吐开发生产时间加长，地层压力下降，单井日产油量、油汽比下降，经济效益变差。2008 年通过论证，认为除了油层厚度巨厚外，其他条件均满足火驱条件，因此，决定在高 3-6-18 块开展火驱先导性试验，分别于 2008 年、2009 年编写了《高 3-6-18 块火驱先导性试验方案》和《高 3-6-18 块火驱开发方案》，2013 年编制了《高 3-6-18 块 ODP 调整方案》。历次方案设计要点如下。

1）高 3-6-18 块火驱先导性试验方案设计要点

（1）采用干式正向燃烧方式进行火驱。

（2）点火方式为电点火。

（3）点火温度 450～500℃。

（4）点火时间 5～9 天（点火器电功率 60kW·h）。

（5）油井全井段射开，注气井射开 L_5^1，射开厚度 9～11m。

（6）采用 105m 井距，行列井网，高部位到低部位“移风接火”火驱开发。

（7）初期井口注气压力 9MPa（井底注气压力 3～4.5MPa），最大排液量 40m^3/d；对连通性好的高产井，要调节油井的工作制度；对低产井要及时采取增产疏通措施。

（8）采用变速注气方式注气，初期注气速度 3000m^3/d，通风强度为 1.93m^3/（m^2·h），随着加热半径的增加，注气速度每月调整一次，设计月增加注气量 1000m^3，单井最高日注气速度为 3×10^{4}m^3，实施过程中应根据动态监测资料和油井产量进行相应的调整。

2）高 3-6-18 块火驱开发方案设计要点

（1）燃烧方式：干式正向燃烧。

（2）井网井距：采用 105m 井距行列井网，注采井距 105～210m，“移风接火”的方式实现连续火驱。

（3）开发层系及射孔层位：采用两套注气层系火驱开发，L_5、L_6 砂岩组注气井分别分两段射孔，分层注气；L_5 和 L_6 砂岩组注气井分别射开 L_5^{1+2} 和 L_5^{3+4} 下部 1/2～2/3，L_6^{1+2+3} 和 L_6^{4+5+6} 下部 1/2～2/3，油井射开对应层段下部的 2/3。

（4）点火方式：电点火。

（5）点火温度：450～500℃，最好大于 500℃；点火时间：9～18 天（点火器电功率

60kW·h，对应油层厚度 15～30m，预热半径 0.6～0.8m）。

（6）采用变速注气的方式注气，初期单井注气速度 5000～7000m^3/d，折算单位截面积通风强度 1.93m^3/（m^2·h），注气速度每月调整一次，设计单井月增加注气速度为 3000～4000m^3/d，火线推进距离至注采井距的 70% 时，注气速度不再增加，最高注气速度为 30000～40000m^3/d。实施过程中可根据动态监测资料和动态分析资料进行相应的调整。

（7）油井排液量控制在 15～25m^3/d 之间。对连通性好的高产井，要调节油井的工作制度；对低产井要及时采取增产疏通措施。

3）《高 3-6-18 块调整方案的编制》设计要点

（1）层系：L_5 和 L_6 两套，根据油层、夹层、隔层组合特点，在层系内细分开发单元。

（2）井型和立体火驱方式：夹层发育区采用直井井网火驱；夹层不发育处，连续油层厚度 20～50m 采用单水平井直平组合侧向火驱，连续油层厚度大于 50m 采用双叠置水平井直平组合侧向火驱。

（3）井网井距：直井井网采用目前行列井网、井距 105m；直平组合井网，注气直井与水平井侧向水平距离 50m，水平井位于组合单元油层底部。

（4）直井井网火驱：注气井射开单元下部 1/2、油井射开单元下部 3/4，最高注气速度 30000～40000m^3/d，排液量大于 10t/d。

（5）直平组合井网火驱，水平井长度 300～400m，侧向部署 3～4 口注气井，注气井射开组合单元上部 1/4～1/3，注气速度 40000m^3/d 左右。

期间还开展了一系列研究，如 2010 年开展了"高 3-6-18 块直平组合侧向火驱可行性研究"，2012 年完成了"高 3-6-18 块直平组合侧向火驱先导性试验方案"，2013 年开展了"高 3-6-18 块火驱效果及主控因素研究"、2014 年开展了"高 3-6-18 块火驱跟踪分析与直平组合关键参数优化研究"等。

3. 实施效果

高 3-6-18 块于 2008 年 5 月 5 日开展火驱先导性试验（2008 年 5 月至 2010 年 10 月），由先导性试验的 3 口井逐步扩大为 20 口井，火驱产油量由 84.5t/d 上升到阶段最高产油量为 230.7t/d，火驱阶段提高采出程度 7.26%，火驱产量占区块总产量的 83.1%，成为区块的主力开发方式。截至 2020 年底，该区块共有注气井 10 口，开井 7 口，日注汽量 16.1×10^4m^3，生产井 73 口，开井 53 口，瞬时空气油比 1694m^3/m^3。（图 4-42）。

1）区块产量上升

火驱年产油量从 2008 年的 1.875×10^4t 上升到 2015 年的 6.162×10^4t，2020 年产油量为 3.3×10^4t。

2）单井取得了较好的火驱效果

根据实际油井生产过程中温度、尾气、产量及见效时间的不同，制订了高 3-6-18 块油井分类标准（表 4-5），将第一批见效油井分成三类，I 类典型井 10 口，平均单井累计产油量 8325t，平均单井年产油量为 1041t；Ⅰ+Ⅱ类典型井 21 口，平均单井累计产油量 6699t，平均单井年产油量 837t，火驱阶段单井最高累计产油量 10322t。

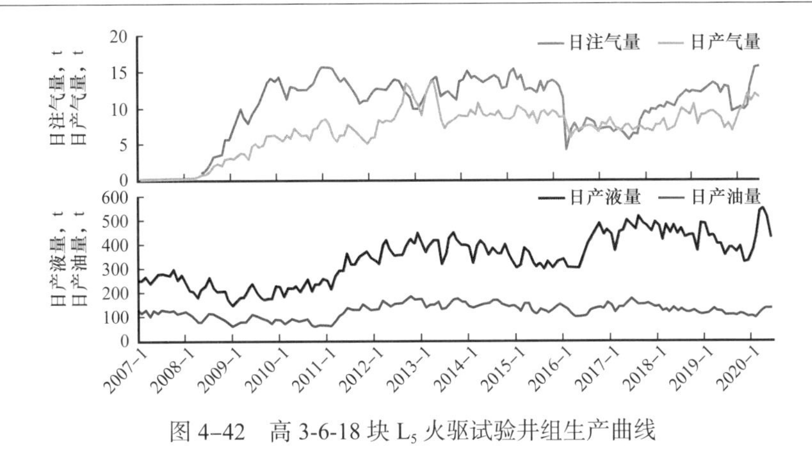

图 4-42　高 3-6-18 块 L_5 火驱试验井组生产曲线

表 4-5　高 3-6-18 块油井分类标准

油井分类	油井监测最高温度，℃	CO_2 含量，%	稳产阶段产油量，t/d	见效时间，月
Ⅰ类井	181～317	＞12	＞4.0	12～15
Ⅱ类井	88～168	＞12	3 左右	18～20
Ⅲ类井	60～102	＜12	2.0 左右	40～42

3）地层压力得到了补充，地层温度明显升高，尾气指数高温燃烧特征明显，实现了高温氧化燃烧

地层压力得到了补充，地层压力从 0.89MPa 上升到 3.9MPa，上升了 3.01MPa。油井监测地层温度从 55～60℃上升到 120～316℃，注气井监测地层温度从 180～220℃上升到 320～549℃；CO_2 含量从 5%～6% 上升到 15%～20%，气体 GI 指数从 0.4 上升到 0.8 以上，表现为高温氧化反应（燃烧）特征。

4）注气井间形成了“油墙”，井间加密井效果好

注气井井间富油区加密井产油量大于 10t/d 生产了 4 个月，前 3 年累计产油量 7130t，平均年产油 2377t。

根据火驱以来见效井比例及燃烧波及状况分析，火驱尚有不足之处，体现在以下 4 个方面：（1）火驱Ⅰ类井少，仅占开井数的 15.9%，单井产油量低，只有 4t/d 左右。（2）纵向上燃烧前缘向上覆高渗透层超覆严重，纵向燃烧率低，动用程度只有 34%；平面上燃烧前缘沿主河道推进速度快，波及范围小，平面波及半径小于 80m。（3）燃烧前缘在地质体中推进，不受射孔层位和小层限制，燃烧前缘沿主水道、储层物性好、亏空大的方向呈舌状推进，主河道推进速度快，火窜、气窜严重，个别注气井、油井射开下部油层对整体向下拉火线作用不显著、对沿高渗透层燃烧的抑制作用也不理想。（4）火驱从初期的较均匀燃烧退变成上部主力高渗透层燃烧好，平面上燃烧宽度及纵向上燃烧厚度有逐渐减小的趋势，对于吞吐开发后期的厚层块状油藏，火驱调控难度大。

从近几年的研究结果看，平面上燃烧宽度及纵向上燃烧厚度小，火驱波及体积不到 50%，对于吞吐开发后期的厚层块状油藏，按现有方式火驱调控难度大。只有开展二次开发才有望提高平面上和纵向上的动用程度、改善生产状况。

四、新疆风城油田火驱辅助重力泄油（CAGD）矿场试验

1. 试验区油藏概况

试验区位于新疆风城油田重 18 井区北部，试验区目的层为侏罗系齐古组的 $J_3q_2^{2-3}$ 层，平均油藏埋深 215m。油层有效厚度为 9.3～17.9m，平均值为 13.4m，平面上连通性好。油层上面为厚度 5.5～16.0m 的致密泥岩、泥质砂岩及砂砾岩，具有良好的封闭性。储层岩性为中细砂岩，分选较好。胶结类型以接触式为主，多为泥质胶结、胶结疏松。目的层孔隙度为 28.5%～31.7%，平均值为 30.0%。渗透率为 599～1584mD，平均值为 900mD，属高孔、高渗透、高含油饱和度储层。原始地层温度为 18.8℃，原始地层压力为 2.60MPa。油藏油密度为 0.96～0.97g/cm³，地层油黏度 20×10⁴mPa·s，原油凝固点为 18.9℃，在地下不具备流动能力。

CAGD 先导性试验先期部署 4 个井组，FH003 井组、FH004 井组、FH005 井组和 FH006 井组，设计水平段长 500m，水平井与水平井之间的距离为 70m，每个井组的垂直注气井与水平生产井之间最短距离为 3m（图 4–43）。最先点火的是 FH003 井组，水平井眼轨迹测试实际水平段长度为 550m，实际钻遇油层的纵向上连续厚度平均值为 9.5m，垂直注气井与水平井的水平段实测最短距离为 1.8m，垂直注气井的射孔井段为油层顶部的 4m 段。第二个点火的是 FH005 井组，实际水平段长度为 470m，实际钻遇油层的纵向连续厚度平均值为 12.0m，垂直注气井与水平井段实测最短距离为 3.0m，垂直注气井的射孔井段为油层顶部的 5m。

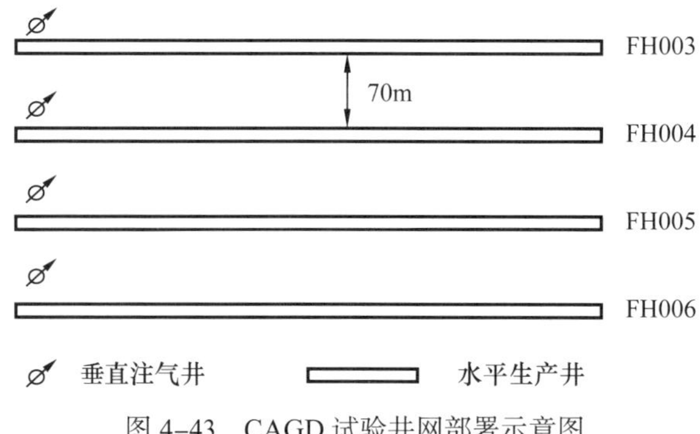

图 4–43　CAGD 试验井网部署示意图

2.FH003 井组矿场试验

FH003 井组在点火前，为建立垂直注气井与水平生产井之间的联通，进行了注蒸汽预热。其中垂直注气井采用蒸汽吞吐预热，水平井采用蒸汽循环预热。预热结束后，于 2014 年 9 月 24 实施点火，点火期间注气速度为 4000m³/d，点火功率 40kW，点火器出口空气温度控制在 500～550℃，实际点火过程中点火电缆通电 20h 后短路，点火器无法继续加热。到 10 月 13 日，根据产出流体组分监测数据确认点火成功。图 4–44 给出了点火及此后 30 天内水平段温度监测数据，在水平段不同位置设置了 9 个热电偶进行实时温度监测。其中 766m 处的热电偶水平段的趾端位置，761m 处热电偶从水平井趾端向跟端方向移动 5m，756m 处热电偶在向跟端方向移动 5m，前三个点是间隔 5m，后面距离不断加大，以此类推，216m 处热电偶即位于水平井的跟端位置。从图 4–45 可以看出，在直井点火后 30d 内，水平井

趾端附近的3个监测点的温度相继上升到400℃以上。这是一个非常不好的信号，说明燃烧带前缘有沿水平井筒锥进的迹象。在点火生产57天后，水平井产出尾气中氧气含量超过5%，确认井下发生了较严重的单向锥进。此后虽然对注、采参数进行多次调控，仍无法改善井下锥进状况。试验被迫终止。FH003井组累计正常生产57天，累计产液1450t，产油量622m^3，日均产油量11m^3，综合含水率为56%，累计注气量120×10^4m^3，空气油比1929m^3/m^3。出现火线锥进后为调整燃烧前缘而继续注入的80×10^4m^{3}空气，对产油没有贡献（图4-45）。

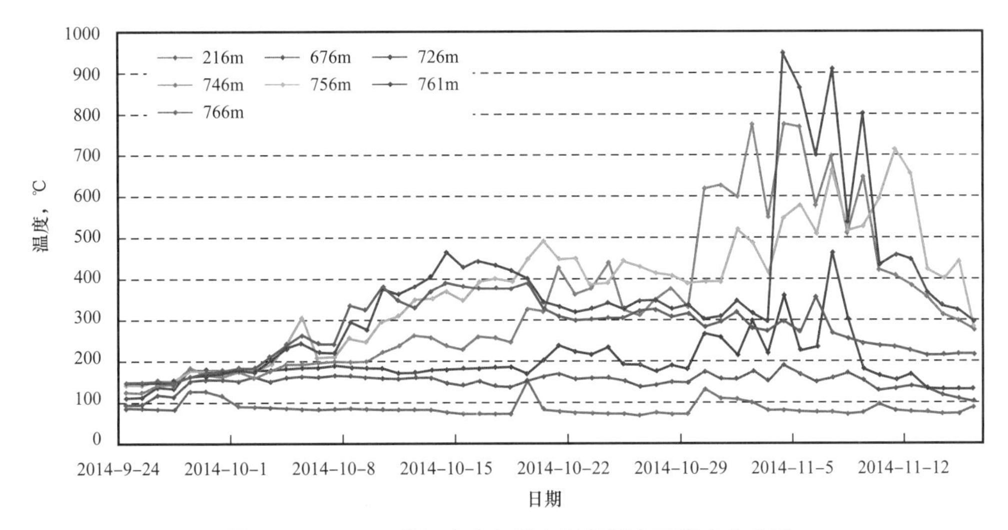

图4-44　FH003井组点火初期水平段测点温度变化曲线

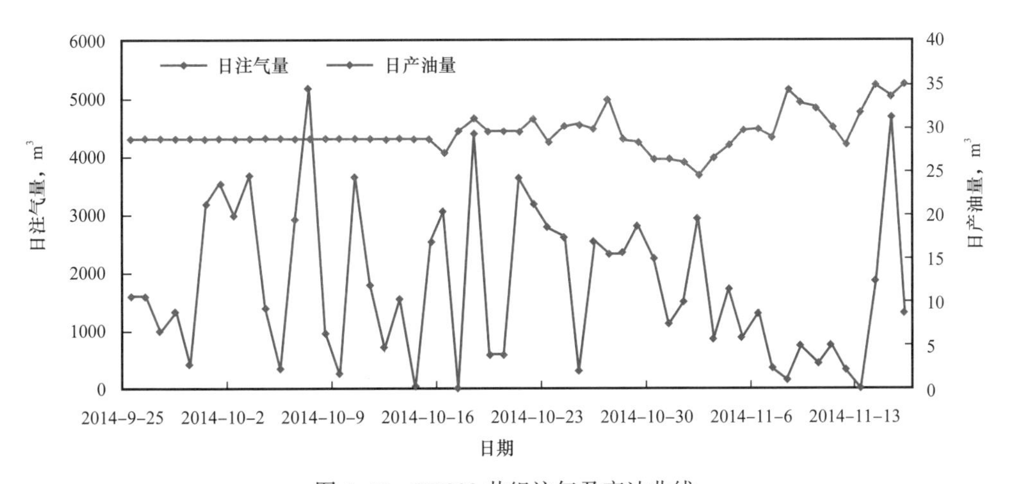

图4-45　FH003井组注气及产油曲线

分析认为，有这样几个原因导致了燃烧前缘沿水平井筒锥进：一是垂直注气（点火）井前期采用了2个轮次的蒸汽吞吐预热，蒸汽累计注入量超过1500m^3，吞吐过程中与水平井之间形成导通。实施点火后，燃烧带很容易沿着已有的蒸汽导通带向水平井锥进；二是由于对超稠油油藏点火经验不足，点火前对井筒处理不充分，井筒中有残存的原油。点火过程中井筒内的原油发生了燃烧，点火电缆在通电不到20h的情况下被烧毁，致使近井地带热量累积不足，影响了初期燃烧腔体的均匀发育；三是点火期间注气速度有些偏大。

3.FH005 井组矿场试验

FH005 井组充分吸取了 FH003 井组的教训，设计点火前仍对垂直注气井实施蒸汽吞吐预热，但要降低蒸汽注入量。点火器启动之前对井筒进行清洗、注 N_2 等作业，确保井筒中没有残余油气，避免井筒燃烧。点火期间采用低速高温模式，即将注气速度降至 3000m³/d，点火功率提升至 50kW，点火器出口空气温度控制在 570～600℃。点火器在井下累计开启时间达到 150h，期间没有发生异常，点火 7 天后确认点火成功。此后注气速度一直保持小台阶缓慢提升。垂直注气井的注气速度从点火初期的 3000m³/d 逐步提高到（2016 年 12 月 31 日）6200m³/d。试验过程中注气压力一直保持在 3.5MPa 左右，始终维持注采平衡。从 FH003 和 FH005 两个井组的产油曲线看，CAGD 生产过程中产量上下波动幅度很大。这是火驱生产井的普遍规律[18]，主要是由于大气量下气、液两相交替产出造成的。从对两个井组火驱前后产出原油的 SARA 组分分析（表 4–6）看，CAGD 产出原油有明显的改质：饱和烃含量升高，芳香烃、胶质和沥青质的含量有不同程度的下降。截至 2020 年底，FH005 井组生产 2021 天，注空气量 $894 \times 10^4 m^3$，空气油比 1223m³/m³；气体组分显示，高温火驱特征明显，2021 年 2 月受注气系统不稳定影响，停注关井。

表 4–6　先导性试验井组尾气及原油族组分化验统计表

尾气监测			火驱前后原油 SARA 组分分析				
燃烧反应相关参数	FH003 井组	FH005 井组	族组分	FH003 井组		FH005 井组	
				火驱前	火驱后	火驱前	火驱后
氧气利用率，%	98	98	饱和烃，%	48.67	50.87	43.1	50.24
CO_2 含量，%	13.3	15.4	芳香烃，%	16.56	19.36	20.88	18.48
视 H/C 原子比	1.8	2.1	胶质，%	29.13	24.28	33.33	28.71
N_2/CO_2 比	5.4	5.2	沥青质，%	5.63	5.49	2.69	2.57

参 考 文 献

［1］A. Panait-PaticÄ，D.Åerban，and N.Ilie. Suplacu de Barcau Field – a Case History of a Successful In–situ Combustion Exploitation［C］. SPE 100346–MS，2006.

［2］Roychaudhury S，Rao N S，Sinha S K，et al. Extension of In–situ Combustion Process from Pilot to Semi–Commercial Stage in Heavy Oil Field of Balol［C］. SPE 37547–MS，1997.

［3］A. Doraiah，Sibaprasad Ray，and Pankaj Gupta，In–situ Combustion Technique to Enhance Heavy Oil Recovery at Mehsana，ONGC – A Success Story［C］. SPE 105248–MS，2007.

［4］张霞林，关文龙，刁长军，等 . 新疆油田红浅 1 井区火驱开采效果评价［J］. 新疆石油地质，2015，36（4）：465–469.

［5］刘应忠，胡士清 . 高 3–6–18 块火烧油层跟踪效果评价［J］. 长江大学学报（自然科学版 . 理工卷），2009，6（1）：52–53.

［6］关文龙，马德胜，梁金中，等 . 火驱储层区带特征实验研究［J］. 石油学报，2010，31（1）：100–104，109.

[7] 席长丰，关文龙，蒋有伟，等．注蒸汽后稠油油藏火驱跟踪数值模拟技术——以新疆 H1 块火驱试验区为例［J］．石油勘探与开发，2013，40（6）：715–721.

[8] 马德胜，关文龙，张霞林，等．用热失重分析法计算火驱实验油层饱和度分布［J］．新疆石油地质，2009，30（6）：714–716.

[9] 关文龙，席长丰，陈亚平，等．稠油油藏注蒸汽开发后期转火驱技术［J］．石油勘探与开发，2011，38（4），452–460.

[10] 陈莉娟，潘竟军，陈龙，等．注蒸汽后期稠油油藏火驱配套工艺矿场试验与认识［J］．石油钻采工艺，2014，36（4）：93–96.

[11] 黄继红，关文龙，席长丰，等．注蒸汽后油藏火驱见效初期生产特征［J］．新疆石油地质，2010，31（5）：517–518.

[12] Nelson T W，McNeil J S，How to Engineer an In–situ Combustion Project［J］．Producer Monthly，1961（5）：2–11.

[13] 中国石油勘探与生产分公司．油田注空气开发技术文集（空气火驱技术分册）［M］．北京：石油工业出版社，2014：181–196.

[14] 关文龙，梁金中，吴淑红，等．矿场火驱过程中燃烧前缘预测与调整方法［J］．西南石油大学学报（自然科学版），2011，33（5）：157–161.

[15] SY/T 6898—2012　火烧油层基础参数测定方法［S］.

[16] 王元基，何江川，廖广志，等．国内火驱技术发展历程与应用前景［J］．石油学报，2012，33（5）：168–176.

[17] 王弥康，王世虎，黄善波，等．火烧油层热力采油［M］．东营：石油大学出版社，1998：245–280.

[18] 关文龙，吴淑红，梁金中，等．从室内实验看火烧辅助重力泄油技术风险［J］．西南石油大学学报（自然科学版），2009，31（4）：67–72.

[19] Vossoughi S，El–shoubary Y.Kinetics of Crude–oil Coke Combustion［R］. SPE 16268，1989.

[20] Greaves M，Ren S R，Xia T X.New Air Injection Technology for IOR Operations in Light and Heavy Oil Reservoirs［R］. SPE 57295，1999.

[21] Greaves M，Al–shamali O.In–situ Combustion（ISC）Process using Horizontal Wells［J］. Journal of Canadian Petroleum Technology，1996，35（4）：49–55.

[22] 梁金中，关文龙，蒋有伟，等．水平井火驱辅助重力泄油燃烧前缘展布与调控［J］．石油勘探与开发，2012，39（6）：720–727.

第五章　稠油开发攻关方向与技术展望

经过21世纪初期10余年的科技攻关，中国石油稠油开发技术已形成了以蒸汽吞吐、蒸汽驱、蒸汽辅助重力泄油（SAGD）、火烧驱油等为主体的新一代稠油开发技术。从世界范围看，中国的蒸汽吞吐、蒸汽驱、SAGD技术已达到国际先进水平，在某些具体技术方面，已经达到国际领先水平，如多介质蒸汽吞吐、氮气辅助SAGD等，以SAGD技术为主体的“浅层超稠油开发关键技术突破强力支撑风城数亿吨难采储量规模有效开发”被评为2013年中国石油十大科技进展。火驱技术快速发展，在废弃油田火驱现场试验、火驱工业化试验方面取得突破性进展，在火驱基础理论研究、油藏工程设计及应用等方面走到了世界火驱技术的最前列，“直井火驱提高稠油采收率技术成为稠油开发新一代战略接替技术”被评为2015年中国石油十大科技进展。针对当前稠油、超稠油开发面临的高成本、高碳排等问题，稠油开发技术趋势为“绿色环保、低能耗、低成本”开发技术。

第一节　蒸汽辅助重力泄油技术的攻关方向

SAGD技术已经实现了工业化规模应用，并取得了较好的应用效果，分别在辽河油田和新疆油田建成了百万吨生产基地，为超稠油油藏的高效开发奠定了基础。由于中国陆相稠油油藏复杂的地质条件，在均匀动用油藏、提高油藏热利用率、降低操作成本、提高泄油速度及举升能力等多个方面仍存在问题，为实现SAGD经济高效开发，解决上述技术问题，需要开展以下技术攻关。

一、烟道气辅助SAGD开发技术

非凝析气体辅助SAGD机理研究及氮气辅助SAGD现场试验表明，非凝析气体辅助SAGD可以起到调整蒸汽腔均匀发育、大幅提高生产油汽比的作用。回收注入烟道气作为一种混合非凝析气体，可以起到改善SAGD开发效果，同时发挥减排的环保作用。辽河热采锅炉年烟道气量约为3600×10^4t，基本全部外排，同时辽河稠油热采急需大量非烃类气体，开展烟道气综合利用，节能、创效、环保前景广阔，需要开展烟道气辅助SAGD技术研究工作，重点解决烟道气辅助SAGD开发的油藏工程设计、烟道气回收处理、防腐、关键设备研制等技术瓶颈问题。

二、过热蒸汽改善SAGD开发技术

机理研究工作表明，SAGD开发需要的是高干度蒸汽的汽化潜热，蒸汽干度的高低直接决定SAGD的开发效果，实施过热蒸汽SAGD可有效提高油汽比及采收率。过热蒸汽发

生及配套水处理技术探索现已为过热蒸汽 SAGD 开发奠定了配套工艺技术基础，但随着过热蒸汽 SAGD 后续试验的深入，过热蒸汽对中深层超稠油油藏储层、注采管柱及井下工具影响，注采参数优化设计等方面亟需进一步研究。

三、浅层超稠油提高储层动用技术

新疆油田浅层稠油 SAGD 开发现已进入工业化应用阶段，受油藏条件及钻采技术影响，井组开发效果改善缓慢。国内外油田开发实践表明，通过实施注汽井网辅助、非凝析气体辅助等技术手段，井组增产效果明显，国内尚无类似浅层超稠油 SAGD 开发经验。因此，在油藏精细描述及生产规律研究的基础上，今后将重点开展直井辅助、水平井辅助、非凝析气体辅助等持续改善浅层 SAGD 开发效果的技术研发。另外，从加拿大、俄罗斯等主要实施 SAGD 开发的国家看，由于储层埋藏浅，其水平井钻井均采用斜直钻机，从地面开始造斜，而新疆一直是垂直钻机，使浅层水平井造斜角度大，不利于后期的抽油生产，应引起足够的重视。

四、溶剂改善 SAGD 开发技术

国内外研究表明，溶剂辅助 SAGD 可有效降低较低温度区的原油黏度，有效增加泄油流动体积，改善 SAGD 开发效果。国内尚无溶剂改善 SAGD 开发技术应用的先例，在溶剂改善 SAGD 开发机理、溶剂优选、注采参数优化等方面存在技术空白，因此，需开展溶剂改善 SAGD 开发技术研究与攻关，作为实现 SAGD 高效开发的技术储备。

五、井下流体控制技术

由于储层非均质等造成 SAGD 蒸汽腔扩展不均，国内 SAGD 水平井井段长度一般超过 500m，极易存在“汽窜点”，业内认为井下流体控制技术是非常有潜力的技术，可避免井下水窜和汽窜发生，可实现不同水平段不同温压控制生产，提高单井组的日产油量和油汽比。加拿大在其相关机理和适应条件研究已走在了世界前列，加拿大在 Mackay River 项目、Firebag 项目和 Surmount 项目论证了该项技术的可行性，下一阶段将开展小型的矿场试验。新疆油田风城油田齐古组为陆相辫状河沉积，较长水平井段更易受非均质性影响，该技术可作为改善 SAGD 开发效果的重要储备研究。

六、超稠油驱泄复合开发技术

驱泄复合开发技术是在超稠油油藏 SAGD 开发技术上演变而来。在厚层超稠油油藏实施 SAGD 过程中，受隔（夹）层的制约，蒸汽无法超覆至夹层上部，油层上部储量难以动用。采用对隔（夹）层上部注汽直井进行射孔，周围直井对应射孔，水平井在油层下部采油的开发方式。在夹层上部直井与直井之间组合为一套驱替系统，夹层下部直井与水平井之间采用重力泄油方式开采，此方式可充分动用夹层上部储量提高油藏采收率。与常规蒸汽驱、SAGD 开发方式对比，该方式适用于储层内部隔（夹）层发育的油藏，其适用范围更广，由于充分动用了夹层上部的储量，油汽比及采收率更高。

第二节　火驱工业化推广与下步攻关方向

国外如罗马尼亚、印度、美国、加拿大等国油田的火驱开发多在原始油藏上进行，而中国火驱开发多在注蒸汽开发后期的油藏上进行，更具复杂性。相比之下国内火驱开发所面临的特殊挑战更多。

一、国内火驱开发所面临的特殊挑战

1. 地质油藏方面

国内稠油油藏多为河流相沉积，储层在平面上及纵向上的非均质性强。以新疆油田红浅 1 井区八道湾组为例，储层除了在平面上因沉积相所形成的非均质性外，在纵向上也存在着明显的强非均质性。在不到 10m 的油层岩心内，从上到下分别有砾岩、砂质砾岩、砂岩、砂砾岩等多种岩性，中间还有泥岩夹层。而测井曲线却表现为较好的箱形（图 5-1）。

对于注蒸汽开发后期的油藏，地层中存在着复杂的高含水饱和度通道和次生水体。次生水体的存在对火驱生产动态具有重要影响，同时也给火线调控带来一定困难。

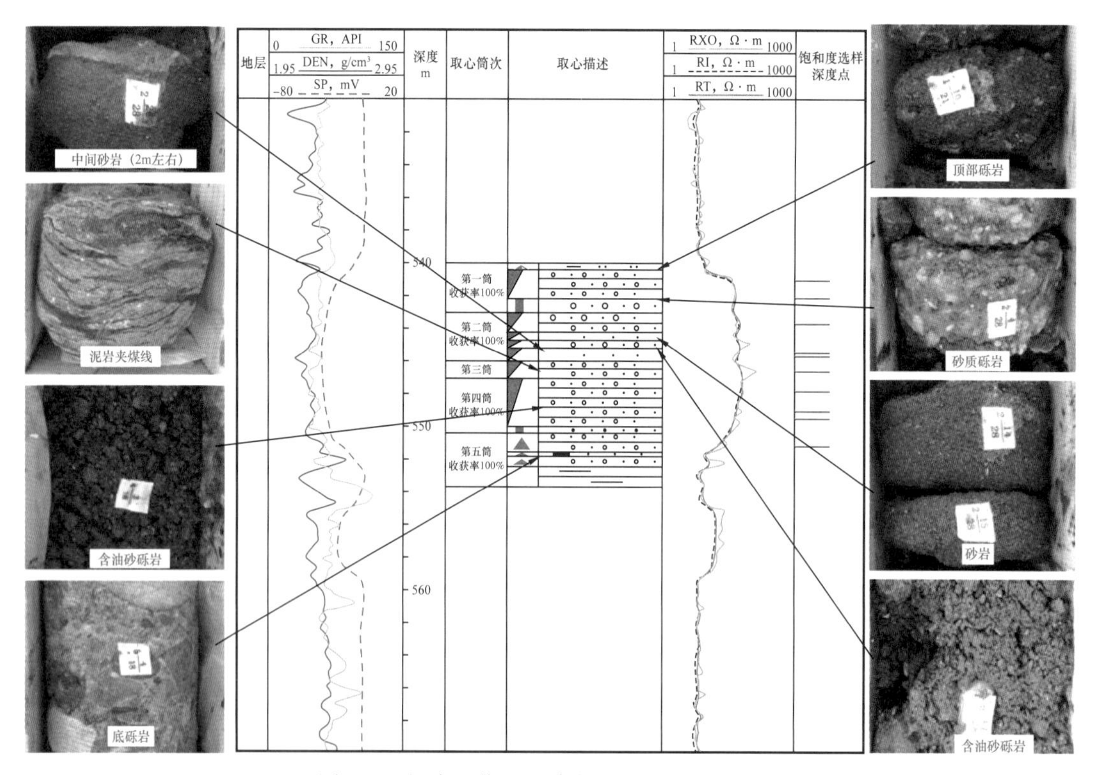

图 5-1　红浅 1 井区八道湾组岩心及测井曲线

2. 工程技术方面

在注蒸汽开发后油藏上进行火驱开发，要最大限度地利用现存井网资源。在长期注蒸汽过程中，老井普遍存在套损、管外窜等复杂井况，这些都给火线调控、油藏管理、修井作业等带来了挑战。

超稠油水平井火驱辅助重力泄油技术已经开始现场试验，该技术燃烧带前缘被加热的原油直接进入水平井筒，最大限度地提高了热效率。该技术一旦试验成功，可以大幅降低超稠油开发成本，并大幅提高其商品率。但由于水平井筒内存在气液两相流动，其管理难度和风险远比 SAGD 技术大，火线前缘调控技术有待于攻关和试验。

对于超深层稠油（埋深大于 1500m），由于油藏埋藏深，在注蒸汽过程中井底干度无法保证、井筒热损失大，因而很难采用注蒸汽开发。而火驱开发受油藏埋深影响较小。在地面空气压缩机性能能够满足的情况下，火驱开发超深层稠油将会比注蒸汽有更多的技术优势和经济优势。对于薄层和薄互层稠油，注蒸汽同样面临着热损失大（热量向盖、底层及夹层传递）、热效率和经济效益低的问题。通过一定的技术攻关，用火驱技术开发此类油藏，有望降低开采成本，提高经济效益。

二、工业化推广及攻关方向

1. 稠油老区工业化推广及技术攻关

国内稠油老区的产量仍以蒸汽吞吐产量为主。稠油老区蒸汽吞吐开发现呈现出“三高”（吞吐轮次高，平均吞吐 10～15 个周期；可采储量采出程度高，平均值为 85%～90%；地下存水高，80% 吞吐井地下存水量在 10000m^3 以上。）、“三低”（储采比低，储采比 5～6；地层压力低，区块平均地层压力为 1.0～3.5MPa；经济效益低；油汽比低，1/3 的油井吞吐油汽比在 0.2m^3/m^3 以下）的特点；同时面临着递减快（吞吐开发方式年自然递减率为 35%～40%，综合递减率为 9%～12%）、调整潜力小的困境。因此，稠油老区转换开发方式已经迫在眉睫。

新疆油田和辽河油田正在进行的火驱开发试验初步显示，火驱技术有可能成为一项注蒸汽开发后期继续大幅提高采收率的战略接替技术。20 世纪 80 年代前，国外学者给出的火驱筛选标准中将地层温度下原油黏度的上限设定为 1000mPa·s。20 世纪 80 年代后，美国石油学会将这一标准放宽至 5000mPa·s，他们认为超过这一界限，将很难形成有效驱动。而注蒸汽适用的黏度范围远比此宽泛。长期以来一直是制约火驱技术推广应用的一大障碍。中国石油勘探开发研究院热力采油研究所与新疆油田公司专家经过深入研究，提出对于注蒸汽以后的油藏，地层中存在着次生水体和高含水饱和度的渗流通道，这种情况下进行火驱，实现地下水动力学连通相对容易，因而可以适当突破原油黏度上限。新疆油田红浅火驱试验区地层温度下的原油黏度达到了 15000～20000mPa·s，尽管在火驱见效初期的低温生产阶段出现一定的举升困难，但经过一定的工艺措施后能够正常生产。一旦突破了这个黏度界限，意味着在绝大多数普通稠油油藏和部分特稠油油藏均可以在原有的直井井网基础上实施火驱。初步测算，平均可在注蒸汽（已有采出程度 25%～30%）基础上继续提高采收率 25%～40%，增加可采储量也均在亿吨以上。

直井井网平面火驱技术在注蒸汽后油藏中试验初步成功，有望成为稠油老区注蒸汽后继续大幅提高采收率的接替技术。在一些低品位油藏开发中比较优势明显，且油藏适用范围可适当放宽。平面火驱在点火、注气、举升、防腐、监测、H_2S 处理等工艺现基本可以满足开发要求，火线前缘调控技术基本成型，但修井作业、破乳等工艺还有待完善。同时火驱开发设计的理念还有待更新、配套管理程序和制度尚需逐步完善。今后一段时间内，稠油老区火驱主要攻关方向包括以下内容。

1）继续深化注空气原油氧化相关机理研究

要深化空气火驱过程中岩矿流体物理化学变化规律研究，深入揭示 H_2S 产生机理、原油改质机理等。同时，还要深化注蒸汽后火驱过程中次生水体作用机理的研究。

2）继续加强油藏工程理论研究

要建立和完善注蒸汽后转火驱油藏工程优化设计理论，研究通过井网、井型的改进提高采油速度的方法，研究通过阶段湿烧降低空气油比、提高经济效益的途径，要形成系统的平面火驱油藏筛选标准和完善的火驱试验效果评价方法。

3）加强火驱配套工艺技术攻关

要加强火驱前缘监测技术和快速、高效作业技术攻关，实现火驱前缘的及时、高效调控，最大限度地扩大波及体积。要加强油藏条件下的腐蚀机理研究和防腐技术攻关，优化经济、高效的防腐工艺。要加强不同生产阶段的举升工艺、破乳工艺攻关，为大规模矿场试验和推广做好技术准备。

4）继续开辟新的试验区

要在新疆油田九$_6$区这样的经历了完整的蒸汽吞吐和蒸汽驱、注蒸汽阶段采出程度达到35%～45%的稠油老区上开展火驱试验，以验证能否在高采出程度油藏继续通过火驱大幅度提高采收率。同时尝试在原油黏度较高（如某些特稠油、超稠油油藏）但已经历过蒸汽驱、地下存在高含水饱和度渗流通道的稠油老区开展火驱试验，进一步拓展火驱技术应用的油藏范围。要在尽可能在利用老井、少打新井的条件下，检验火驱配套的工程技术，为大规模工业化推广奠定坚实基础。

2. 超稠油水平井火驱工业化推广与攻关方向

近年来，稠油探明储量中超稠油、超深层稠油、浅薄层和薄互层稠油等所占的比重越来越大。而这些稠油储量基本上属于难动用储量，采用常规注蒸汽方式开发经济效益差。

国内超稠油资源主要分布在辽河和新疆等油田。已动用的超稠油储量中主体开发技术仍然为蒸汽吞吐，部分油层较厚、物性较好的油藏采用SAGD技术。现存在的主要问题是蒸汽吞吐的低采收率（一般为15%～20%）和SAGD开发的低油汽比（一般为0.2～0.25m^3/m^3）。

水平井火驱辅助重力泄油技术的提出，为超稠油火驱开发提供了可能性。在理论上，采用水平井火驱辅助重力泄油技术开发超稠油，可以获得55%以上的采收率，并可以将空气油比控制在2000m^3/m^3以内。同时由于燃烧带前缘被加热的原油直接进入水平井筒，最大限度地提高了热效率。该技术一旦试验成功，可以大幅降低超稠油开发成本，并大幅提高其商品率。

对于超深层稠油（埋深大于1500m），由于油藏埋藏深，在注蒸汽过程中井底干度无法保证、井筒热损失大，因而很难采用注蒸汽开发。而火驱开发受油藏埋深影响较小。在地面空气压缩机性能能够满足的情况下，火驱开发超深层稠油将会比注蒸汽有更多的技术优势和经济优势。对于薄层和薄互层稠油，注蒸汽同样面临着热损失大（热量向盖层、底层及夹层传递）、热效率和经济效益低的问题。通过一定的技术攻关，用火驱技术开发此类油藏，有望降低开采成本，提高经济效益。

水平井火驱辅助重力泄油技术在机理认识上已获得较大的突破，该技术有可能成为超稠油油藏除SAGD以外的有效开发技术。但由于水平井筒内存在气液两相流动，其管理难度和风险远比 SAGD 大，火线前缘调控技术还有待于攻关和试验。今后一段时间内，水平井火驱技术的主要攻关方向包括以下内容：

（1）深化不同井网模式下的火驱辅助重力泄油机理研究，力争通过井网模式的优化来最大限度降低油藏工程风险。同时，要加强原油高温裂解改质和催化改质机理的研究，以最大限度地实现就地改质，这在提高产出原油品质的同时，也能有效解决井网举升问题。

（2）加强水平井火驱辅助重力泄油前缘调控技术攻关。稳步推进新疆油田和辽河油田超稠油水平井火驱矿场试验，在室内实验和矿场试验基础上，强化点火及初期调控技术研究，最终确定实现稳定泄油的操作参数界限。

（3）加强水平井火驱辅助重力泄油配套工艺攻关。在深入认识水平井火驱生产特点的基础上，强化 H_2S 高效处理工艺、高气液比、大产出量下的防砂工艺、高温产出液破乳工艺等工艺技术攻关，全面保障水平井火驱试验成功实施。

第三节　技术展望

针对热采技术排放大、成本高的主要矛盾，未来稠油开发技术发展方向是“降成本、减排放”的绿色环保热采新技术。主要发展方向有以下几点。

一、溶剂开发稠油技术方向

溶剂的降黏性能是开发稠油的根本机理，受不同种类溶剂降黏能力和扩散能力不同的影响，单纯使用溶剂难以达到较好的开发效果，溶剂与热相结合，是发展溶剂开发稠油技术的关键，受溶剂成本的制约，溶剂回采率和再利用率是溶剂开发稠油是否经济有效的关键，抓住并解决这两个关键，就能研发出理想的溶剂开发稠油新技术。溶剂辅助蒸汽吞吐、溶剂辅助蒸汽驱、溶剂辅助 SAGD 等技术方向可有效改善单纯注蒸汽的开发效果。溶剂与电加热技术的结合，可在较低的温度条件下，使较高分子量的溶剂挥发，较低的加热温度（60～100℃）即节能环保又有利于设备的制造运行，较低温度的加热可有效解决强降黏能力溶剂的低扩散能力问题。

二、太阳能、风能开发稠油技术方向

利用太阳能直接产生高温蒸汽，利用太阳能、风能发电储电在夜晚补充太阳能直接产生蒸汽的不足，是最直观的绿色环保热采技术，现主要受限于太阳能捕集设备的单位面积能量密度太低，难以满足热采的实际需要，随着技术的不断进步，该技术方向值得关注。

三、电加热开发稠油技术方向

随着中国电力事业的快速发展，大量风力、太阳能发电、水电等绿色电力迅猛发展，传统热电排放标准越来越高，因此利用电能生热开发稠油，比利用锅炉产生蒸汽的热采方式更为绿色环保，同时电能可以在油层中就地生热，减少了地面及井筒输送过程的热损失，能量利用率大幅提高，随着电价的不断降低，电加热开发稠油技术将是今后的主攻方向。电加热技术分为高频电磁波加热、高能电阻加热和强电极加热等不同技术方向，各自原理、设备等均不同，就目前研究看，高能电阻加热技术可能是未来稠油电加热技术的最现实方向。

四、稠油火烧技术可能撬动化石能源的终极革命

火烧技术不仅适用于稠油的开发，还可以探索应用于残余油区、油页岩、煤等。随着火烧技术跨专业、跨领域、跨行业的发展，有可能形成一场撬动化石能源的终极革命。在无法开发的残余油、油砂、油页岩、深层煤等储层，将火烧技术与烃类蒸气转化制氢、煤气化制氢技术相结合，将氧引入地下，通过高温燃烧（500～800℃），使烃、碳与氧气、水蒸气发生反应，生成氢气、一氧化碳、甲烷和二氧化碳等易于产出的气体产物，经过净化、提纯等，在与高温燃料电池技术相结合，为高温燃料电池提供燃料。燃料电池具有显著的高效、环保特点：（1）燃料电池能量综合利用效率可超过 80%，而火力发电和核电的能量利用效率为 30%～40%；（2）燃料电池的有害气体 SO_x、NO_x 排放及噪声污染都很低，甚至为零。通过多专业、多领域、多行业的合作，通过将氧气注入地层，将无法开采的残余油、油砂、油页岩、深层煤等化石能源资源气化，产出气用于为高温燃料电池提供燃料，从而产生高效、绿色的电力资源。粗略估计，通过化石能源革命产生的电力资源够满足中国几百年甚至上千年的应用。